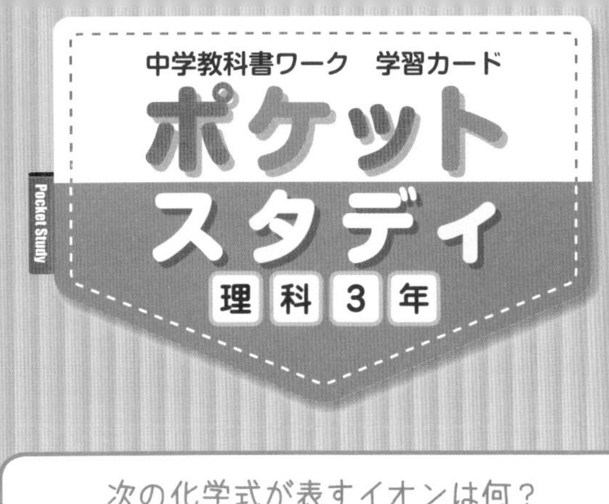

次の化学式が表すイオンは何？

H +

H^{+}

1

次の化学式が表すイオンは何？

Na +

Na^{+}

次の化学式が表すイオンは何？

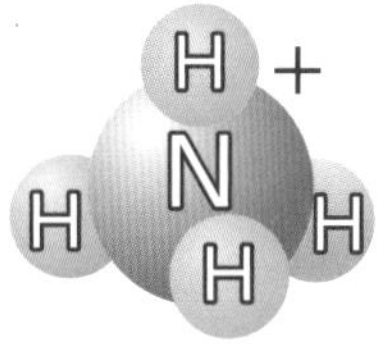

NH_4^{+}

3

次の化学式が表すイオンは何？

Cu^{2+}

4

次の化学式が表すイオンは何？

Zn^{2+}

5

次の化学式が表すイオンは何？

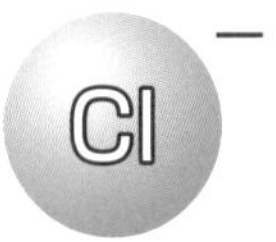

Cl^{-}

6

次の化学式が表すイオンは何？

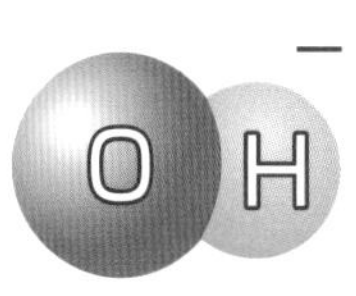

OH^{-}

7

次の化学式が表すイオンは何？

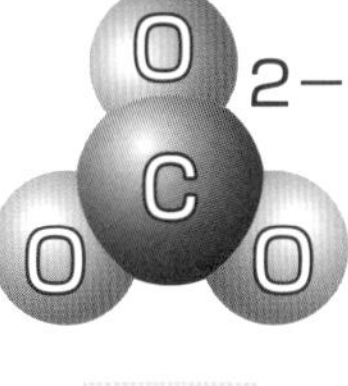

CO_3^{2-}

8

次の化学式が表すイオンは何？

SO_4^{2-}

9

水素イオン

「水そうに葉をたそう。」と覚えるのはどう？

水素イオンの化学式は？

使い方

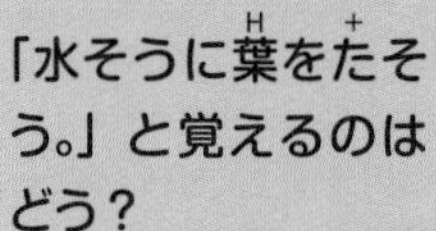

- ミシン目で切りとり，穴をあけてリングなどを通して使いましょう。
- カードの表面の問題の答えは裏面に，裏面の問題の答えは表面にあります。

アンモニウムイオン

「アンモニアくん，はしりだす。」と覚えるのはどう？

アンモニウムイオンの化学式は？

ナトリウムイオン

ナトリウムの「ナ」をアルファベットでかくと「Na」だね。

ナトリウムイオンの化学式は？

亜鉛イオン

亜鉛原子の記号はZnだよ。「ぜんぜん会えん。(Zn：亜鉛)」と覚えよう。

亜鉛イオンの化学式は？

銅イオン

「親友どうしの2人で助けあう。」と覚えるのはどう？

銅イオンの化学式は？

水酸化物イオン

水酸化物イオンの「水」は水素(H)のこと，「酸」は酸素(O)のことだね。

水酸化物イオンの化学式は？

塩化物イオン

塩素原子の記号はClだよ。「遠足で苦労…(塩素：Cl)」と覚えよう。

塩化物イオンの化学式は？

硫酸イオン

「リュウさん，掃除できずにマイナス評価」と覚えるのはいかが？

硫酸イオンの化学式は？

炭酸イオン

「炭酸が強くて降参…にマイナス評価」と覚えるのはいかが？

炭酸イオンの化学式は？

次の分裂を何という？

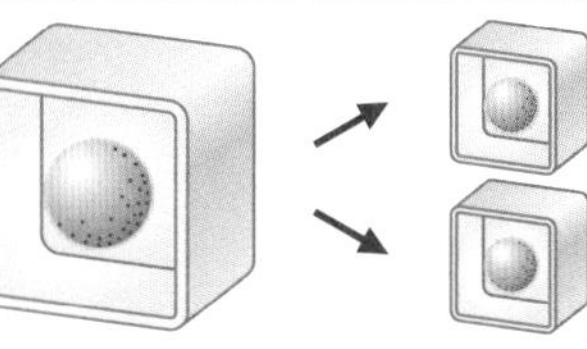

1つの細胞が2つに分かれること

10

次の細胞を何という？

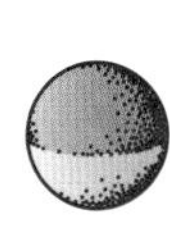

子をつくるための特別な細胞

11

次の細胞を何という？

植物の花粉の中にできる生殖細胞

12

次の細胞を何という？

植物の胚珠の中にできる生殖細胞

13

次の細胞を何という？

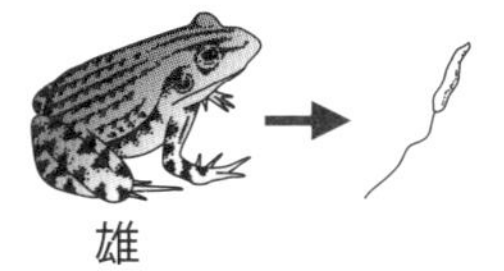

動物の雄の精巣でつくられる生殖細胞

14

次の細胞を何という？

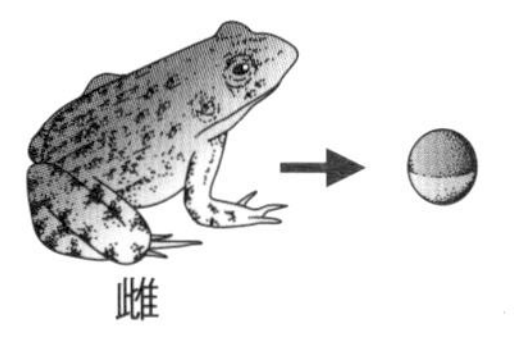

動物の雌の卵巣でつくられる生殖細胞

15

次の細胞を何という？

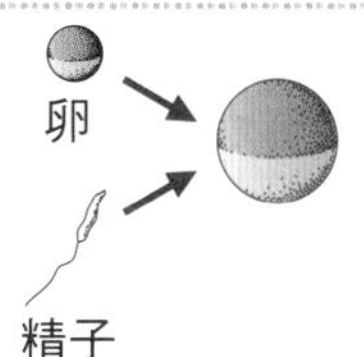

卵と精子（卵細胞と精細胞）が
受精してできた細胞

16

次の生物を何という？

植物など，無機物から有機物を
つくり出す生物

17

次の生物を何という？

動物など，ほかの生物から栄養分を
とり入れている生物

18

次の生物を何という？

生物の死がいやふんなどから
栄養分をとり入れている生物

19

生殖細胞

生殖細胞はどのような細胞？

雌の生殖細胞には「卵」，雄の生殖細胞には「精」の文字がつくね。

細胞分裂

細胞分裂とはどのようなこと？

細胞分裂には，体細胞分裂と減数分裂があるよ。

卵細胞

卵細胞はどのような細胞？

花粉管は卵細胞を目指してのびていくよ。受粉しても，受精までは長い道のりだね。

精細胞

精細胞はどのような細胞？

「精」には生命力のもとという意味があるよ。精細胞は新しい生命のもとになる細胞だね。

卵

卵はどのような細胞？

卵は卵巣でつくられるよ。「巣」には，集まっているところという意味があるんだ。

精子

精子はどのような細胞？

植物とはちがって，動物の生殖細胞には「細胞」という言葉がつかないんだね。

生産者

生産者はどのような生物？

自分で有機物を生産するから生産者だね。

受精卵

受精卵はどのようにしてできた細胞？

「受精卵，分裂したら胚になる」とリズムよく唱えて覚えよう。

分解者

分解者はどのような生物？

「最近の文化（細菌類，菌類，分解者）」と覚えるのはどう？

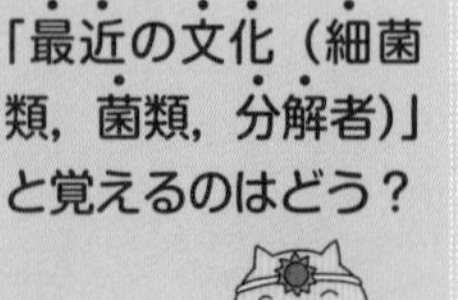

消費者

消費者はどのような生物？

食物を消費するから消費者だね。食物によってさらに分けられるよ。

次の力を何という？

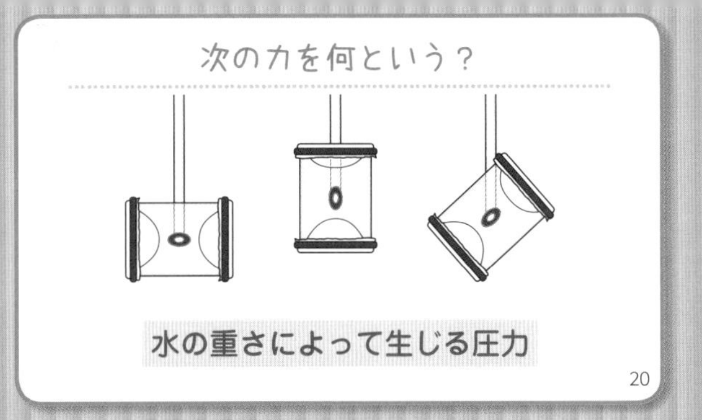

水の重さによって生じる圧力

20

次の力を何という？

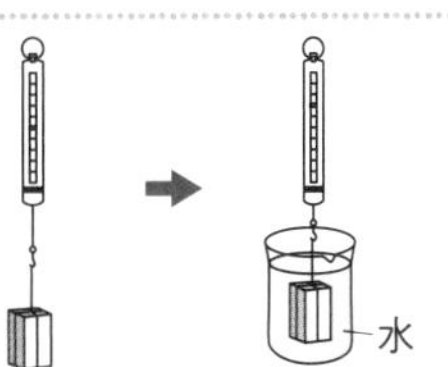

水中の物体にはたらく上向きの力

21

次の法則を何という？

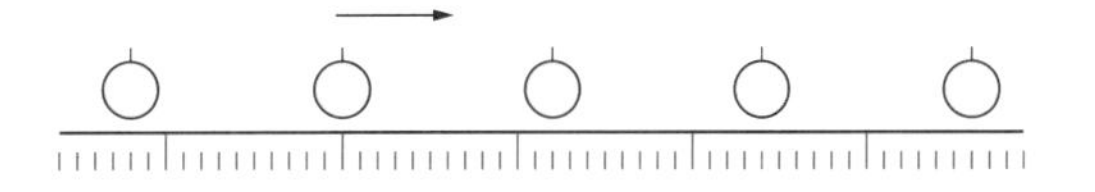

物体にはたらく力がつり合っているとき，物体は等速直線運動を続ける

22

次の法則を何という？

ある物体に力を加えると，同時に同じ大きさで逆向きの力を受ける

23

次の法則を何という？

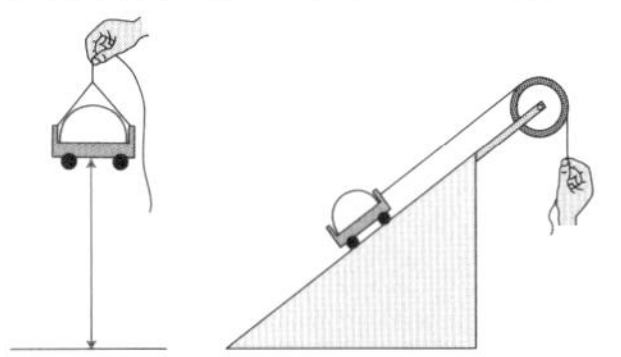

道具を使っても使わなくても，仕事の大きさは変わらない

24

次の法則を何という？

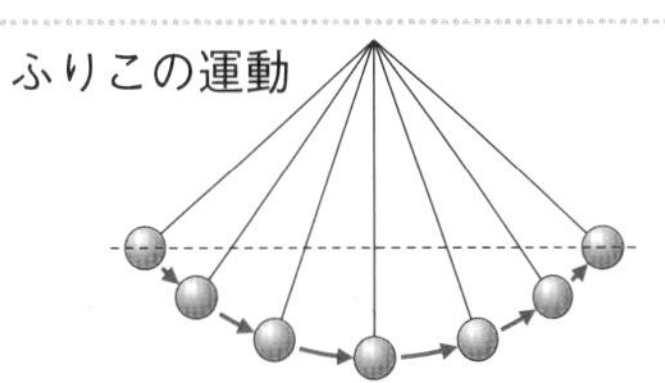

摩擦などがないとき，力学的エネルギーは一定に保たれる

25

次の法則を何という？

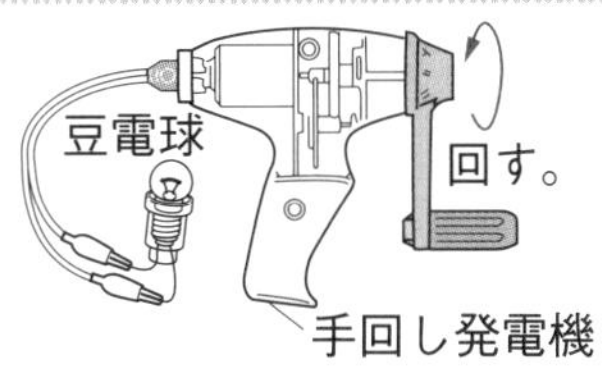

エネルギーは移り変わるが，その総量は一定に保たれる

26

次のエネルギーを何という？

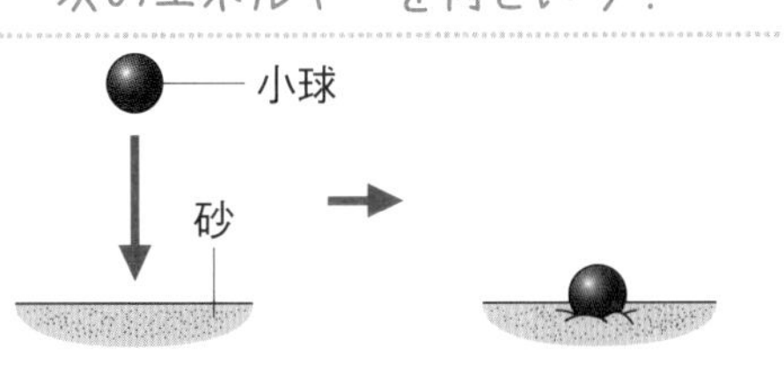

高いところにある物体がもつエネルギー

27

次のエネルギーを何という？

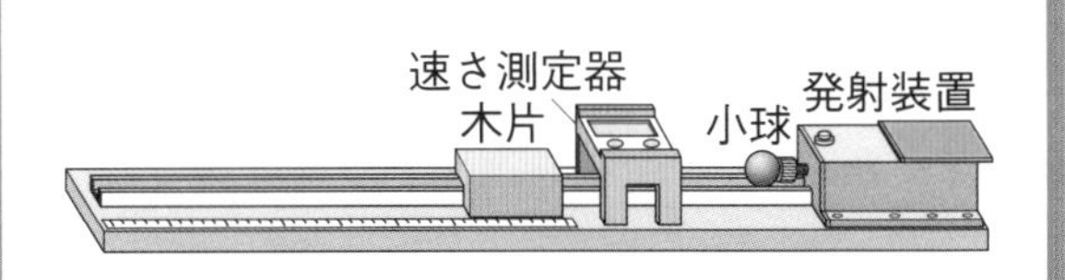

運動している物体がもつエネルギー

28

次のエネルギーを何という？

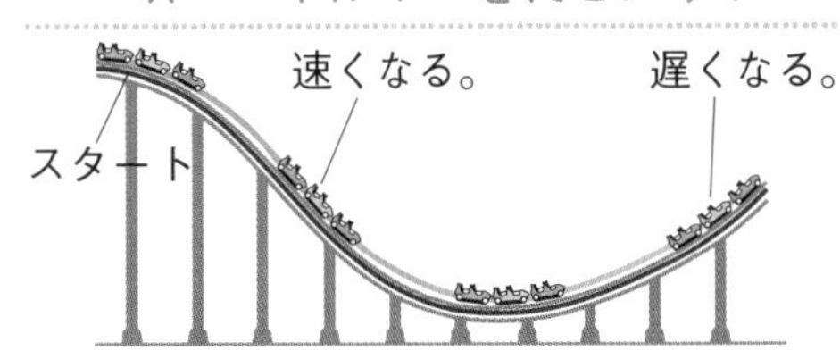

位置エネルギーと運動エネルギーの和

29

浮力

浮力はどのような力？

死海という湖は，塩分がたくさんとけていて浮力が大きいよ。人の体も浮いてしまうんだ。

水圧

水圧はどのような力？

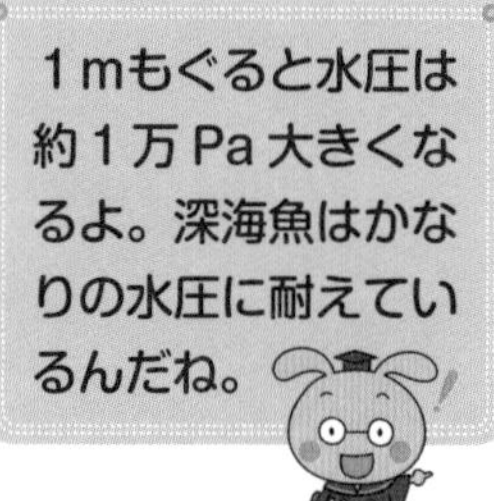

1mもぐると水圧は約1万Pa大きくなるよ。深海魚はかなりの水圧に耐えているんだね。

作用・反作用の法則

作用・反作用の法則とはどのようなこと？

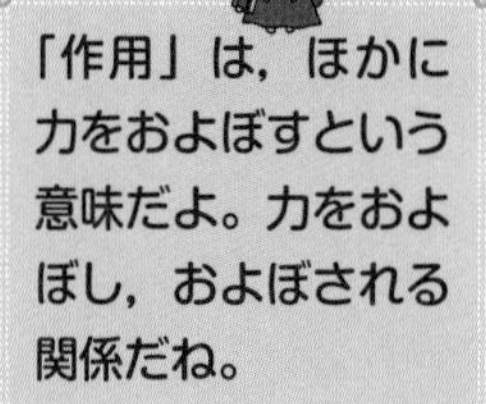

「作用」は，ほかに力をおよぼすという意味だよ。力をおよぼし，およぼされる関係だね。

慣性の法則

慣性の法則とはどのようなこと？

「慣」は慣れるという意味だよ。慣性は物体が慣れた動きを続ける性質だね。

力学的エネルギーの保存

力学的エネルギーの保存とはどのようなこと？

「保存」は，そのままで保つという意味だよ。エネルギーがそのまま保たれるんだね。

仕事の原理

仕事の原理とはどのようなこと？

仕事の大きさは「仕事では協力しよう。(仕事＝距離×力)」と覚えよう。

位置エネルギー

位置エネルギーとはどのようなエネルギー？

重いものを高い位置へ運ぶには，エネルギーがいるよね。

エネルギーの保存

エネルギーの保存とはどのようなこと？

エネルギーの種類は「電気で熱・音・光を出す化学の力」と覚えよう。

力学的エネルギー

力学的エネルギーとはどのようなエネルギー？

「一日運動して，力をつける。(位置，運動，力学的エネルギー)」と覚えてはどう？

運動エネルギー

運動エネルギーとはどのようなエネルギー？

重いものをすばやく動かすには，エネルギーがいるよね。

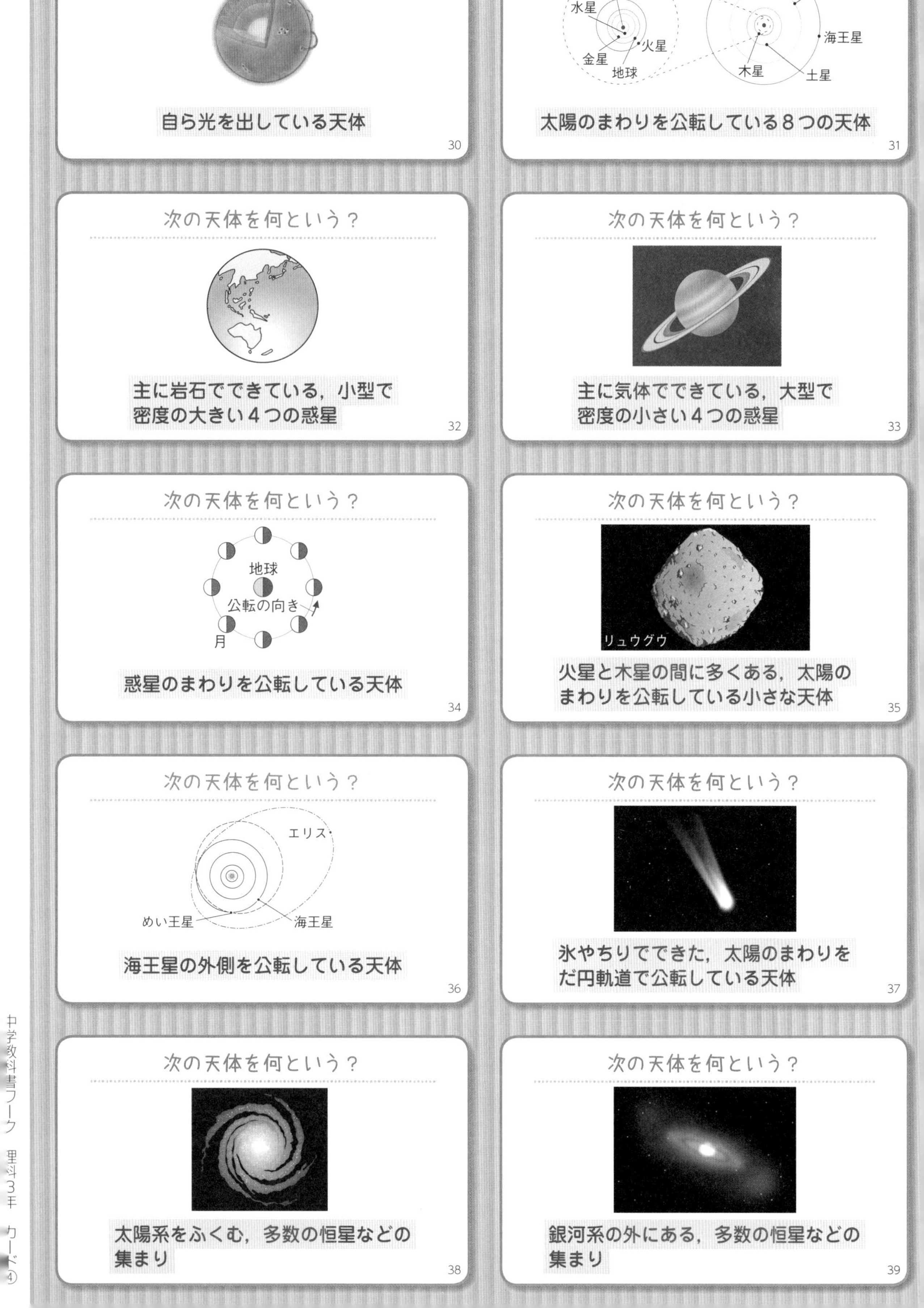
次の天体を何という？
自ら光を出している天体
30
次の天体を何という？
太陽
水星
金星
地球
火星
天王星
海王星
木星
土星
太陽のまわりを公転している８つの天体
31
次の天体を何という？
主に岩石でできている，小型で密度の大きい４つの惑星
32
次の天体を何という？
主に気体でできている，大型で密度の小さい４つの惑星
33
次の天体を何という？
地球
公転の向き
月
惑星のまわりを公転している天体
34
次の天体を何という？
リュウグウ
火星と木星の間に多くある，太陽のまわりを公転している小さな天体
35
次の天体を何という？
エリス
めい王星
海王星
海王星の外側を公転している天体
36
次の天体を何という？
氷やちりでできた，太陽のまわりをだ円軌道で公転している天体
37
次の天体を何という？
太陽系をふくむ，多数の恒星などの集まり
38
次の天体を何という？
銀河系の外にある，多数の恒星などの集まり
39

惑星

太陽系の惑星とはどのような天体？

太陽系の惑星は８つあるよ。太陽側から順に「水金地火木土天海」と何度も唱えて覚えよう。

恒星

恒星はどのような天体？

「恒」はつねにという意味だよ。つねに光っている星だね。

木星型惑星

木星型惑星はどのような特徴がある惑星？

木星型惑星の特徴は，「大きくて軽い（密度が小さい）木」と覚えよう。

地球型惑星

地球型惑星はどのような特徴がある惑星？

地球型惑星の特徴は，「小さくて重い（密度が大きい）球」と覚えよう。

小惑星

小惑星はどのような天体？

「火曜と木曜に小休止（火星と木星の間に小惑星）」と覚えるのはどう？

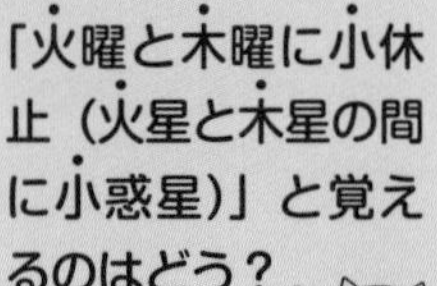

衛星

衛星はどのような天体？

「衛」にはまもるという意味があるよ。衛星は惑星を守るように回っているんだね。

すい星

すい星はどのような天体？

漢字では「彗星」と書くよ。尾をひいたすい星がほうき（彗）のように見えたのかな。

太陽系外縁天体

太陽系外縁天体はどのような天体？

太陽系の外側の縁（ふち）のところにある天体という意味だね。

銀河

銀河はどのような天体？

銀河は，夜空にかがやく銀色の河（川）に見えたのかな。

銀河系

銀河系はどのような天体？

「太陽系のある銀河だから，銀河系」と覚えると，覚えやすいね。

教育出版版
理科3年 もくじ

写真提供:アフロ，アーテファクトリー

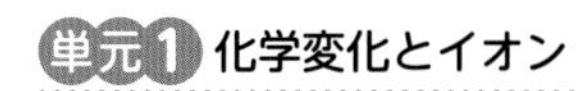

解答 p.1

確認のワーク ステージ1　1章　水溶液とイオン

教科書の要点　(　　)にあてはまる語句を，下の語群から選んで答えよう。

同じ語句を何度使ってもかまいません。

1 水溶液と電流

教 p.7〜10

(1) 水にとけたとき，その水溶液に電流が流れる物質を(①★　　　　)，水にとけても，その水溶液に電流が流れない物質を(②★　　　　)という。

①―塩化ナトリウムや塩化水素など
②―砂糖やエタノールなど

2 電流による水溶液の変化

教 p.11〜15

(1) **電解質**の水溶液に電流を流すと，電極付近で変化が起こり，さまざまな物質が生じる。この化学変化を(①　　　　)という。

(2) 塩化銅水溶液を**電気分解**すると，陰極には(②　　　　)が付着し，陽極では**塩素**が発生する。

(3) 塩化鉄水溶液を電気分解すると，陰極では**鉄**が電極に付着し，陽極では(③　　　　)が発生する。

③―脱色作用がある。

3 原子の成り立ちとイオン

教 p.16〜23

(1) **原子**は＋の電気をもつ★**原子核**と，原子核のまわりにある－の電気をもつ(①★　　　　)からできており，原子全体としては**電気を帯びていない**。

(2) 原子核は＋の電気をもつ(②★　　　　)，電気をもたない★**中性子**からできている。

(3) 同じ元素の原子で，**陽子**の数が同じで，中性子の数が異なる原子どうしを互いに(③★　　　　)という。同位体どうしの化学的な性質はほとんど同じである。

(4) 電気を帯びた原子を(④★　　　　)といい，このうち，＋の電気を帯びているものは(⑤★　　　　)，－の電気を帯びているものは(⑥★　　　　)という。

(5) 電子を1個失って陽イオンになったものを(⑦　　　　)の陽イオン，2個の電子を受け取って陰イオンになったものを(⑧　　　　)の陰イオンという。

(6) 電解質が水にとけ，陽イオンと陰イオンに分かれることを(⑨★　　　　)という。電解質は水にとけて電離し，水溶液に電流が流れるが，非電解質は電離しないので電流が流れない。

まるごと暗記

水にとけたとき，
- 電流が流れる →電解質
- 電流が流れない →非電解質

プラスα

電解質の水溶液に電流を流すと，電気分解が起こる。
電気分解で生じる物質は，決まった電極に現れる。

まるごと暗記

- **陽イオン** →原子が電子を失って＋の電気を帯びたもの。
- **陰イオン** →電子を受け取って－の電気を帯びたもの。

語群
1 電解質／非電解質　2 銅／塩素／電気分解
3 陽イオン／陰イオン／1価／2価／イオン／電離／電子／同位体／陽子

★の用語は，説明できるようになろう！

教科書の図　□にあてはまる語句を，下の語群から選んで答えよう。

同じ語句を何度使ってもかまいません。

1 電気分解

教 p.12〜15,21

● 塩化銅水溶液に電流を流す

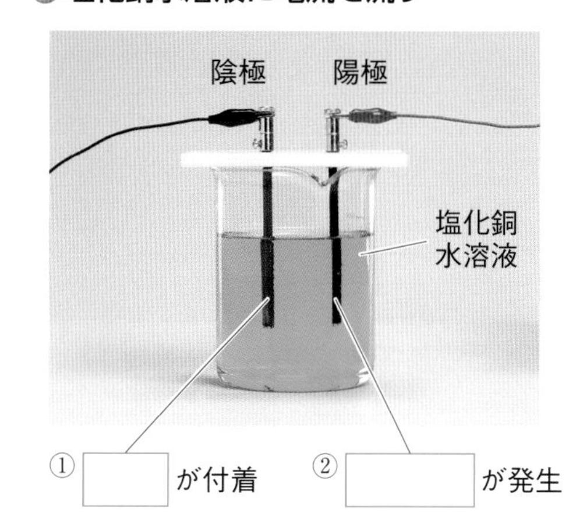

① □ が付着　② □ が発生

● 塩酸に電流を流す

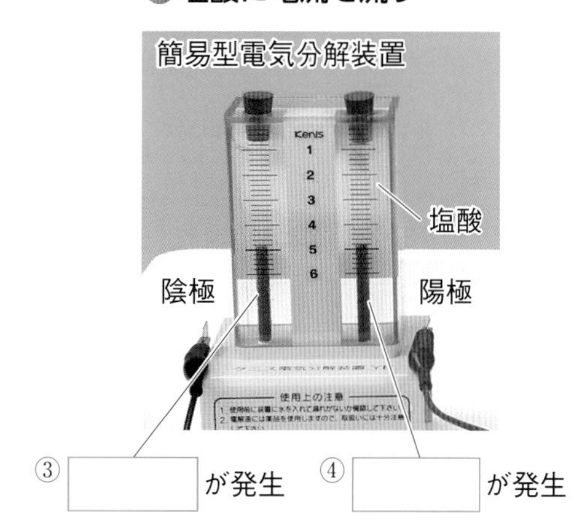

③ □ が発生　④ □ が発生

2 原子の構造とイオン

教 p.16〜18

● ヘリウム原子の構造

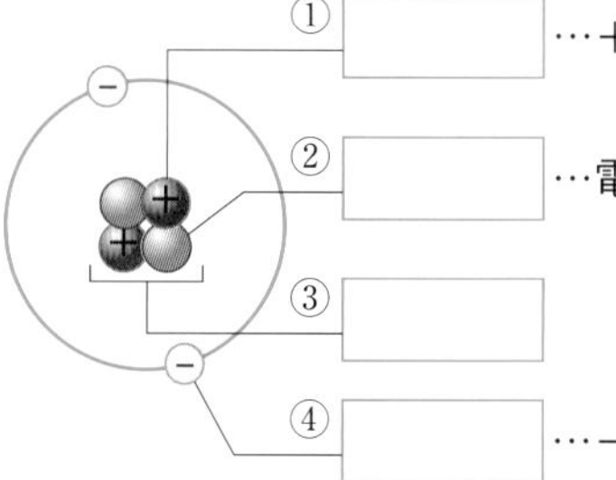

① □ …＋の電気をもつ。
② □ …電気をもたない。
③ □
④ □ …－の電気をもつ。

● イオンのでき方

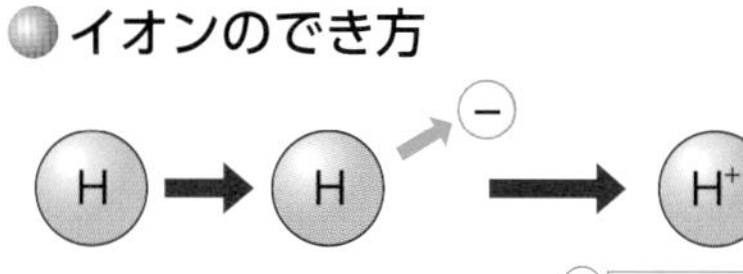

水素原子　電子を失う。　⑤ □ イオン

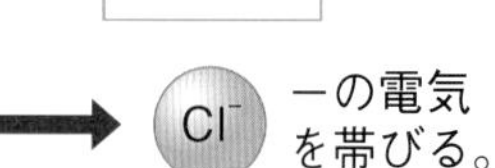

塩素原子　電子を受け取る。⑥ □ イオン

3 電離

教 p.19

塩化銅　銅イオン　塩化物イオン

$CuCl_2$ → ① □ ＋ 2 ② □

塩化ナトリウム　ナトリウムイオン　塩化物イオン

NaCl → ③ □ ＋ ④ □

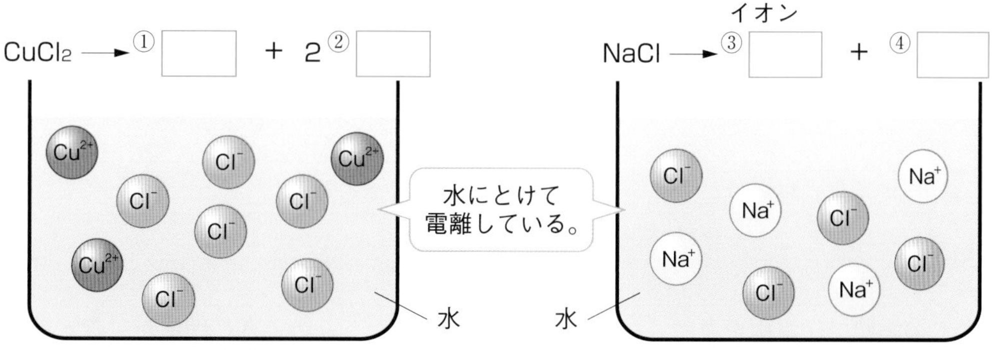

塩化銅水溶液　塩化ナトリウム水溶液

語群
1 塩素／水素／銅　2 水素／塩化物／電子／原子核／陽子／中性子
3 Cl^-／Na^+／Cu^{2+}

わからない用語は，教科書の要点の★で確認しよう！

解答 p.1

定着のワーク ステージ2　1章　水溶液とイオン

1 教 p.8　実験1　**電解質と電流**　右の図のような装置を使って，いろいろな水溶液に電流が流れるか調べた。次の問いに答えなさい。

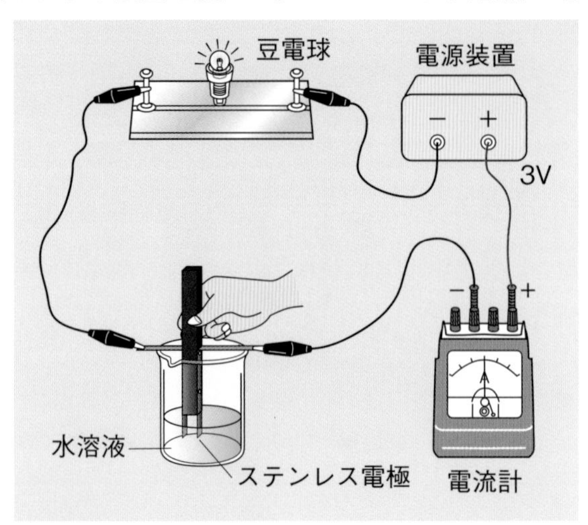

(1) 水にとけたとき，水溶液に電流が流れる物質を何というか。（　　　）

(2) この実験で，電流が流れた水溶液を次のア〜エからすべて選びなさい。（　　　）

ア　うすい塩酸
イ　うすい水酸化ナトリウム水溶液
ウ　塩化銅水溶液
エ　エタノール水溶液

(3) 水にとけたとき，水溶液に電流が流れない物質を何というか。（　　　）

(4) この実験で，電極付近に変化が見られた水溶液はどれか。(2)の**ア**〜**エ**からすべて選びなさい。ヒント（　　　）

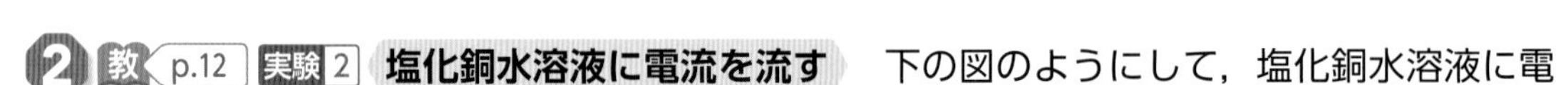

2 教 p.12　実験2　**塩化銅水溶液に電流を流す**　下の図のようにして，塩化銅水溶液に電流を流した。次の問いに答えなさい。

陰極　陽極
発泡(はっぽう)ポリスチレンの板
塩化銅水溶液
電極（炭素棒）

(1) 陰極には何色の固体が付着するか。（　　　）

(2) 陰極に付着した固体は何か。（　　　）

(3) 陽極付近で発生した気体に，においはあるか。（　　　）

(4) 陽極付近の液を試験管に取り，赤インクで着色した水に1〜2滴(てき)加えると，赤インクの色はどのようになるか。（　　　）

(5) (3)，(4)から，陽極付近で発生した気体は何だとわかるか。（　　　）

(6) この実験で起こった化学変化を，化学反応式で表しなさい。（　　　）

(7) この実験で，電極を逆につなぎ替えて電流を流した。このとき，固体が付着するのは，陰極と陽極のどちらか。（　　　）

ヒントの森
1(4)電解質の種類によって電極付近で発生するものは異なる。気体の発生以外の変化が見られる場合もある。

3 電極に生じる物質

電解質の水溶液に電流を流すと生じる物質について，次の問いに答えなさい。

(1) 塩酸を電気分解すると，陰極と陽極にはそれぞれ何が発生するか。ヒント

陰極(　　　　) 陽極(　　　　)

(2) (1)でつないだ電極を逆につなぎかえると，陽極と陰極に発生する物質は変化するか。

(　　　　)

(3) 塩酸に電流を流したときの化学変化を化学反応式で表しなさい。

(　　　　)

(4) 塩化鉄水溶液に電流を流すと，陰極ではどのような変化が見られるか。

(　　　　)

4 電解質とイオン

イオンについて，次の問いに答えなさい。

記述 (1) 原子は原子核と電子からできていて，原子核は＋の電気をもっている。原子核が＋の電気をもつのはなぜか。原子核をつくっているものに着目して答えなさい。

(　　　　)

記述 (2) 電気を帯びていない水素原子はどのようにして水素イオンになるか。右の図を参考にして，「電子」という言葉を使って答えなさい。

水素原子　H → H ⊖ → H^+　水素イオン

(　　　　)

(3) 水素イオンは，全体として＋と－のどちらの電気を帯びているか。(　　　　)

(4) ＋の電気を帯びたイオンを何というか。(　　　　)

(5) －の電気を帯びたイオンを何というか。(　　　　)

(6) 次の①～⑩のイオンを化学式で表しなさい。

① 水素イオン	(　　　)	② ナトリウムイオン	(　　　)
③ アンモニウムイオン	(　　　)	④ 銅イオン	(　　　)
⑤ 亜鉛(あえん)イオン	(　　　)	⑥ 塩化物イオン	(　　　)
⑦ 水酸化物イオン	(　　　)	⑧ 炭酸イオン	(　　　)
⑨ 硫酸(りゅうさん)イオン	(　　　)	⑩ 酸化物イオン	(　　　)

(7) 次の図は，塩化銅水溶液の様子をモデルで表したものである。電離している様子を正しく表しているものを，次の㋐～㋓から選びなさい。ヒント (　　　)

(8) 塩化銅の電離を，化学式を使って表しなさい。

(　　　　)

3(1)電流を流したときに生じる物質は決まった電極に現れる。 4(7)それぞれのイオンの数に着目する。水溶液全体では電気を帯びていない。

解答 p.2

1章　水溶液とイオン

よく出る **1** 右の図のような装置で，塩化銅水溶液を電気分解した。このとき，一方の電極には赤茶色の固体が付着し，もう一方の電極には特有の刺激臭(しげきしゅう)のある気体が発生した。この実験について，次の問いに答えなさい。　5点×5(25点)

(1) 陰極，陽極に生じた物質を，それぞれ化学式で表しなさい。

(2) この実験で起こった化学変化を，化学反応式で表しなさい。

(3) 塩化銅水溶液を塩酸や塩化鉄水溶液にかえて同じ実験を行った。このとき，塩素が発生したのは陰極と陽極のどちらか。

(4) 塩素が発生した電極付近の水溶液を試験管に取り，その水溶液に赤インクで着色した水を加えると，どのようになるか。

(1)	陰極		陽極		(2)	
(3)			(4)			

レベルUP **2** 図のように，硫酸(りゅうさん)ナトリウム水溶液をしみ込ませたろ紙をガラス板にのせ，ろ紙の中央に青色をした塩化銅水溶液を1滴落とした。両端(りょうたん)をクリップではさみ，電圧を加えると，<u>青色のしみが陰極側に移動した</u>。次の問いに答えなさい。　5点×5(25点)

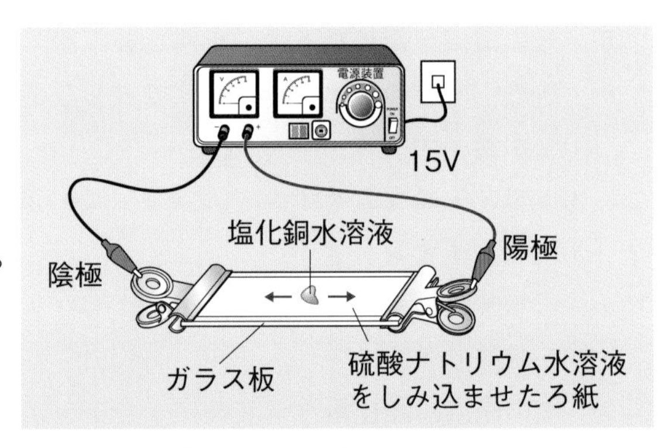

(1) 塩化銅水溶液，硫酸銅水溶液，硝酸銅水溶液は全て何色か。

(2) 下線部から，青色のしみは＋と－のどちらの電気を帯びたものだとわかるか。

(3) 青色のしみの正体は，塩化銅水溶液中のイオンである。何というイオンか。

(4) 塩化銅水溶液中には，(3)以外のイオンも存在している。何というイオンか。化学式で表しなさい。

(5) この実験で，(4)のイオンは，陽極と陰極のどちらに引き寄せられるか。

(1)		(2)		(3)	
(4)		(5)			

よく出る **3** 右の図は，ヘリウム原子の構造を模式的に表したものである。次の問いに答えなさい。　4点×8（32点）

(1) 図の㋐～㋒をそれぞれ何というか。

(2) ㋐，㋑はそれぞれ＋，－のどちらの電気をもつか。

(3) 中性子は，どのような電気をもつか。次の**ア**～**ウ**から選びなさい。

ア　＋の電気　　**イ**　－の電気

ウ　電気をもたない。

(4) 1個の㋐と1個の㋑がもつ電気の量にはどのような関係があるか。次の**ア**～**ウ**から選びなさい。

ア　㋐のもつ電気の量のほうが大きい。

イ　㋑のもつ電気の量のほうが大きい。

ウ　㋐と㋑のもつ電気の量は等しい。

(5) 原子は，全体としては電気を帯びていない。その理由を㋐と㋑の数に着目して答えなさい。

(1)	㋐		㋑		㋒		
(2)	㋐		㋑		(3)		(4)
(5)							

4 イオンについて，次の問いに答えなさい。

3点×6（18点）

(1) 図1は，水酸化ナトリウムを水にとかしたときのイオンの様子を表したものである。図1の㋐，㋑にあてはまるイオンを化学式で表しなさい。

(2) 図1のように，水にとけたとき，陽イオンと陰イオンに分かれることを何というか。

(3) 次の**ア**～**ウ**のうち，(2)が起こる物質はどれか。

ア　砂糖　　**イ**　塩化銅　　**ウ**　エタノール

(4) 水にとけたとき，陽イオンと陰イオンに分かれる物質を何というか。

(5) 図2は，塩素原子がイオンになる様子を表している。塩素原子はどのようにして塩化物イオンになるか。簡単に答えなさい。

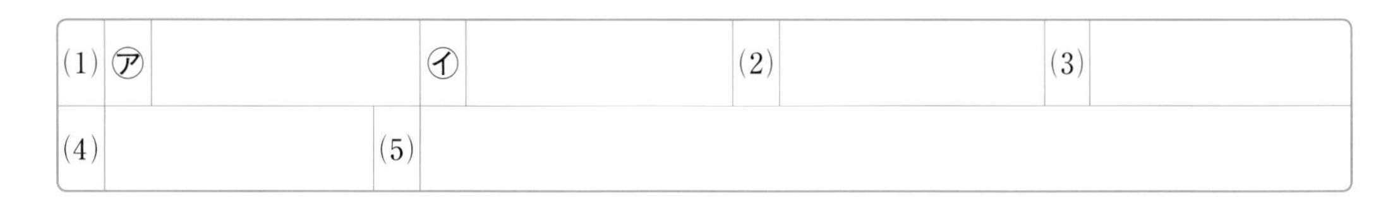

(1)	㋐		㋑		(2)		(3)
(4)		(5)					

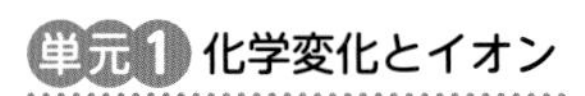

解答 p.2

確認のワーク ステージ1

2章 酸・アルカリとイオン

教科書の要点

(　　)にあてはまる語句を，下の語群から選んで答えよう。
同じ語句を何度使ってもかまいません。

1 酸性とアルカリ性

教 p.25〜35

(1) **酸性**の水溶液を青色リトマス紙につけると**赤色**に変化し，緑色のBTB液を加えると(①　　　)に変化する。また，電流が流れるので(②　　　)の水溶液である。

(2) 酸性の水溶液は，マグネシウムリボンと反応して(③　　　)が発生する。
火のついたマッチを近づけると，燃える。

(3) **アルカリ性**の水溶液を赤色リトマス紙につけると**青色**に変化し，緑色のBTB液を加えると(④　　　)に変化する。また，電流が流れるので電解質の水溶液である。フェノールフタレイン液を加えると(⑤　　　)になる。

(4) 水にとけて電離し，(⑥　　　)を生じる物質を★**酸**(さん)，水にとけて電離し，(⑦　　　)を生じる物質を★**アルカリ**という。

(5) 酸性・アルカリ性の強さを表すとき，**pH**がよく使われる。pHの値が7のとき中性で，pHの値が7よりも小さいと酸性で，値が小さいほど酸性が強い。また，pHの値が7よりも大きいとアルカリ性で，値が大きいほどアルカリ性が強い。

(6) リトマス紙やBTB液のように，酸性・中性・アルカリ性を調べることができる薬品を(⑧★　　　)という。

まるごと暗記

水にとかしたとき
●**酸**…電離して水素イオンを生じる物質。
●**アルカリ**…電離して水酸化物イオンを生じる物質。

2 酸とアルカリの反応

教 p.36〜43

(1) 酸の水溶液とアルカリの水溶液を混ぜ合わせると，水素イオンと水酸化物イオンが結びついて(①　　　)をつくり，互いの性質を打ち消し合う。このような化学変化を(②★　　　)という。
$H^+ + OH^- \rightarrow H_2O$

(2) 酸の水溶液とアルカリの水溶液を混ぜ合わせ，**酸の陰イオン**と**アルカリの陽イオン**が結びついた物質を(③★　　　)という。

(3) 塩酸と水酸化ナトリウム水溶液の中和(ちゅうわ)によってできる塩(えん)は(④　　　)である。

(4) 硫酸と水酸化バリウム水溶液の中和によってできる塩は(⑤　　　)で，白い(⑥　　　)が生じる。

(5) 中和が起こると，必ず水溶液が中性になるとは限らない。

まるごと暗記

中和
酸の水溶液とアルカリの水溶液を混ぜ合わせたとき，水素イオンと水酸化物イオンが結びついて互いの性質を打ち消し合う化学変化。

プラスα

・酸性…水溶液中に水素イオンが残っている。
・アルカリ性…水溶液中に水酸化物イオンが残っている。
・中性…中和によって，水溶液中の水素イオンも水酸化物イオンもなくなった状態。

語群
①水素／水素イオン／水酸化物イオン／指示薬(しじやく)／電解質／青色／黄色／赤色
②塩化ナトリウム／水／硫酸バリウム／塩／中和／沈殿(ちんでん)

★の用語は，説明できるようになろう！

同じ語句を何度使ってもかまいません。

[　　]にあてはまる語句を，下の語群から選んで答えよう。

1 水溶液の性質

教 p.29,35

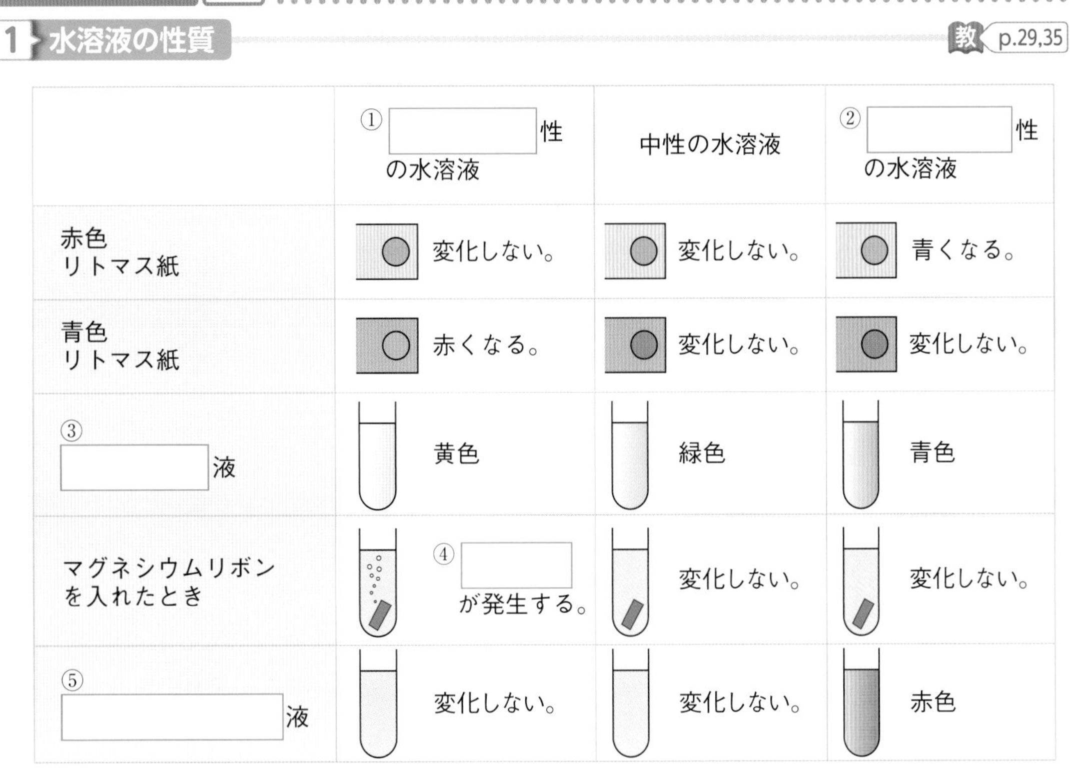

	①[　　]性の水溶液	中性の水溶液	②[　　]性の水溶液
赤色リトマス紙	変化しない。	変化しない。	青くなる。
青色リトマス紙	赤くなる。	変化しない。	変化しない。
③[　　]液	黄色	緑色	青色
マグネシウムリボンを入れたとき	④[　　]が発生する。	変化しない。	変化しない。
⑤[　　]液	変化しない。	変化しない。	赤色

2 中和

教 p.39

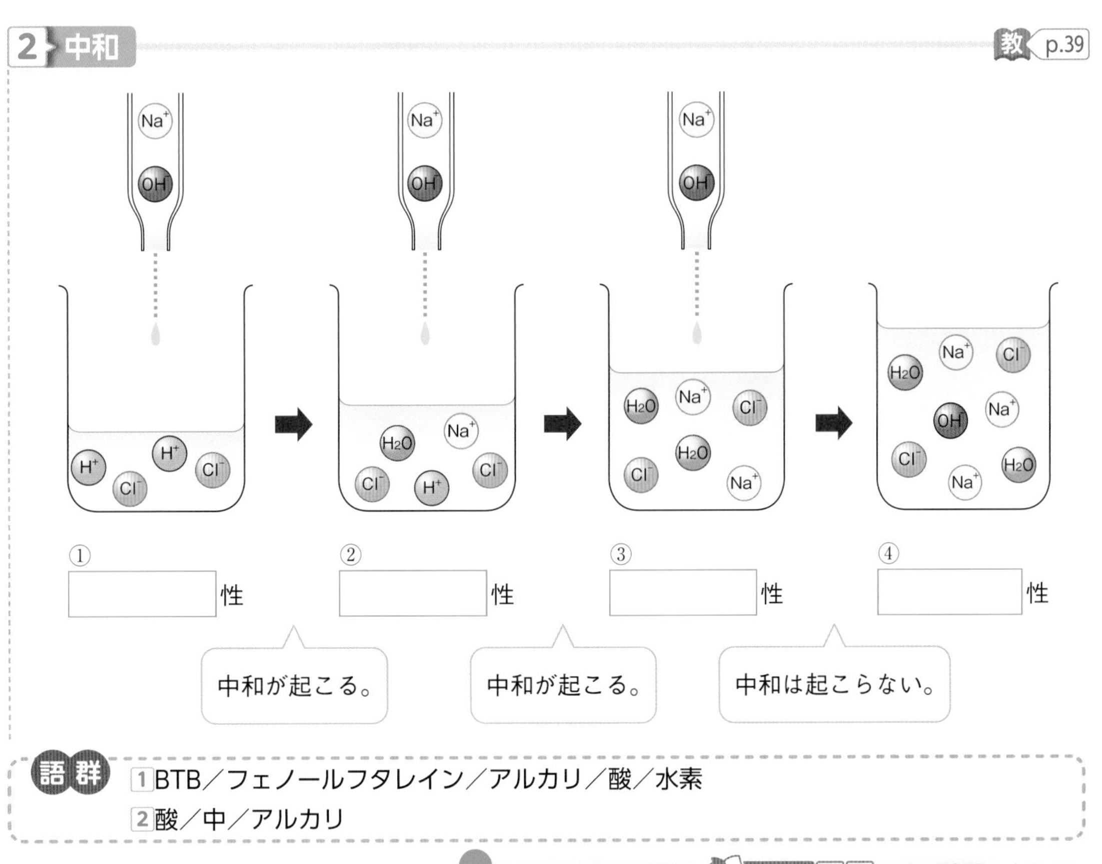

語群
1 BTB／フェノールフタレイン／アルカリ／酸／水素
2 酸／中／アルカリ

わからない用語は，教科書の要点の★で確認しよう！

解答 p.2

定着のワーク ステージ2 2章 酸・アルカリとイオン−①

1 教 p.26 実験3 **水溶液の性質** さまざまな水溶液について，リトマス紙につけたときの変化やマグネシウムリボンを入れたときの反応について調べた。次の問いに答えなさい。

(1) 青色リトマス紙を赤色に変化させる水溶液を，次の**ア**～**ク**からすべて選びなさい。ヒント
( )

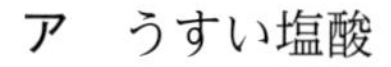

ア うすい塩酸
イ うすい酢酸（さくさん）
ウ うすい硫酸
エ 砂糖水
オ うすい水酸化ナトリウム水溶液
カ 水酸化カルシウム水溶液
キ アンモニア水
ク 塩化ナトリウム水溶液

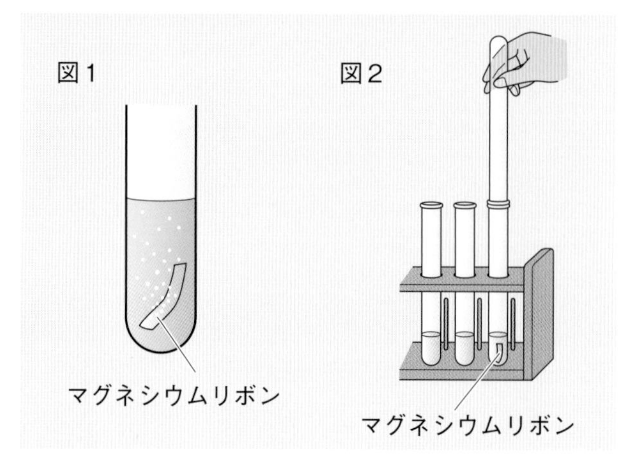

(2) (1)で選んだ水溶液は，電流が流れるか。ヒント ( )

(3) 図1のように，マグネシウムリボンを入れると気体が発生する水溶液を，(1)の**ア**～**ク**からすべて選びなさい。 ( )

(4) (3)で発生した気体を，図2のようにして集めた。この気体の集め方を何というか。
( )

(5) (4)で集めた気体は，どのような性質をもっているか。
次の**ア**～**オ**から選びなさい。 ( )
ア 物質を燃やすはたらきがある。
イ 音をたてて燃える。
ウ インクの色を消す。
エ プールの消毒のときのにおいがする。
オ 石灰水（せっかいすい）を白く濁らせる。

(6) (4)で集めた気体は何か。 ( )

(7) フェノールフタレイン液を加えると赤色になるのは，酸性，中性，アルカリ性のうちどの性質の水溶液か。 ( )

(8) BTB液を加えると黄色になるのは，酸性，中性，アルカリ性のうちどの性質の水溶液か。
( )

(9) リトマス紙やBTB液，フェノールフタレイン液などのように，酸性，中性，アルカリ性を調べる薬品を何というか。 ( )

ヒントの森
1 (1)酸性の水溶液は，青色リトマス紙を赤色に変える。(2)酸性の水溶液もアルカリ性の水溶液も電解質の水溶液である。

2 教 p.31 実験4 **酸性を示すもの**　図のように，スライドガラスの上に硫酸ナトリウム水溶液をしみ込ませたろ紙，硫酸ナトリウム水溶液をしみ込ませた青色リトマス紙を順にのせ，さらに，リトマス紙の中央にうすい塩酸で湿(しめ)らせたろ紙をのせ，電圧を加えたところ，リトマス紙の色に変化が見られた。次の問いに答えなさい。

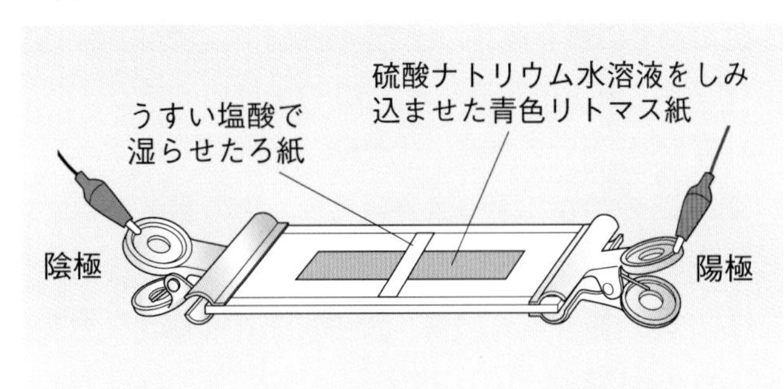

(1) リトマス紙は，何色に変化したか。(　　　)

(2) 色の変化が見られたのは，陰極側か，陽極側か。(　　　)

(3) リトマス紙の色を変化させたものは，陽イオンか，陰イオンか。(　　　)

(4) 塩化水素は，水溶液中でどのように電離しているか。次の(　)にあてはまる化学式を答えなさい。①(　　　)　②(　　　)

HCl ⟶ (①) + (②)

(5) この実験から，酸性を示すのは何イオンによることがわかるか。イオンの名称と化学式を答えなさい。ヒント　名称(　　　)　化学式(　　　)

(6) 水にとけて電離し，(5)のイオンを生じる物質を何というか。(　　　)

3 教 p.31 実験4 **アルカリ性を示すもの**　図のように，スライドガラスの上に硫酸ナトリウム水溶液をしみ込ませたろ紙，硫酸ナトリウム水溶液をしみ込ませた赤色リトマス紙を順にのせ，さらに，リトマス紙の中央にうすい水酸化ナトリウム水溶液で湿らせたろ紙をのせ，電圧を加えたところ，リトマス紙の色に変化が見られた。次の問いに答えなさい。

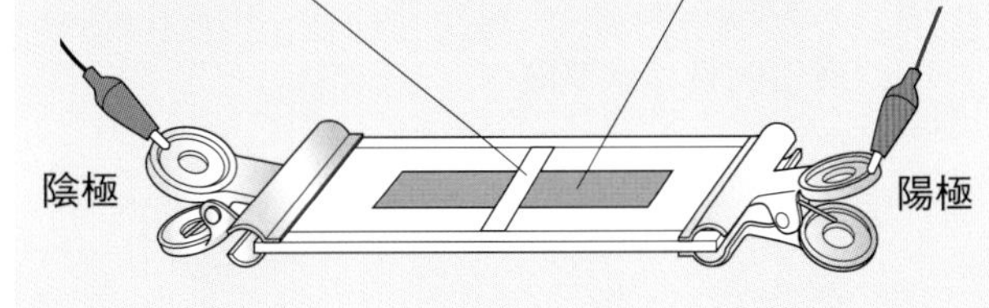

(1) リトマス紙は，何色に変化したか。(　　　)

(2) 色の変化が見られたのは，陰極側か，陽極側か。(　　　)

(3) リトマス紙の色を変化させたものは，陽イオンか，陰イオンか。(　　　)

(4) 水酸化ナトリウムは，水溶液中でどのように電離しているか。次の(　)にあてはまる化学式を答えなさい。①(　　　)　②(　　　)

NaOH ⟶ (①) + (②)

(5) この実験から，アルカリ性を示すのは何イオンによることがわかるか。イオンの名称と化学式を答えなさい。ヒント　名称(　　　)　化学式(　　　)

(6) 水にとけて電離し，(5)のイオンを生じる物質を何というか。(　　　)

ヒントの森
2(5)酸性の水溶液には，このイオンが存在している。　**3**(5)アルカリ性の水溶液には，このイオンが存在している。

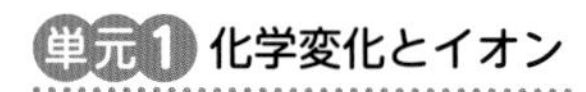

解答 p.3

定着のワーク ステージ2 2章 酸・アルカリとイオン－②

1 pH 酸性とアルカリ性の強さはpHを用いて表す。図1はpHを測定するpHメーターで，㋐の部分に水溶液をつけて値を読む。これについて，次の問いに答えなさい。

(1) 水溶液が中性のとき，pHの値はいくらか。 (　　　)

(2) pHの値が(1)より大きいとき，その水溶液は酸性か，アルカリ性か。 (　　　)

(3) pHの値が大きいほど，(2)の性質は強くなるか，弱くなるか。ヒント (　　　)

(4) pHの値を測定することができる，図2の紙を何というか。 (　　　)

(5) 酸性やアルカリ性の強さを測定するための薬品をまとめて何というか。 (　　　)

図1

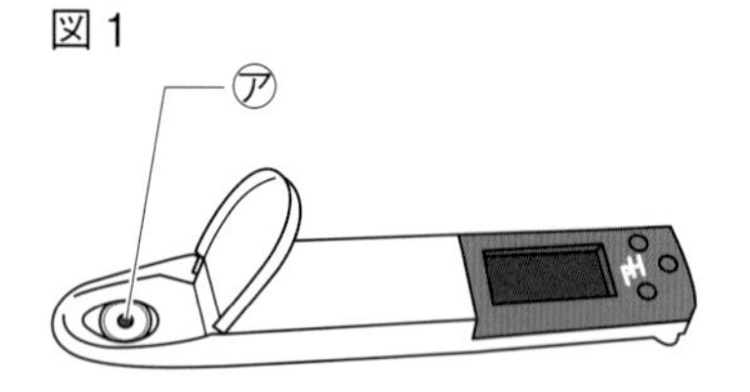

図2

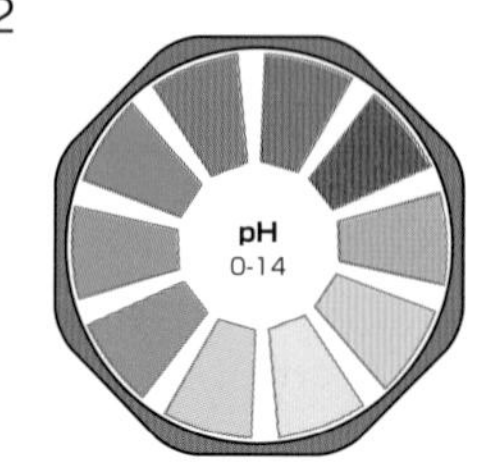

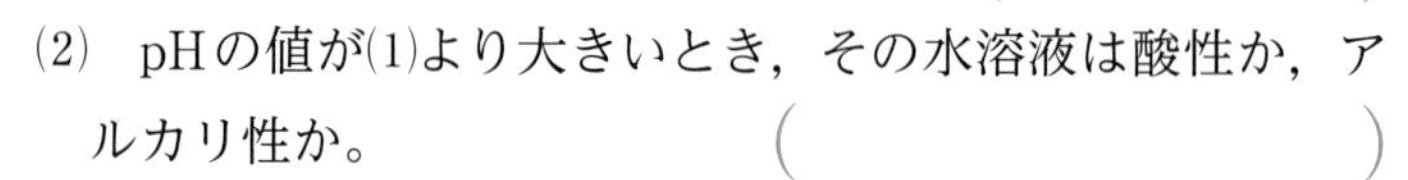

2 教 p.37 実験5 塩酸と水酸化ナトリウム水溶液の反応 次の手順で実験を行った。これについて，あとの問いに答えなさい。

手順1 図1のように，うすい塩酸10cm³にBTB液を2～3滴加えて黄色にした。
手順2 図2のように，うすい水酸化ナトリウム水溶液を2cm³ずつ加えていき，加えるたびにガラス棒でかき混ぜ，水溶液の色の変化を観察した。
手順3 水溶液の色が緑色になったところで，水酸化ナトリウム水溶液を加えるのをやめた。

(1) 塩酸は何性の水溶液か。 (　　　)

(2) **手順2**で，水溶液の黄色は濃くなるか，うすくなるか。 (　　　)

(3) **手順3**で，水溶液の色が緑色になったときの水溶液は何性か。 (　　　)

(4) **手順3**で緑色になった水溶液をスライドガラスに1滴取り，水を蒸発させた。このとき，スライドガラスに残った固体は何か。ヒント (　　　)

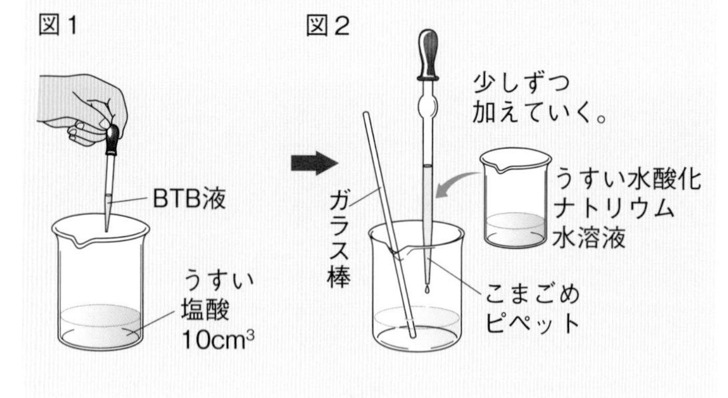

❶(3)pHの値は，普通0～14までの範囲で表される。
❷(4)塩化物イオンとナトリウムイオンが結びついたものである。

3 **中和** 次の図は，うすい塩酸にうすい水酸化ナトリウム水溶液を少しずつ加えていったときのイオンの様子を，モデルで表したものである。あとの問いに答えなさい。

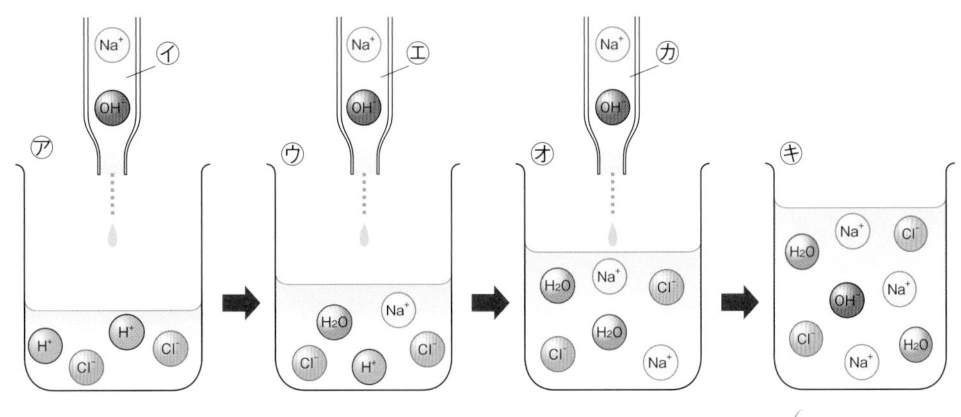

(1) 塩酸は，酸とアルカリのどちらの水溶液か。（　　　　）

(2) 酸の水溶液とアルカリの水溶液を混ぜ合わせると，互いの性質を打ち消し合う。この化学変化を何というか。（　　　　）

(3) (2)の化学変化を，化学式を使って表しなさい。ヒント
（　　　　　　　　）

(4) 次の①～③のとき，それぞれ(3)の化学変化は起こるか。

① ㋐に㋑を加えて，㋒の水溶液ができるとき。（　　　　）

② ㋒に㋓を加えて，㋔の水溶液ができるとき。（　　　　）

③ ㋔に㋕を加えて，㋖の水溶液ができるとき。（　　　　）

(5) 中性になっている水溶液を，㋐～㋖から選びなさい。（　　）

4 **中和と塩** 中和が起こるときにできる物質について，次の問いに答えなさい。

(1) 塩化水素が電離してできる陽イオンと陰イオンを，化学式で答えなさい。
陽イオン（　　　　）　陰イオン（　　　　）

(2) 水酸化ナトリウムが電離してできる陽イオンと陰イオンを，化学式で答えなさい。
陽イオン（　　　　）　陰イオン（　　　　）

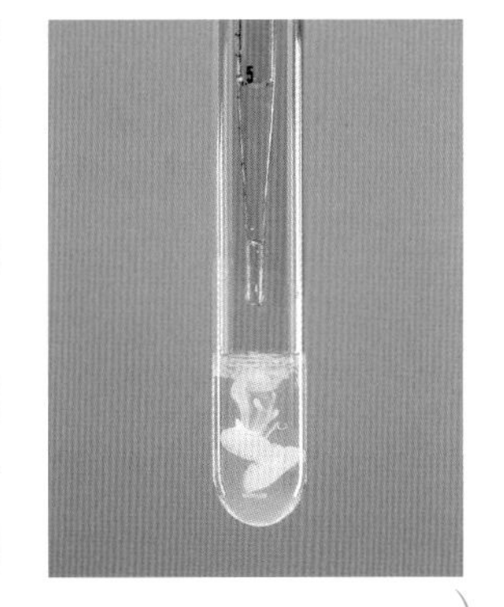

(3) (1)の陽イオンと(2)の陰イオンが結びつくと，何という物質ができるか。化学式で答えなさい。（　　　　）

(4) (1)の陰イオンと(2)の陽イオンが結びつくと，何という物質ができるか。化学式で答えなさい。（　　　　）

(5) (4)のようにしてできた物質を，一般に何というか。
（　　　　）

(6) 右の写真は，硫酸と水酸化バリウム水溶液を混ぜたときにできる(5)である。この物質は何か。（　　　　）

(7) (6)の物質は，水にとけやすいか，とけにくいか。ヒント（　　　　）

3(3)水素イオンと水酸化物イオンが結びついて，水ができる化学変化である。
4(7)水にとけやすい塩と，とけにくい塩がある。写真では，白い沈殿ができている。

2章　酸・アルカリとイオン

解答 p.4

/100

1 うすい塩酸，砂糖水，水酸化カルシウム水溶液のいずれかが入っている試験管A～Cがある。それぞれの水溶液を別の試験管に取り，次の実験1～3を行ってその性質を調べた。あとの問いに答えなさい。　6点×4（24点）

実験1　それぞれの水溶液にマグネシウムリボンを入れたところ，Cから気体が発生した。

実験2　それぞれの水溶液にフェノールフタレイン液を2～3滴加えたところ，Aで赤色に変化した。

実験3　それぞれの水溶液に電流を流したところ，AとCに電流が流れた。

(1) **実験1**の結果から，試験管Cの水溶液は何だとわかるか。

記述 (2) **実験1**で発生した気体を，別の試験管に上方置換法（じょうほうちかんほう）で集めた。試験管の口に火のついたマッチを近づけると，どのような現象が起こるか。簡単に答えなさい。

(3) **実験2**の結果から，試験管Aの水溶液は何だとわかるか。

記述 (4) **実験3**で，試験管Bの水溶液に電流が流れなかったのはなぜか。その理由を答えなさい。

(1)		(2)	
(3)		(4)	

2 右の図のような装置をつくり，目玉クリップで両端をとめ，15Vの電圧を5分間加えた。次の問いに答えなさい。　7点×4（28点）

硫酸ナトリウム水溶液をしみ込ませたろ紙
電源装置
15V
陰極
陽極
うすい塩酸で湿らせたろ紙
硫酸ナトリウム水溶液をしみ込ませた青色リトマス紙

記述 (1) 電圧を加えると，青色リトマス紙にはどのような変化が見られるか。簡単に答えなさい。

(2) うすい塩酸にとけている塩化水素は，水溶液中で電離する。塩化水素の電離を化学式を使って表しなさい。

(3) (1)の結果より，うすい塩酸にはあるイオンが含まれているため，酸性を示すことが分かる。あるイオンとは何か。名称を答えなさい。

記述 (4) (3)のことから，塩化水素は酸であるといえる。それに対し，水酸化ナトリウムはアルカリであるといえる。アルカリとは，どのような物質のことをいうか。

(1)		(2)	
(3)		(4)	

3 うすい塩酸5 cm^3を試験管に取り，BTB液を1～2滴加えて黄色にした。これに，右の図のように，うすい水酸化ナトリウム水溶液を1滴ずつ加えていくと，あるとき，液の色が緑色となった。次の問いに答えなさい。

4点×5（20点）

(1) うすい水酸化ナトリウム水溶液を加えると，液の色が緑色に変化したのは，液中である変化が起こったからである。この化学変化のことを何というか。

(2) (1)の化学変化を，化学反応式で表しなさい。

(3) 液が緑色になったとき，水溶液の温度を測定するとうすい水酸化ナトリウム水溶液を加える前の温度と比べて上昇していた。(1)の変化は，発熱反応か吸熱反応か。

(4) 液が緑色になったとき，スライドガラスに液を少量取って加熱すると，規則正しい形をした結晶（けっしょう）が生じた。この結晶は何か。物質名を答えなさい。

(5) 液が緑色になったあとに，さらにうすい水酸化ナトリウム水溶液を加えると，液の色は何色に変化するか。

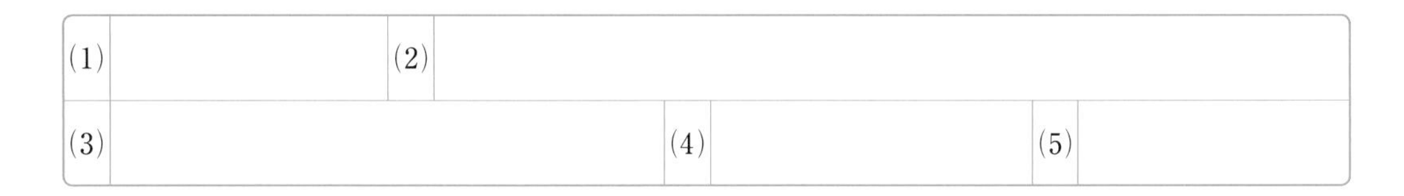

4 右の図は，うすい塩酸に水酸化ナトリウム水溶液を加えていったときのイオンのモデル図である。次の問いに答えなさい。

7点×4（28点）

(1) 水溶液が中性になったとき，水溶液中に含まれる塩化物イオンの数とナトリウムイオンの数はどのような関係になっているか。

(2) 中和が起こるとき，普通，塩とよばれる物質ができる。塩とは，何と何が結びついてできた物質か。

(3) 水酸化ナトリウム水溶液のかわりに，水酸化カルシウム水溶液を塩酸に加えた。このときできる塩の名称を答えなさい。

(4) (3)の塩は，水にとけやすいか，とけにくいか。

酸性　酸性　中性

解答 p.4

確認のワーク ステージ1 3章 電池とイオン

教科書の要点

同じ語句を何度使ってもかまいません。

(　)にあてはまる語句を，下の語群から選んで答えよう。

1 金属とイオン

教 p.45～53

(1) 金属が水溶液にとけるとき，金属は(①　　　　)に変化している。

(2) 金属は種類によって，**陽イオンへのなりやすさ**が(②　　　　)。

2 化学変化と電池

教 p.54～58

(1) 亜鉛にうすい塩酸を加えると，亜鉛から塩酸中の水素イオンに電子の流れができ，電流が流れる。このように，化学変化を利用すると，(①　　　　)エネルギーを取り出すことができる。

(2) **ダニエル電池**は，亜鉛板を硫酸亜鉛水溶液に，銅板を硫酸銅水溶液に入れ，２つの水溶液をセロハンや素焼(すや)きの容器で隔(へだ)てている。

(3) ダニエル電池をモーターにつなぐと，モーターが回る。このとき，亜鉛は(②　　　　)を放出して**亜鉛イオン**になり，硫酸亜鉛水溶液中へとけ出す。電子は導線を通り，銅板側に流れる。銅板では硫酸銅水溶液中の(③　　　　)が電子を受け取り**銅原子**になる。このことから亜鉛は**－極**，銅が**＋極**である。それぞれの金属板では次のような化学反応が起こっている。

－極(亜鉛板)　Zn ⟶ (④　　　　) ＋ ⊖ ⊖

＋極(銅板)　Cu^{2+} ＋ ⊖ ⊖ ⟶ (⑤　　　　)

(4) 化学変化によって，物質がもつ(⑥　　　　)エネルギーから電気エネルギーを取り出す装置を(⑦★　　　　)という。

3 さまざまな電池

教 p.59～61

(1) **化学電池(かがくでんち)**には，使いきりタイプの(①　　　　)電池と，充電(じゅうでん)して繰(く)り返し使える(②　　　　)電池がある。

(2) 水素と酸素による化学変化から電気エネルギーを取り出す装置を(③★　　　　)という。燃料電池(ねんりょうでんち)は水の電気分解と逆の化学変化を利用している。電気エネルギーを取り出すとき，(④　　　　)だけが生じ，有害な排出(はいしゅつ)ガスを出さないため，環境(かんきょう)への悪影響(あくえいきょう)が少ないと考えられている。

プラスα
金属のイオンへのなりやすさの比較
Zn＞Cu＞Ag

まるごと暗記
化学電池
物質がもつ**化学エネルギー**を**電気エネルギー**に変換して取り出す装置。

まるごと暗記
●一次電池
使いきりタイプの化学電池。
●二次電池
充電すると繰り返し使える化学電池。
●燃料電池
水素と酸素の化学変化から電気エネルギーを取り出す装置。水の電気分解と逆の化学反応。

語群
①イオン／ちがう　②電気／化学／化学電池／電子／銅イオン／Cu／Zn^{2+}
③燃料電池／水／一次／二次

★の用語は，説明できるようになろう！

同じ語句を何度使ってもかまいません。

にあてはまる語句を，下の語群から選んで答えよう。

1 ボルタの装置の仕組み

④，⑦は受け取るか失うかを書こう。 教 p.54

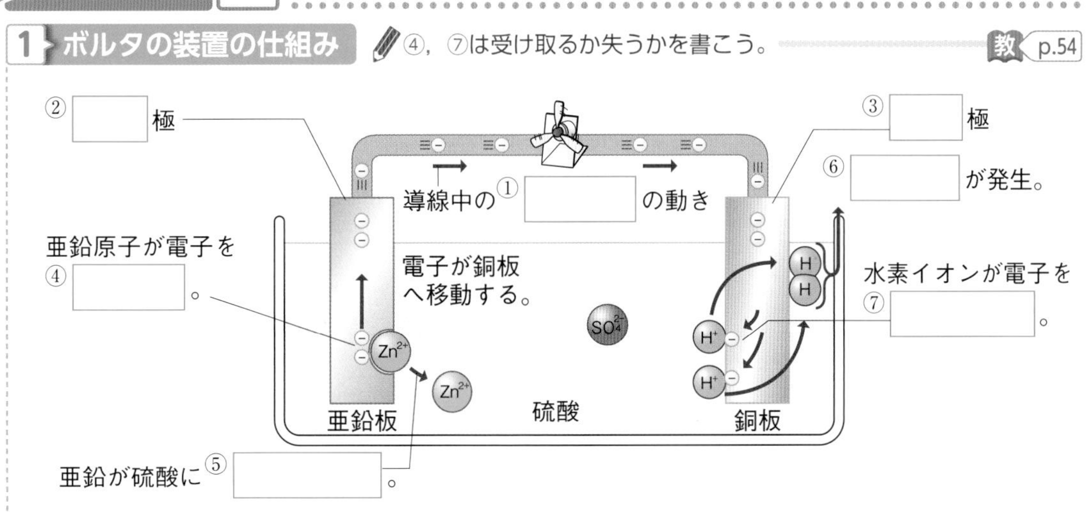

2 ダニエル電池の仕組み

④，⑦は受け取るか失うかを書こう。 教 p.55～57

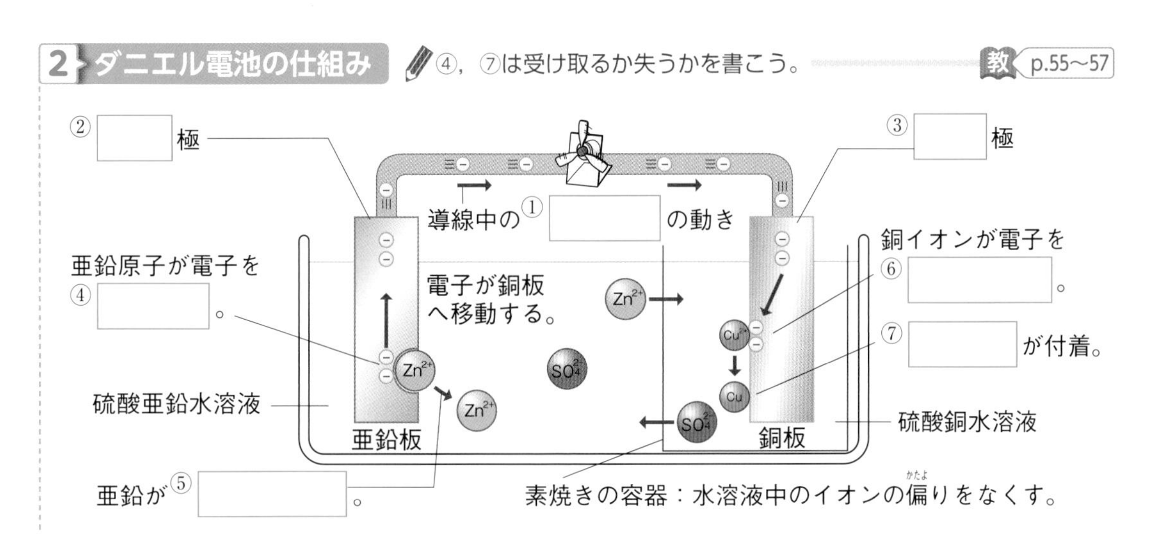

3 さまざまな電池

教 p.59～61

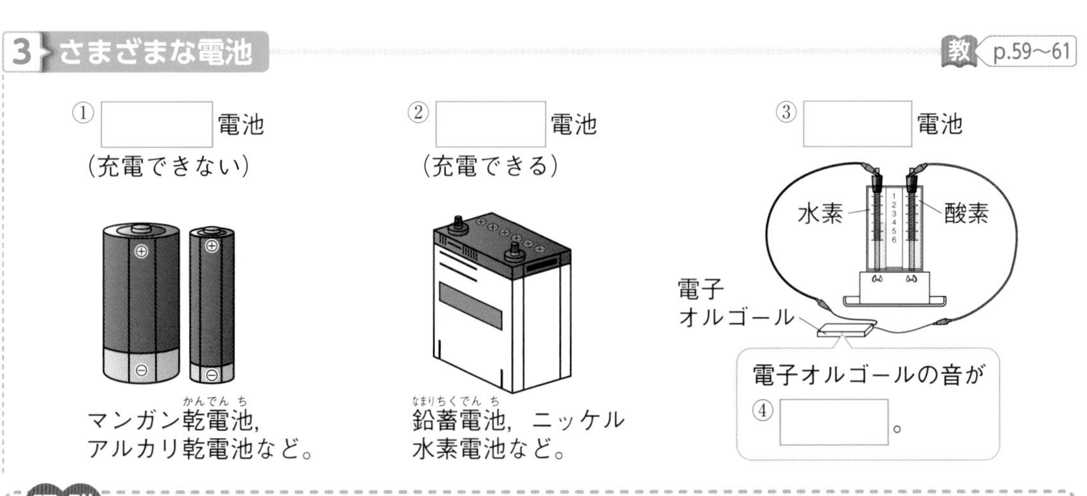

語群 1 ＋／－／受け取る／失う／とけ出す／水素／電子　2 ＋／－／受け取る／失う／とけ出す／銅原子／電子　3 燃料／一次／二次／鳴る

わからない用語は，教科書の要点の★で確認しよう！

解答 p.4

定着のワーク ステージ2 3章 電池とイオン

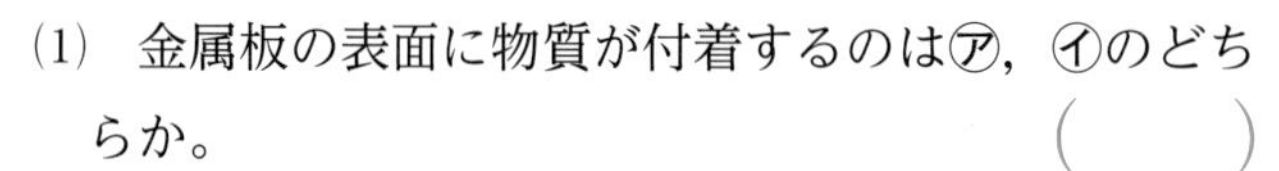

1 教 p.48 実験6 **陽イオンへのなりやすさ** 右の図のように，硫酸亜鉛水溶液に銅板，硫酸銅水溶液に亜鉛板を入れ，それぞれの金属板の様子を調べた。次の問いに答えなさい。

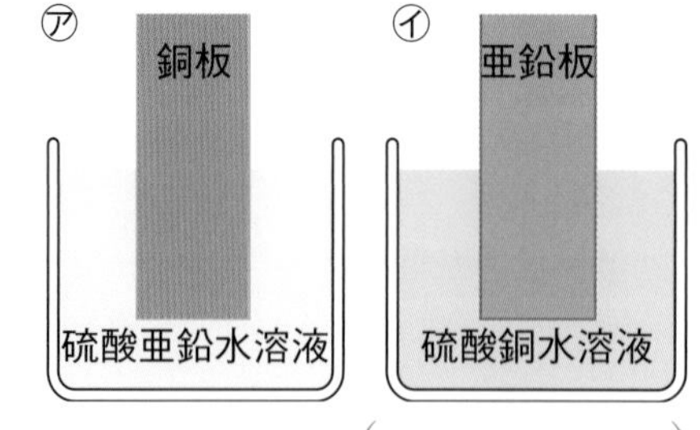

(1) 金属板の表面に物質が付着するのは㋐，㋑のどちらか。 (　　)

(2) (1)で付着した物質は何か。 (　　)

(3) 亜鉛と銅ではどちらのほうが陽イオンになりやすいか。ヒント (　　)

2 **電池のモデル** 下の図は化学電池の仕組みを模式的に表したものである。あとの問いに答えなさい。

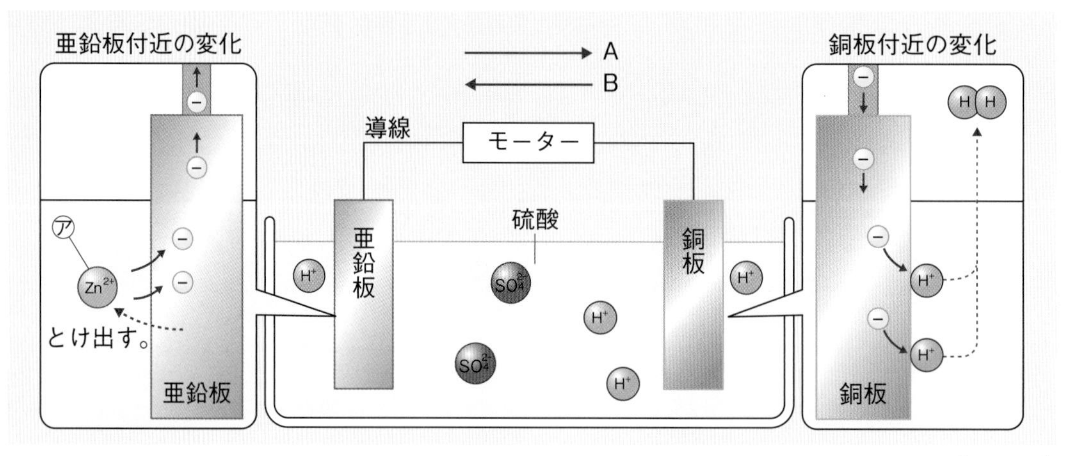

(1) 硫酸にとけ出している㋐のイオンは何か。次のア〜エから選びなさい。 (　　)

ア 塩化物イオン　イ 水素イオン　ウ 亜鉛イオン　エ 銅イオン

(2) 電気エネルギーを取り出したとき，銅板の表面では何が発生するか。次のア〜エから選びなさい。 (　　)

ア 酸素　イ 水素　ウ 塩素　エ 水

(3) 下の〔 〕の記号を使って，亜鉛板，銅板で起こっている変化を表す式を完成させなさい。

①(　　) ②(　　) ③(　　) ④(　　)

亜鉛板：Zn ⟶ (①) ＋ (②)　銅板：2(③) ＋ (④) ⟶ H_2

〔 Zn^{2+}　H^+　Zn　H_2　⊖　⊖⊖ 〕

(4) 電子が移動する向きは，AとBのどちらか。 (　　)

(5) この化学電池の＋極，－極である金属板はそれぞれ何か。ヒント

＋極(　　)　－極(　　)

❶(3)陽イオンになりにくいほうの金属が金属原子になる。

❷(5)導線へ電子を放出する電極が－極，電子を受け取るのが＋極である。

3 ダニエル電池　右の図のように，ダニエル電池にプロペラつきモーターをつないだところ，プロペラが回転した。次の問いに答えなさい。

(1)　プロペラが回転しているときの銅板と亜鉛板の様子について述べた文はどれか。次の**ア**～**カ**から選びなさい。　(　　　)

ア　銅板も亜鉛板もとける。

イ　銅板も亜鉛板も固体が付着する。

ウ　亜鉛板からは気体が発生し，銅板はとける。

エ　亜鉛板には固体が付着し，銅板はとける。

オ　銅板には固体が付着し，亜鉛板はとける。

カ　銅板には固体が付着し，亜鉛板は変化が見られない。

(2)　化学変化を利用して電気エネルギーを取り出す装置を何というか。　(　　　　　　)

(3)　銅板と亜鉛板で起こっている化学変化の説明として適当なものを，次の**ア**～**エ**からそれぞれ選びなさい。　銅板(　　　)　亜鉛板(　　　)

ア　亜鉛が電子を放出して亜鉛イオンになる。

イ　亜鉛イオンが電子を受け取って亜鉛原子になる。

ウ　銅が電子を放出して銅イオンになる。

エ　銅イオンが電子を受け取って銅原子になる。

(4)　銅板と亜鉛板で起こっている化学変化を，化学式と電子の記号(電子１個は⊖，電子２個は⊖⊖)を使った化学反応式で表しなさい。

銅板(　　　　　　　　　　　　　　　)

亜鉛板(　　　　　　　　　　　　　　　)

(5)　銅板と亜鉛板で，－極になっているのはどちらか。ヒント　(　　　　　　)

4 さまざまな電池　化学電池にはさまざまな種類がある。次の問いに答えなさい。

(1)　マンガン乾電池のような，使いきりタイプの化学電池のことを何電池というか。

(　　　　　　)

(2)　充電すると，繰り返し使える化学電池のことを二次電池という。次の**ア**～**エ**から二次電池を選びなさい。　(　　　)

ア　アルカリ乾電池　　**イ**　鉛蓄電池　　**ウ**　燃料電池　　**エ**　リチウム電池

(3)　水の電気分解とは逆の化学変化を利用して，電気エネルギーを取り出す装置のことを，何電池というか。　(　　　　　　)

(4)　次の式は，(3)の電池で起こる変化を表している。(　)にあてはまる言葉を答えなさい。

ヒント　(　　　　　　)

水素　＋　酸素　⟶　(　　　)　＋　電気エネルギー

3(5)水溶液にとけ出していく金属板が－極になっている。

4(4)環境への悪影響が少ない電池だと考えられている。

解答 p.5

ステージ3 3章 電池とイオン

/100

1 銅，亜鉛，銀について，イオンへのなりやすさを調べるために下の図のような実験を行った。あとの問いに答えなさい。

3点×4（12点）

実験1　銅　硫酸亜鉛水溶液
硫酸亜鉛水溶液に銅を入れる。

実験2　亜鉛　硫酸銅水溶液
硫酸銅水溶液に亜鉛を入れる。

実験3　銅線　硝酸銀水溶液
硝酸銀水溶液に銅を入れる。

記述 (1) **実験1**で，銅板の表面の様子はどうなるか。簡単に答えなさい。

記述 (2) **実験2**で，亜鉛板の表面の様子はどうなるか。簡単に答えなさい。

記述 (3) **実験3**で，銅線の表面の様子はどうなるか。簡単に答えなさい。

(4) (1)〜(3)から，亜鉛，銅，銀の陽イオンへのなりやすさはどのようになっているか。次の**ア**〜**カ**から選びなさい。

ア　銀＞亜鉛＞銅　**イ**　銀＞銅＞亜鉛　**ウ**　銅＞銀＞亜鉛

エ　銅＞亜鉛＞銀　**オ**　亜鉛＞銅＞銀　**カ**　亜鉛＞銀＞銅

(1)		(2)	
(3)		(4)	

よく出る **2** 右の図のように，うすい塩酸に銅板と亜鉛板を入れ，電圧計の＋端子に銅板を，－端子に亜鉛板をつないだところ，電圧計の針が右に振れた。これについて，次の問いに答えなさい。

6点×5（30点）

(1) 亜鉛板の表面では，どのような変化が起こっているか。「電子」という言葉を使って簡単に答えなさい。

(2) 銅板の表面では，どのような変化が起こっているか。「電子」という言葉を使って簡単に答えなさい。

(3) 気体が発生するのは，銅板，亜鉛板のどちらか。

(4) 電子が移動する向きは，図の㋐，㋑のどちらか。

(5) 電流の向きは，図の㋐，㋑のどちらか。

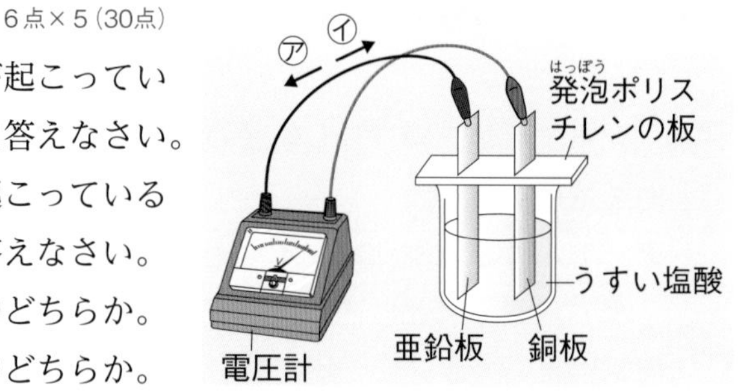

(1)				(2)	
(3)		(4)		(5)	

よく出る **3** 右の図は，ダニエル電池の仕組みを表したものである。次の問いに答えなさい。

4点×7（28点）

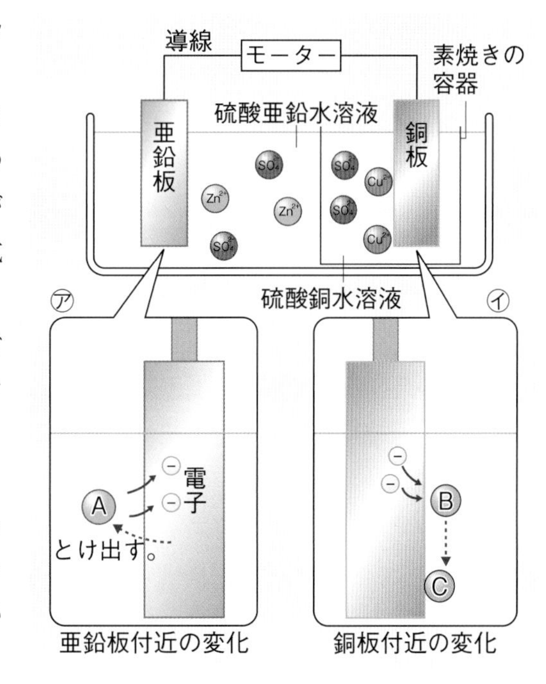

(1) モーターが回転するとき，図の㋐と㋑のような変化が起こる。このとき，AとBが表しているイオンはそれぞれ何か。化学式で答えなさい。

(2) (1)の変化が起こるとき，亜鉛板，銅板で起こる変化をそれぞれ化学反応式で表しなさい。ただし，電子1個を⊖と表すこと。

(3) 銅板に付着した物質Cは何か。

(4) 亜鉛板と銅板をつなぐ導線内を移動する電子はどちらからどちらの金属板に向かって移動しているか。「銅板」，「亜鉛板」という言葉を使って，簡単に答えなさい。

(5) 亜鉛板と銅板のうち，＋極はどちらか。

(1)	A		B		(2)	亜鉛板		銅板	
(3)		(4)					(5)		

4 下のA～Dの電池について，あとの問いに答えなさい。

6点×5（30点）

A ＋極は二酸化マンガンと黒鉛の粉末を電解質の水溶液で練り合わせている。
B 水素と酸素が化学変化することで電気エネルギーを取り出すことができる電池。
C 主に自動車のバッテリーとして利用されている電池。
D ビデオカメラや携帯（けいたい）電話などに利用されている電池。

(1) Aの電池の名称を答えなさい。

(2) 化学電池には，充電して繰り返し使える二次電池がある。A～Dのうち二次電池をすべて選びなさい。

(3) 次の〔　〕から適切なものを選び，Bの電池で起こる変化を化学反応式で表しなさい。

〔 O_2 　$2H_2$ 　Zn 　$2H_2O$ 　電気エネルギー 　H_2O 　化学エネルギー 〕

記述 (4) Bの電池は，環境に対する悪影響が少ないと考えられている。その理由を「水」という言葉を使って簡単に答えなさい。

(5) リチウムイオン電池の説明をしているのは，A～Dのどれか。

(1)		(2)		(3)	
(4)				(5)	

単元1 化学変化とイオン

1 次のア〜エの水溶液の性質を調べるために，実験１，実験２を行った。あとの問いに答えなさい。

７点×５（35点）

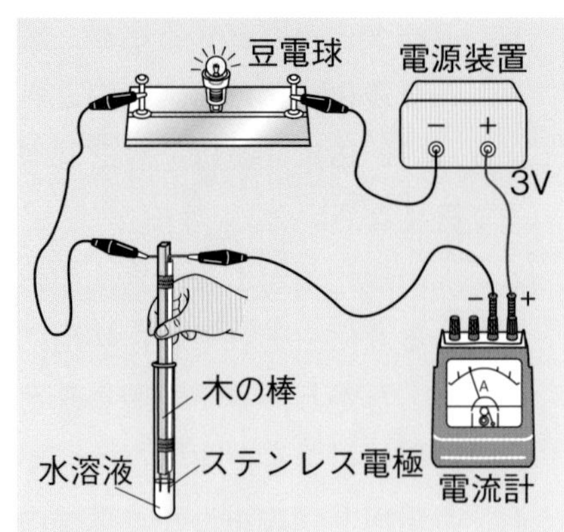

ア　砂糖水　　　イ　アンモニア水

ウ　うすい塩酸　エ　塩化ナトリウム水溶液

〈実験１〉各水溶液を別々の試験管に取り，右の図の装置を使って電圧を加え，豆電球が光るかどうかを調べた。

〈実験２〉各水溶液を別々の試験管に取り，緑色のBTB液を２〜３滴加え，色の変化を調べた。

(1)　**実験１**で，調べる水溶液をかえるときに，どのようなことをしなければならないか。簡単に答えなさい。

(2)　**実験１**で，豆電球が光ったのはどの水溶液か。**ア**〜**エ**からすべて選びなさい。

(3)　水にとけたとき，その水溶液に電流が流れる物質のことを何というか。

(4)　**実験２**で，**ウ**の水溶液の色が黄色に変化した。これは水溶液中にあるイオンが生じているからである。このイオンを化学式で表しなさい。

(5)　塩化水素の電離の様子を，化学式を使って表しなさい。

1

(1)	
(2)	
(3)	
(4)	
(5)	

2 右の図のように，塩化銅($CuCl_2$)水溶液に電流を流したところ，陰極に赤茶色の固体が付着し，陽極から気体が発生した。次の問いに答えなさい。

５点×３（15点）

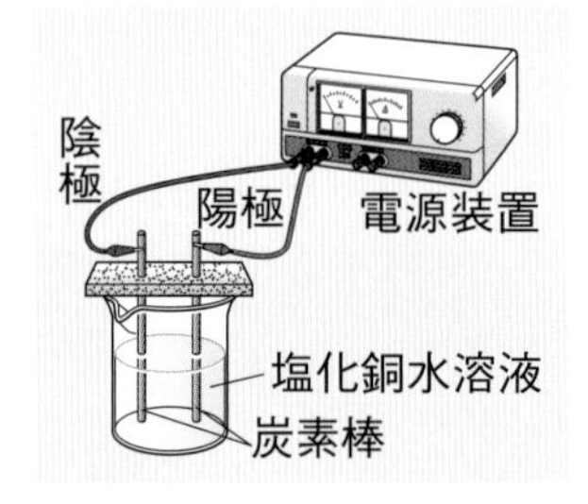

(1)　陰極に付着した固体をこするとどのようになるか。

(2)　陽極から発生した気体の説明として適切なものを，次の**ア**〜**オ**からすべて選びなさい。

ア　刺激臭がある。

イ　水にとけにくい。

ウ　脱色(だっしょく)作用がある。

エ　空気の主な成分である。

オ　化合物である。

(3)　塩化銅水溶液のかわりに塩酸(HCl)に電流を流したところ，陰極と陽極から気体が発生した。このときに起こった化学変化を，化学反応式で表しなさい。

2

(1)	
(2)	
(3)	

目標 水溶液とイオンの性質について理解しよう。化学変化による電気エネルギーの発生や中和について理解しよう。

自分の得点まで色をぬろう!

0 60 80 100点

3 試験管にうすい水酸化カルシウム($Ca(OH)_2$)水溶液を3 cm^3取り，BTB液を加えると青色になった。これにうすい塩酸を少しずつ加えると，あるとき水溶液の色が緑色になった。次の問いに答えなさい。 5点×5(25点)

(1) この実験で起きた化学変化を，化学反応式で表しなさい。

(2) 水溶液の色が緑色になったとき，水溶液の温度を測定した。最初の水溶液の温度と比べると水溶液の温度はどのようになっているか。

(3) 水溶液の色が緑色になったとき，この水溶液の水を蒸発させると固体が生じた。生じた固体の特徴(とくちょう)を，次のア～エから二つ選びなさい。

ア 消化器官の造影剤(ぞうえいざい)に利用されている。

イ 乾燥(かんそう)剤に利用されている。

ウ 立方体の結晶である。

エ 融雪(ゆうせつ)剤に利用されている。

(4) 水溶液の色が緑色になったあと，さらにうすい塩酸を加えていくと，水溶液の色が黄色に変化した。水溶液の色が黄色に変化した理由を，水素イオンの数と水酸化物イオンの数に注目して，簡単に答えなさい。

3

(1)		
(2)		
(3)		
(4)		

4 右の図のように，ダニエル電池を光電池用のモーターにつないだところ，銅板に銅原子が付着し，モーターが回転した。次の問いに答えなさい。 5点×5(25点)

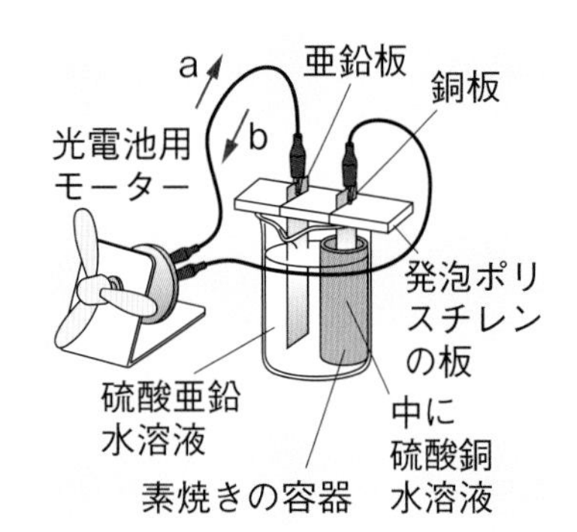

(1) 右の図のように，化学変化によって，物質がもっている化学エネルギーを電気エネルギーに変換して取り出す装置のことを一般に何というか。

(2) 次のア～エの中から，正しい説明を選びなさい。

ア 電子はaの向きに動き，銅板は＋極となる。

イ 電子はaの向きに動き，銅板は－極となる。

ウ 電子はbの向きに動き，亜鉛板は－極となる。

エ 電子はbの向きに動き，亜鉛板は＋極となる。

(3) 導線を流れる電流の向きはaとbどちらの方向か。

(4) 下の〔 〕から適切な記号を使い，亜鉛板で起こっている化学変化の様子を化学反応式で表しなさい。

〔 Zn^{2+} H^{+} Cu^{2+} Zn H_2 Cu ⊖ ⊖⊖ 〕

(5) 水の電気分解と逆の化学変化を利用して，水素と酸素から電気エネルギーを取り出す電池のことを何というか。

4

(1)	
(2)	
(3)	
(4)	
(5)	

終わったら後ろの6をやろう。

解答 p.7

確認のワーク ステージ1 1章 生物の成長

教科書の要点 （ ）にあてはまる語句を，下の語群から選んで答えよう。

同じ語句を何度使ってもかまいません。

1 生物の成長と細胞

教 p.69～74

(1) タマネギの根を染色して，成長の様子を調べると，主に根の(①　　　　)に近い部分がよく伸びることがわかる。

(2) 根の先端(せんたん)に近い部分では細胞の数が増え，増えた細胞が大きくなる。根のもとに近い部分の細胞の大きさは，先端に近い部分の細胞に比べて(②　　　　)なっている。

(3) 1個の細胞が2個の細胞に分かれることを(③★　　　　)という。また，多細胞生物の体をつくる細胞(体細胞)の数が増えるときの★**細胞分裂**(さいぼうぶんれつ)を，特に(④★　　　　)という。

(4) 多細胞生物の場合，細胞分裂によって細胞の数が増え，増えた細胞が成長して(⑤　　　　)なることで体が成長していく。

(5) 細胞を観察すると，**ひも状のもの**が見られることがある。これは(⑥★　　　　)とよばれ，染色液によく染まる。**染色体**(せんしょくたい)の中には，生物の形や性質などを決める情報があり，その数は生物の種(しゅ)によって(⑦　　　　)いる。細胞分裂をするときに細胞内の核が見えなくなり，染色体が見えるようになる。

(6) 顕微鏡(けんびきょう)で細胞分裂の様子を観察するとき，一つ一つの細胞が離れて見やすくなるように，うすい(⑧　　　　)に浸(ひた)す。顕微鏡で観察するときは，まず低倍率で染色体が見える細胞を探し，次に高倍率で観察し，核の変化が見られる細胞をスケッチする。

(7) (⑨　　　　)や酢酸カーミン液などの染色液を細胞に落とすと**染色体**が染まり，観察しやすくなる。また，染色液は**核**も染色する。

2 体細胞分裂(たいさいぼうぶんれつ)の過程

教 p.74～75

(1) 体細胞分裂が始まる前に，染色体は(①　　　　)本ずつに複製される。これが体細胞分裂により二つの細胞に等しく分かれて入るため，**分裂した細胞の染色体の数は，もとの細胞の染色体の数と**(②　　　　)である。

(2) 分裂後の細胞が大きくなったり，形を変えたりすることで，体が大きく複雑に変化していく。

まるごと暗記
タマネギの根では，先端に近い部分で細胞分裂が盛(さか)んに行われている。

まるごと暗記
多細胞生物の成長
- 細胞の**数が増える**。
- 増えた細胞が**大きくなる**。

プラスα
根の先端は根冠(こんかん)とよばれ，根の先端を保護する役割をもっている。

まるごと暗記
体細胞分裂
- 分裂中の細胞では染色体が短いひも状に見える。
- 染色体が複製される前の細胞と細胞分裂によってできた細胞の染色体の数は同じである。

語群
1 細胞分裂／体細胞分裂／染色体／塩酸／酢酸(さくさん)オルセイン液／先端／決まって／大きく
2 同じ／2

★の用語は，説明できるようになろう！

同じ語句を何度使ってもかまいません。

□にあてはまる語句を，下の語群から選んで答えよう。

1 細胞の成長の仕組み

教 p.71

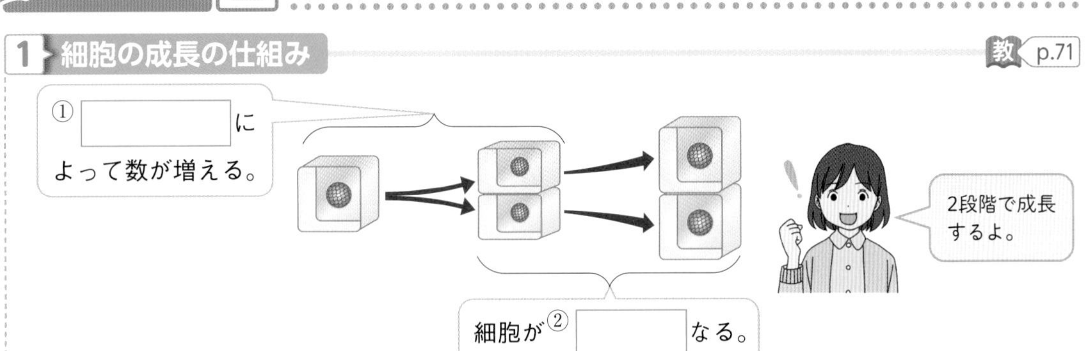

2 植物の細胞分裂の仕組み

教 p.71

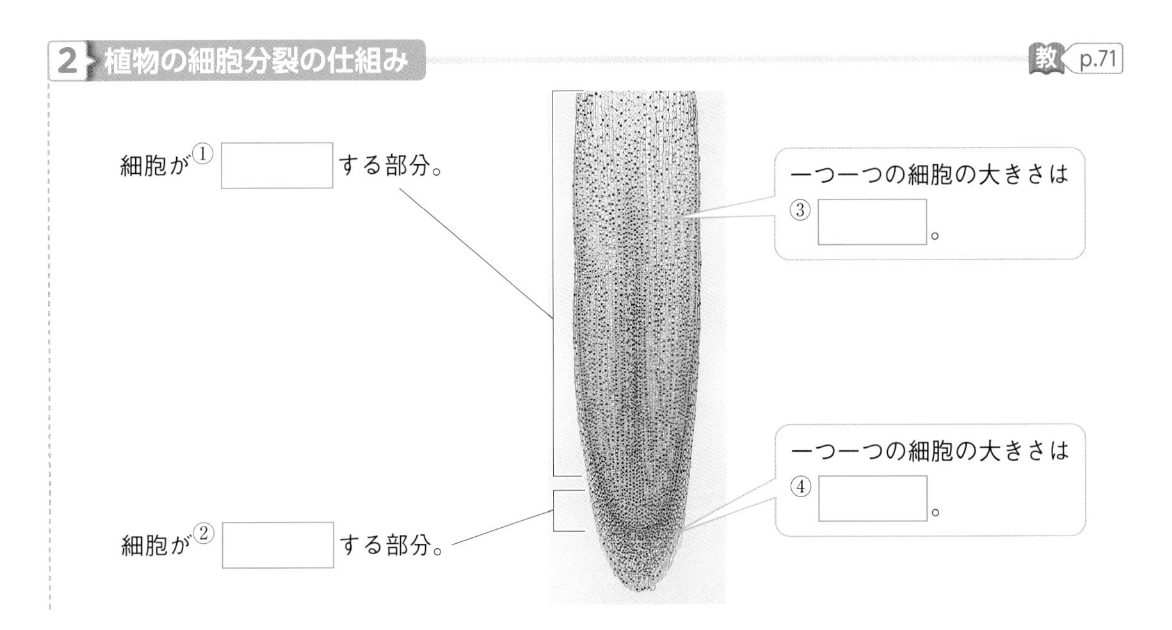

3 体細胞分裂の仕組み

教 p.74～75

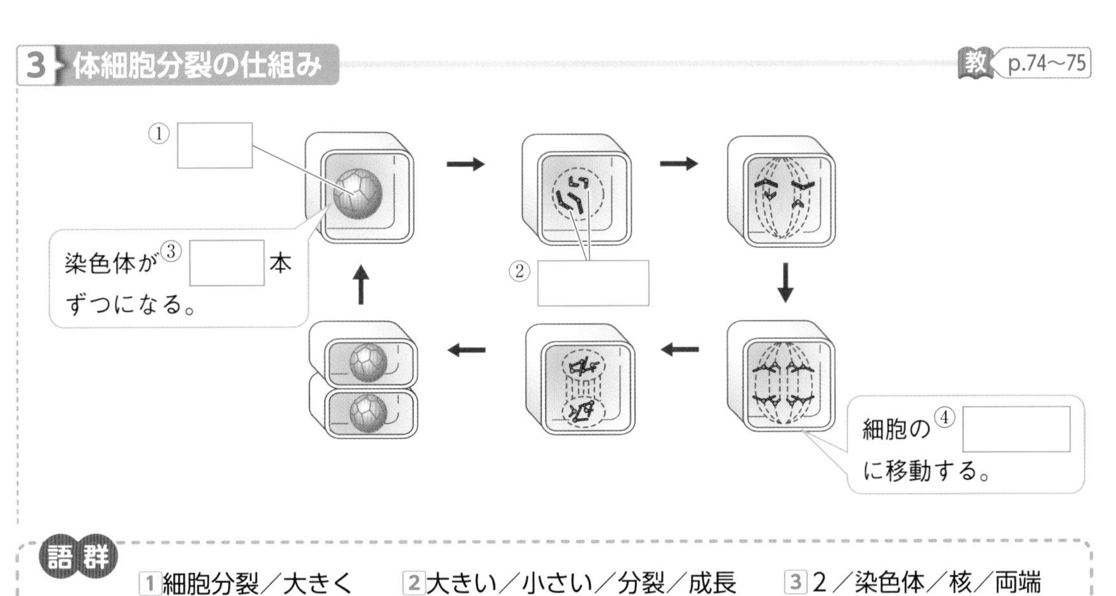

語群

1 細胞分裂／大きく　2 大きい／小さい／分裂／成長　3 2／染色体／核／両端

わからない用語は，教科書の要点の★で確認しよう！

解答 p.7

定着のワーク ステージ2　1章　生物の成長

1 根の成長　染色したタマネギの根の様子を調べた。次の問いに答えなさい。

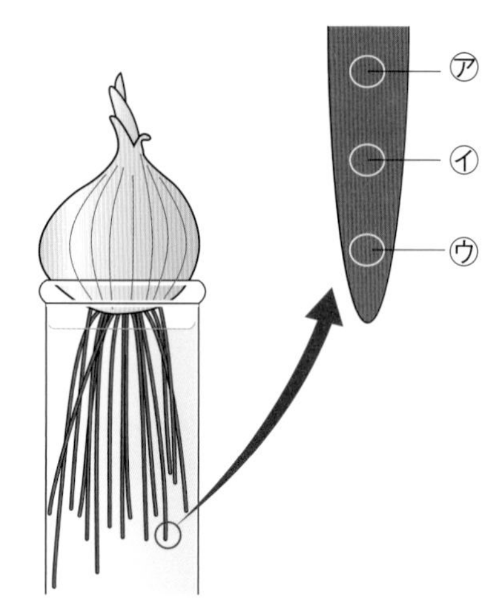

(1) 図のように，染色した根を水につけた。細胞分裂が最も盛んに起こっているのは，㋐～㋒のどの部分か。 ヒント（　　）

(2) しばらくすると，根の先端に近い部分の色がうすくなっていた。この部分で細胞がどのようになっているためか。（　　）

(3) 1個の細胞が2個の細胞に分かれることを何というか。（　　）

(4) 多細胞生物の体細胞の数が増えるときの細胞分裂を特に何というか。（　　）

(5) 細胞分裂でできた細胞の大きさは，そのあとどのようになっていくか。（　　）

2 教 p.72 観察1 細胞分裂の観察　右の図は，顕微鏡でタマネギの細胞分裂の様子を観察するための手順を表したものである。次の問いに答えなさい。

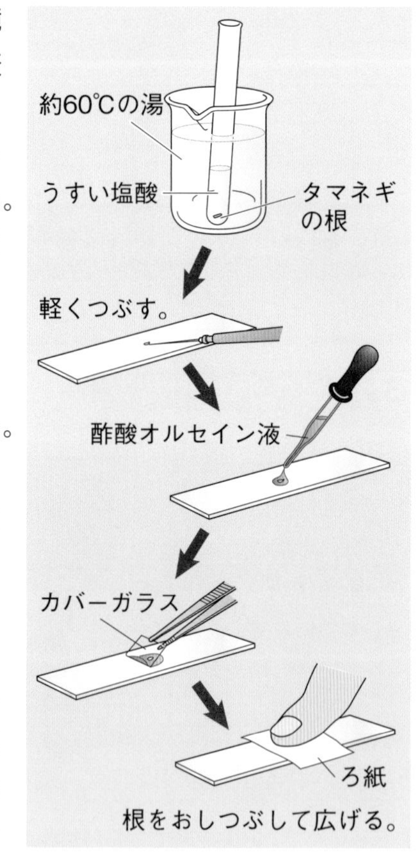

(1) 細胞分裂の様子を観察するとき，どの部分の細胞を選んで観察するとよいか。次のア～ウから選びなさい。（　　）

ア　細胞分裂が盛んに行われている部分。
イ　一つ一つの細胞が大きい部分。
ウ　染色体の数が少ない部分。

(2) 図のように，細胞を塩酸で処理してから観察した。その理由を，次のア～ウから選びなさい。 ヒント（　　）

ア　細胞が大きくなるのを防ぐため。
イ　染色体が現れるようにするため。
ウ　細胞が一つ一つ離れるようにするため。

(3) 酢酸オルセイン液を用いると，核の他に何が染色されるか。（　　）

(4) 酢酸オルセイン液のような，染色させる役割をもつものを何というか。（　　）

ヒントの森
1(1)根の細胞は，場所によって分裂が盛んなところとそうでないところがある。
2(2)たくさんの細胞の中から染色体の様子を調べるのに都合のよい細胞を見つけやすくなる。

❸ 根の細胞の様子

右の図は，染色液で染色したタマネギの根の先端部分を観察したときの様子である。次の問いに答えなさい。

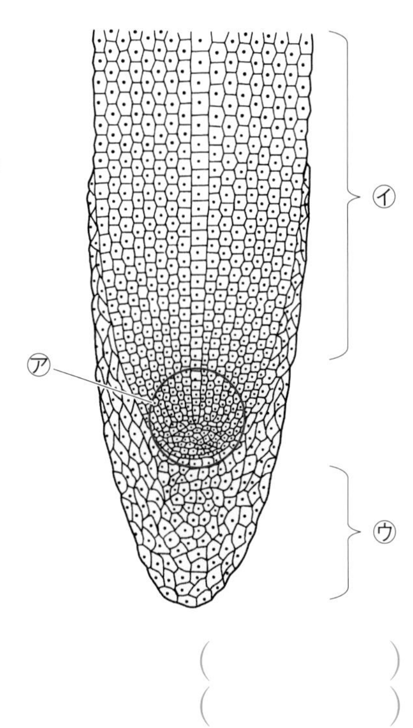

(1) 細胞が盛んに分裂している部分は，㋐～㋒のどこか。 (　　)

(2) 細胞が成長している部分は，㋐～㋒のどこか。ヒント (　　)

(3) ㋑で，細胞の大きさは，根のもとに近い部分ほどどのようになっているか。 (　　　　)

記述 (4) 多細胞生物の体は，どのようになることで成長するか。

(　　　　　　　　　　)

(5) 細胞を観察していると，中にひも状のものが見られる細胞があった。このひも状のものを何というか。 (　　　　)

(6) (5)のものは，染色液によって染まるか。 (　　　　)

❹ 細胞分裂の過程

右の図は，植物の細胞分裂の様子を模式的に表したものである。次の問いに答えなさい。

(1) 細胞分裂が始まると見えるようになる㋐の名称を答えなさい。 (　　　　)

(2) 次の①～⑥は，それぞれ図のA～Fのどの様子を説明したものか。

① ㋐が細胞の中央に並ぶ。 (　　)

② 二つの細胞に分裂する。 (　　)

③ 細胞分裂が始まる前の細胞である。 (　　)

④ 細胞内に仕切りができて，㋐がしだいに見えなくなる。 (　　)

⑤ ㋐が見えるようになる。 (　　)

⑥ ㋐が両端に分かれる。 (　　)

(3) 細胞分裂によってできる一つの細胞の中の㋐の数は，㋐が複製される前の細胞の中の㋐の数と比べてどのようになるか。次のア～ウから選びなさい。ヒント (　　)

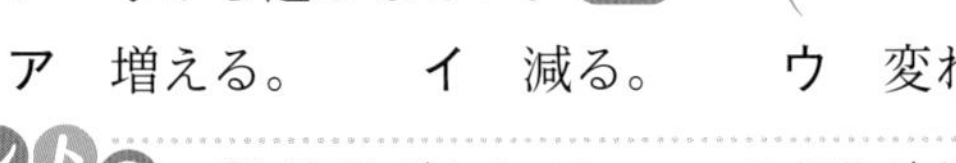

ア 増える。　イ 減る。　ウ 変わらない。

❸(2)細胞が大きくなっている部分が成長しているといえる。　❹(3)分裂前にそれぞれの染色体は複製されて２本ずつになっている。これが二つの細胞に分かれる。

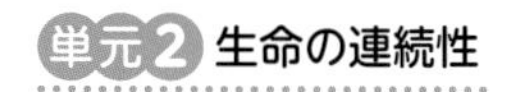

1章　生物の成長

解答 p.7

1 図1はタマネギが根を伸ばしている様子をスケッチしたものである。また，図2は根の細胞を顕微鏡で観察し，スケッチしたものである。あとの問いに答えなさい。　5点×6（30点）

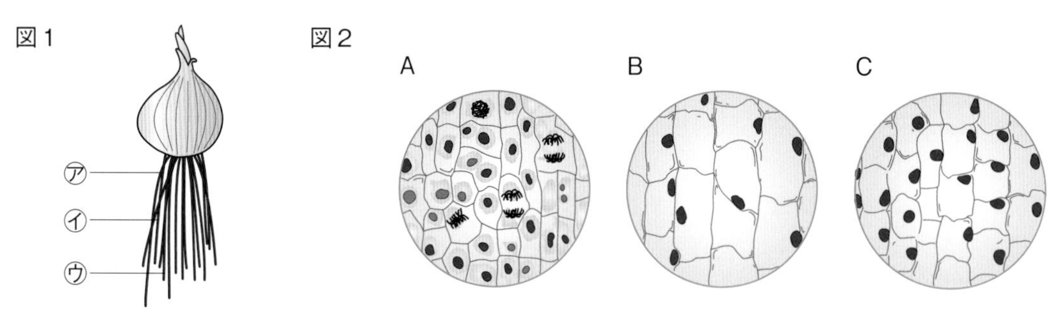

(1) 図1で，細胞分裂が最も盛んに行われているのは，㋐～㋒のどの部分か。

(2) 図2のA～Cは，それぞれ図1の㋐～㋒のどの部分の細胞の様子を表したものか。

(3) 細胞分裂をするとき，図2のAのように，核が消えてひも状のものが見られる。このひも状のものを何というか。

(4) (3)を染色するために使う染色液を一つ答えなさい。

(1)		(2)	A		B		C	
(3)		(4)						

2 細胞分裂の様子を観察するために顕微鏡を用いた。観察する手順について，次の問いに答えなさい。　5点×2（10点）

(1) 次のア～クを観察の手順として正しくなるように並べなさい。

ア　染色液を落とし，カバーガラスをかける。

イ　切り取った根を，試験管に入れたうすい塩酸に浸す。

ウ　カバーガラスがずれないように注意しながら根をおしつぶす。

エ　高倍率で観察する。

オ　試験管を約60℃の湯で数分間温める。

カ　試験管から根を取り出し，軽く水で洗う。

キ　低倍率で観察する。

ク　根をスライドガラスにのせ，柄（え）つき針で軽くつぶす。

(2) 根のもとに近い部分と先端に近い部分で，細胞の大きさが大きいのはどちらか。

(1)	→ → → → → → →
(2)	

3 タマネギの根の細胞を観察した。次の問いに答えなさい。 6点×4（24点）

記述 (1) うすい塩酸に浸すと，根はどのようになるか。

記述 (2) 根をおしつぶして広げてから観察するのはなぜか。

(3) 初めに観察するときに用いる倍率は，次のア～エのどれが適切か。

ア 10倍～20倍　　イ 100倍～150倍

ウ 400倍～600倍　　エ 1000倍～1500倍

(4) 高倍率で観察するときに用いる倍率は，(3)のア～エのどれが適切か。

(1)			
(2)			
(3)		(4)	

よく出る 4 細胞を観察したところ，いくつかの特徴的な細胞が見られた。下の図はその特徴的な細胞を選び出して表したものである。あとの問いに答えなさい。 6点×6（36点）

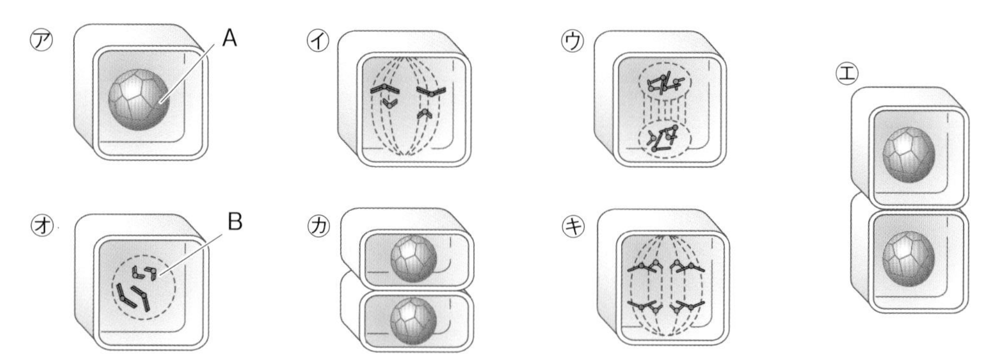

(1) 観察した細胞の中に見られた，Aの名称を答えなさい。

(2) ㋔の細胞の中にはひも状のBが見られた。Bの名称を答えなさい。

(3) Bはどのような細胞で見られるか。

(4) 図の㋐～㋖を細胞分裂が正しく進行するように並べなさい。ただし，㋐が最初，㋓が最後とする。

記述 (5) ㋐は細胞分裂する直前の細胞である。このとき，Bはどのようになっているか。

(6) ㋓のように細胞分裂が終わったあとの細胞のBの数は，もとの細胞のBの数と比べてどのようになっているか。

(1)		(2)		(3)	
(4)	㋐ → → → → → → ㋓				
(5)		(6)			

解答 p.8

確認のワーク ステージ1

2章　生物の殖え方

同じ語句を何度使ってもかまいません。

教科書の要点　(　　)にあてはまる語句を，下の語群から選んで答えよう。

1 生殖

教 p.77

(1) 生物が，自らと形や性質が同じ子をつくるはたらきを(①★　　　　)という。生殖には受精を行わない(②★　　　　)と，受精を行う(③★　　　　)がある。

2 無性生殖

教 p.77～79

(1) 単細胞生物は，1個体が二つに分かれ，新しい個体がつくられる。この生殖を(①★　　　　)という。多細胞の植物には，体の一部が独立して新しい個体となるものがある。この生殖を(②★　　　　)という。**分裂**や**栄養生殖**などは**無性生殖**である。

└サツマイモ，ジャガイモ，ハコベなど。

まるごと暗記

無性生殖
分裂や栄養生殖などの，受精によらない生殖。

3 有性生殖

教 p.80～84

(1) 動物の雌の卵巣では**卵**が，雄の精巣では**精子**がつくられる。このような生殖のためにつくられる細胞を(①★　　　　)という。

(2) 卵の核と精子の核が合体する過程を(②★　　　　)といい，**受精**によって卵は(③★　　　　)となる。

(3) **受精卵**は細胞分裂を行って(④★　　　　)となり，やがて親と同じ体のつくりやはたらきをもつ個体に成長する。受精卵が胚を経て成体になるまでの過程を(⑤★　　　　)という。

(4) 被子植物では，受粉すると精細胞が(⑥★　　　　)の中を移動して卵細胞と合体し，受精する。

└胚珠でつくられる。

ワンポイント

卵の核と精子の核が合体して，受精卵ができる。動物や植物の多くは受精によって子をつくる。この生殖を**有性生殖**という。

4 生殖と遺伝

教 p.85～89

(1) ある生物がもつ特徴を(①★　　　　)といい，親の**形質**が子に伝えられることを(②★　　　　)という。

(2) **遺伝**は，染色体の中に含まれる(③★　　　　)が伝えられることによって起こる。

(3) **生殖細胞**は，染色体数が半数になる特別な細胞分裂よってつくられる。これを(④★　　　　)という。

(4) 無性生殖では，親の遺伝子がそのまま新しい個体に伝えられるため，子には親の形質がそのまま現れる。

まるごと暗記

遺伝
親の形質が子孫に伝えられること。無性生殖では，**新しい個体の形質は親の形質と同じになる。**

語群
1 有性生殖／無性生殖／生殖　2 栄養生殖／分裂
3 胚／発生／生殖細胞／花粉管／受精／受精卵　4 遺伝／遺伝子／形質／減数分裂

★の用語は，説明できるようになろう！

同じ語句を何度使ってもかまいません。

□にあてはまる語句を，下の語群から選んで答えよう。

1 動物の有性生殖

③は受精したあとの細胞の名称を書こう。 教 p.80〜81

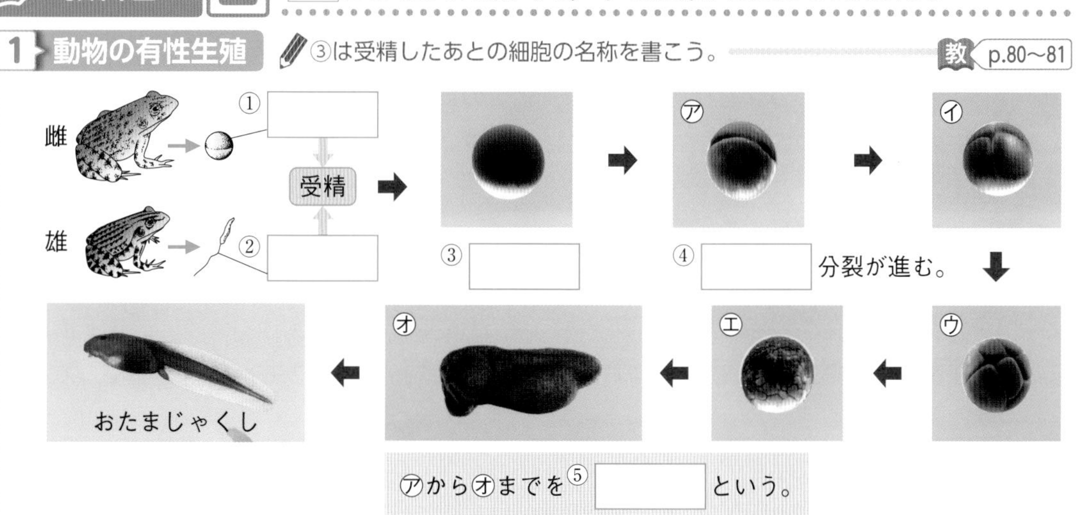

2 被子植物の受精と発生

教 p.84

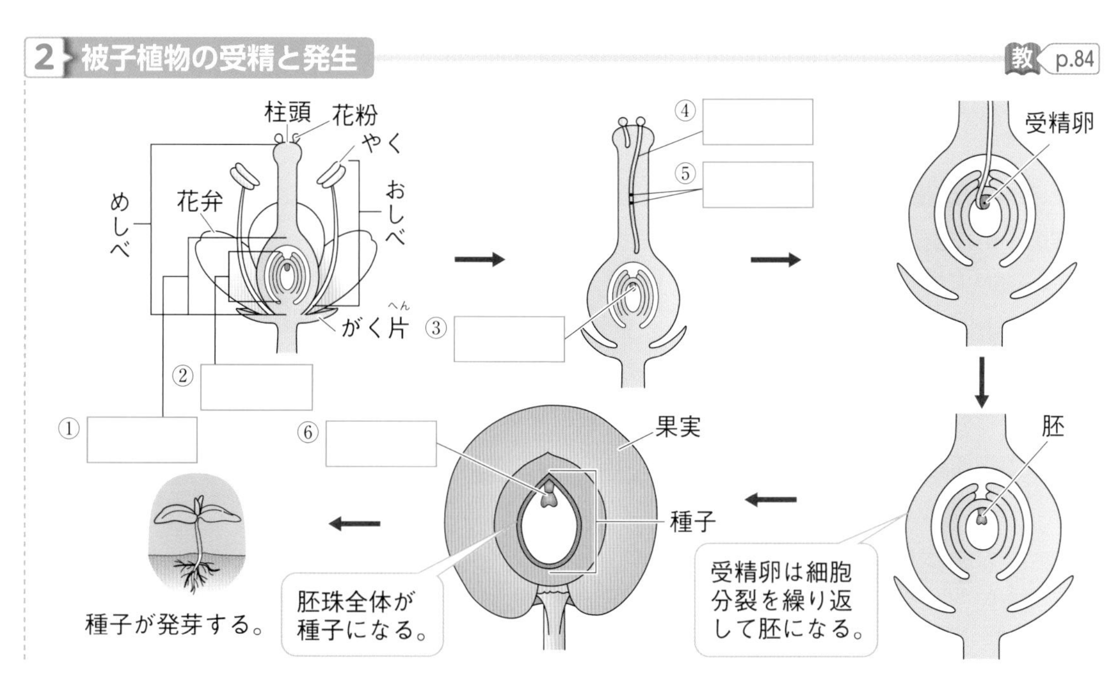

3 有性生殖における染色体の動き

教 p.88

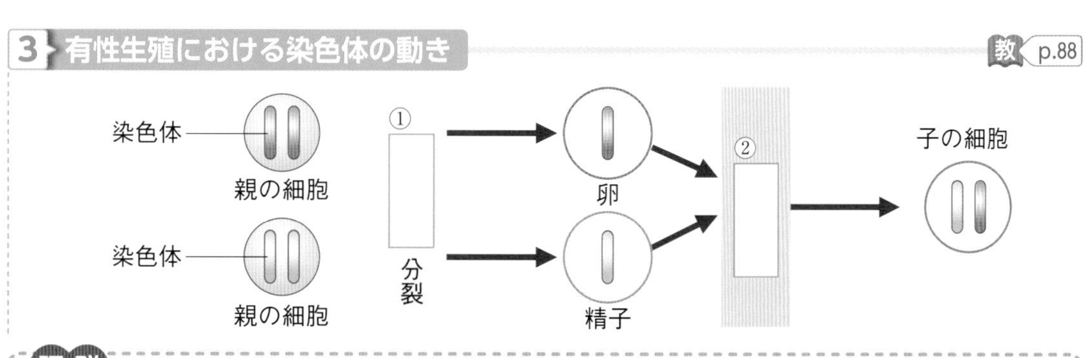

語群
1 精子／卵／胚／受精卵／細胞　2 卵細胞／精細胞／子房／花粉管／胚／胚珠
3 受精／減数

わからない用語は，教科書の要点の★で確認しよう！

解答 p.8

定着のワーク ステージ2 2章 生物の殖え方

1 無性生殖 図1のコダカラベンケイや，図2のヒドラを用いて，生殖について調べた。次の問いに答えなさい。

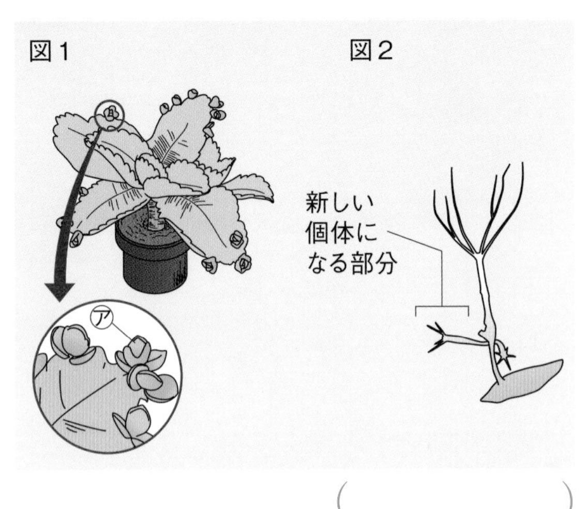

(1) 図1の拡大図は，コダカラベンケイの葉に生じた新しい個体をルーペで観察した様子である。㋐は何か。（　　　）

(2) コダカラベンケイのように，植物の体の一部が新しい個体になる生殖を何というか。（　　　）

(3) 図2のヒドラのように体の一部に生じた突起が成長し，新しい個体になることを何というか。（　　　）

(4) (2)，(3)や単細胞生物の分裂のように，受精によらない生殖を何というか。ヒント（　　　）

2 ヒキガエルの生殖 右の図は，カエルの発生の過程を表したものである。これについて，次の問いに答えなさい。

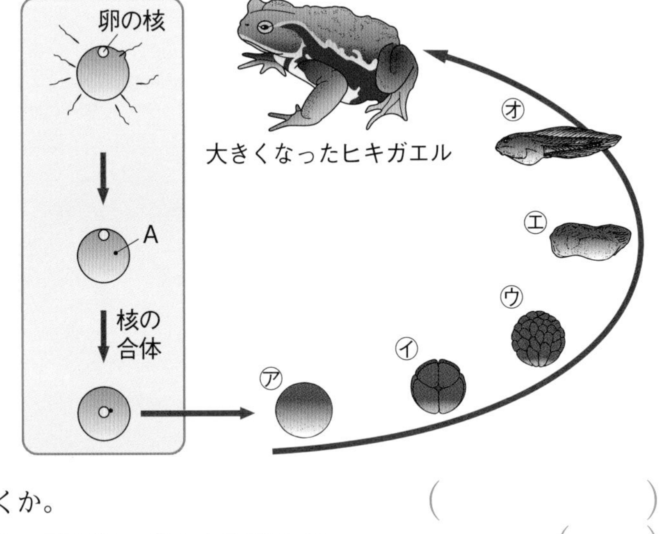

(1) 図のAは何の核か。その名称を答えなさい。ヒント（　　　）

(2) 卵の核とAが合体して1個の核となる過程を何というか。（　　　）

(3) 卵の核とAが合体してできた㋐を何というか。ヒント（　　　）

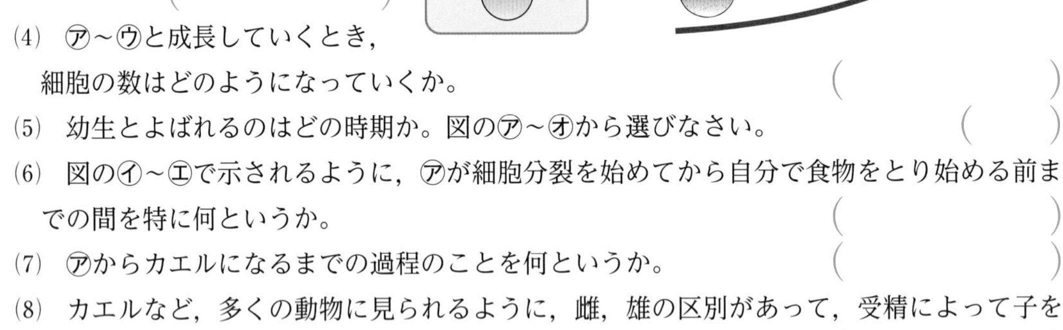
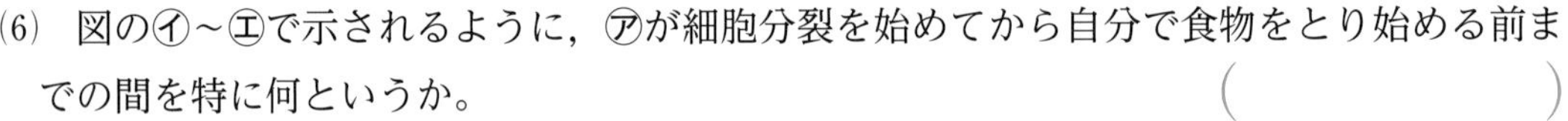

(4) ㋐〜㋒と成長していくとき，細胞の数はどのようになっていくか。（　　　）

(5) 幼生とよばれるのはどの時期か。図の㋐〜㋔から選びなさい。（　　　）

(6) 図の㋑〜㋓で示されるように，㋐が細胞分裂を始めてから自分で食物をとり始める前までの間を特に何というか。（　　　）

(7) ㋐からカエルになるまでの過程のことを何というか。（　　　）

(8) カエルなど，多くの動物に見られるように，雌，雄の区別があって，受精によって子をつくっていくような生殖を何というか。（　　　）

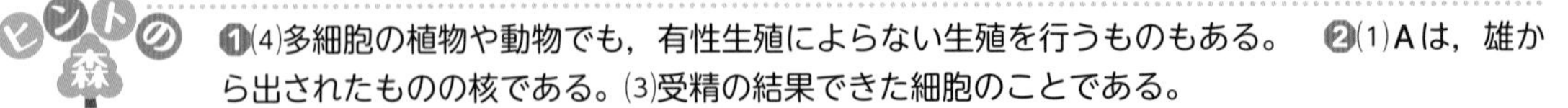

ヒントの森　❶(4)多細胞の植物や動物でも，有性生殖によらない生殖を行うものもある。　❷(1)Aは，雄から出されたものの核である。(3)受精の結果できた細胞のことである。

3 花粉管の変化　図のような手順でホウセンカの花粉の観察を行った。これについて，あとの問いに答えなさい。

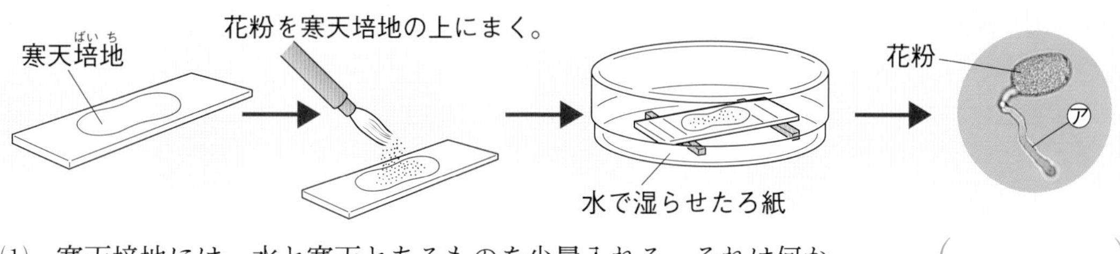

⑴　寒天培地には，水と寒天とあるものを少量入れる。それは何か。（　　　　）

⑵　3分ごとに花粉を顕微鏡で観察した。このときの顕微鏡の倍率として適しているものを，次のア，イから選びなさい。（　　）

ア　100倍～150倍　　イ　400～600倍

⑶　花粉から伸びる㋐を何というか。（　　　　）

⑷　㋐の管を通ってめしべの胚珠まで移動してくるものを何というか。（　　　　）

⑸　⑷は胚珠の中で何と合体するか。ヒント（　　　　）

4 植物の生殖　右の図は，植物の生殖について表したものである。次の問いに答えなさい。

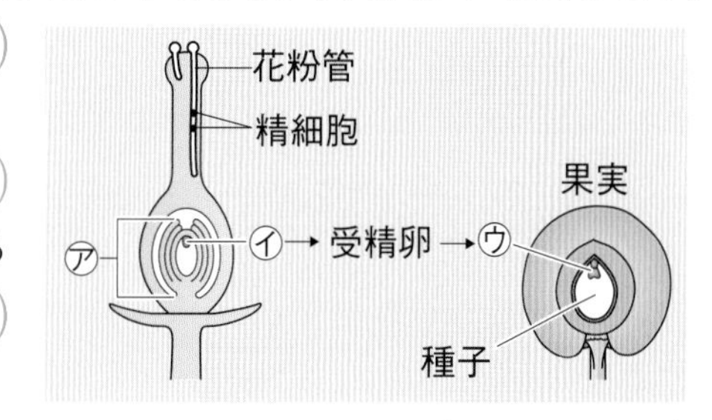

⑴　㋐のつくりを何というか。ヒント（　　　　）

⑵　㋐の中にある細胞㋑を何というか。（　　　　）

⑶　花粉管を通ってきた精細胞と細胞㋑が合体する過程を何というか。（　　　　）

⑷　精細胞と細胞㋑が合体して，受精卵ができる。このとき，精細胞と㋑の細胞の何が合体するか。（　　　　）

⑸　受精卵が細胞分裂を繰り返してできる㋒を何というか。（　　　　）

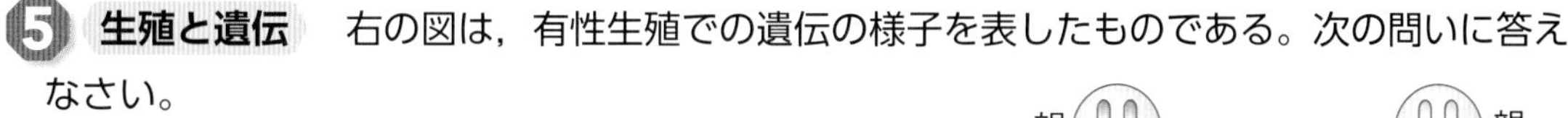

5 生殖と遺伝　右の図は，有性生殖での遺伝の様子を表したものである。次の問いに答えなさい。

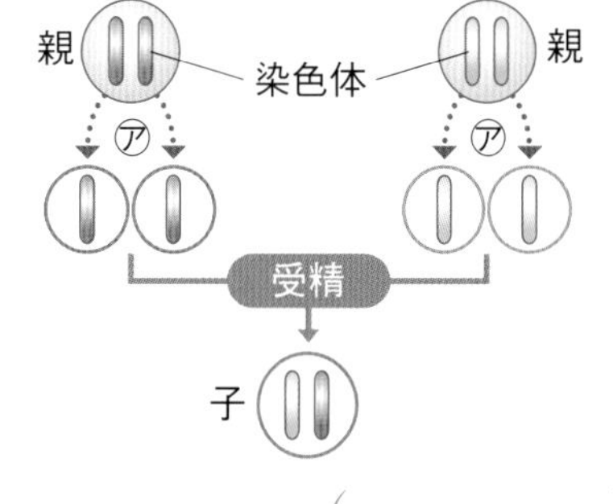

⑴　㋐は，生殖細胞をつくるときの特別な細胞分裂である。この分裂を何というか。（　　　　）

⑵　⑴の細胞分裂では，染色体数はどのようになるか。ヒント（　　　　）

⑶　形や性質など，ある生物のもつ特徴のことを何というか。（　　　　）

⑷　親の⑶が子に伝えられることを何というか。（　　　　）

⑸　親の⑶が子に伝えられるのは，生殖によって親から子に何が伝えられるからか。（　　　　）

3⑸管を通ってきたものは，胚珠の中で別の生殖細胞と合体する。　4⑴㋐は全体が種子になる。　5⑵染色体は⑴の細胞分裂で，数が半分になる。

2章 生物の殖え方

1 下の図は，カエルが成体になるまでの様子を表したものである。カエルの殖(ふ)え方について，あとの問いに答えなさい。ただし，図の㋐～㋔は順番を入れかえてあるものがある。

4点×5（20点）

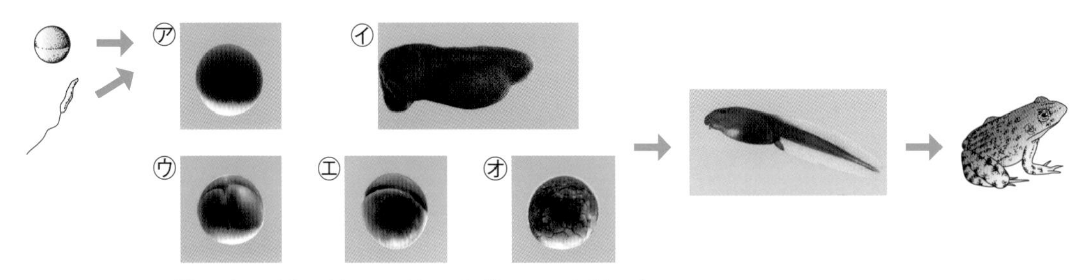

(1) カエルの雌の卵と雄の精子の核が合体する過程を何というか。
(2) カエルのように，雄と雌が関わり，(1)によって子をつくる殖え方を何というか。
(3) 受精卵は，㋐からどのように変化していくか。㋐～㋔を育っていく順番に並べなさい。
(4) 受精卵が細胞分裂を行ってから自分で食物をとり始める前までを何というか。
(5) 図のように，受精卵から成体になるまでの過程を何というか。

(1)		(2)		(3)	㋐ → → → →
(4)		(5)			

2 被子植物の花にはめしべとおしべがあり，めしべの胚珠の中では卵細胞が，おしべの中では花粉がつくられる。右の図は，被子植物のめしべのつくりを表したものである。次の問いに答えなさい。

5点×5（25点）

花粉
㋐
㋑
㋒
㋓
㋔

(1) 花粉から伸びる㋐の管を何というか。
(2) ㋐の中を通って花粉から移動する㋑を何というか。
(3) ㋑はどの細胞と結びつくか。㋒～㋔から選びなさい。
(4) ㋐が伸びる様子を観察したいときは，どのようにすればよいか。次の**ア**～**ウ**から選びなさい。
ア 花粉を40℃の湯で温めたあと，乾燥させて，スライドガラスにのせる。
イ スライドガラスに寒天の入った砂糖水をうすく伸ばし，その上に花粉を落とす。
ウ スライドガラスにうすい塩化ナトリウム水溶液を落とし，その上に花粉を落とす。

記述 (5) 被子植物の受精とは何か。「合体」という言葉を使って答えなさい。

(1)		(2)		(3)		(4)	
(5)							

3 下の図１はカエルの，図２はアメーバの生殖における染色体の動きを模式的に表したものである。あとの問いに答えなさい。　5点×11（55点）

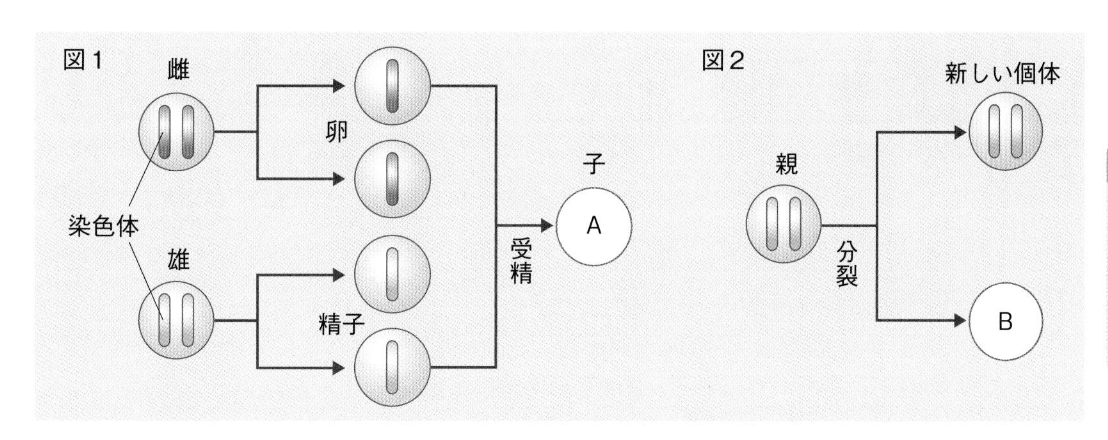

(1)　図１，図２のような生殖をそれぞれ何というか。

(2)　図１の生殖では，生殖細胞をつくるときに特別な細胞分裂を行う。この細胞分裂を何というか。

(3)　図１，図２の**A**，**B**にあてはまる染色体の様子を，次の㋐～㋕からそれぞれ選びなさい。

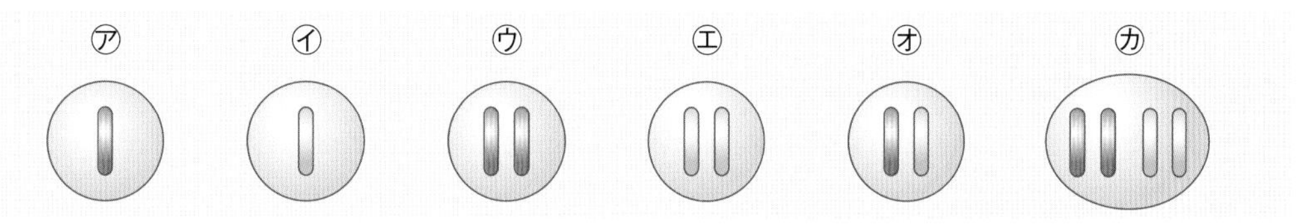

(4)　あるカエルの体細胞の染色体の数は26本である。このカエルの卵の核に含まれる染色体は何本か。

(5)　染色体には，形質のもとになるものが含まれている。これを何というか。

(6)　図１の生殖では，新しい個体に現れる形質について，どのようなことがいえるか。親の形質と比べたときの特徴を答えなさい。

(7)　図２の生殖では，新しい個体に現れる形質について，どのようなことがいえるか。親の形質と比べたときの特徴を答えなさい。

(8)　図２の生殖で新しい個体をつくることができる生物を，次の**ア**～**オ**からすべて選びなさい。

ア　ミカヅキモ　　**イ**　ヤマノイモ　　**ウ**　イヌ　　**エ**　コダカラベンケイ　　**オ**　ヒト

(9)　植物において，図２の生殖は人為(じんい)的に利用されるものが多い。サツマイモを大量に殖やすときに使われる方法を何というか。

(1)	図1		図2		(2)		(3)	A		B	
(4)		(5)		(6)							
(7)				(8)			(9)				

解答 p.9

確認のワーク ステージ1　3章 遺伝の規則性　4章 生物の種類の多様性と進化

教科書の要点

同じ語句を何度使ってもかまいません。

(　　)にあてはまる語句を，下の語群から選んで答えよう。

1 メンデルの実験

教 p.91〜96

(1) (①　　　　)は，19世紀中頃にエンドウを栽培して，遺伝に関するさまざまな規則性を発見した。

(2) ある形質について，**同時に現れない**形質が二つある場合，これらを(②★　　　　)という。

(3) ある形質について，**自家受粉**によって何代も代を重ねても，全て同じになる場合，これらを(③★　　　　)という。

(4) **対立形質**の**純系**どうしを親として受粉させると，子には一方の形質だけが現れる。これを**顕性の法則**とよぶ。このとき，子に現れる形質を(④★　　　　)，現れない形質を(⑤★　　　　)という。

2 遺伝の規則性と遺伝子

教 p.97〜105

(1) 生殖細胞がつくられるとき，対になっている遺伝子が分かれ，別々の生殖細胞に入る。このことを(①★　　　　)という。

(2) 遺伝子の本体は(②★　　　　)(デオキシリボ核酸)という物質で，親から子に形質の情報を伝えている。

3 生物の変遷

教 p.106〜117

(1) 周囲の温度が変化すると体温も変化する魚類，両生類，は虫類を(①★　　　　)という。これに対し，周囲の温度が変化しても体温がほぼ一定に保たれる鳥類，哺乳類を(②★　　　　)という。

(2) 水中で生活していた魚類の一部は，(③　　　　)の内部に骨格をもち，これが両生類の前あしへと変化したと考えられている。

(3) 現在の見かけの形やはたらきは異なるが，**基本的なつくりが同じ**で，もとは同じであったと考えられる器官を(④★　　　　)という。

(4) 生物の形や性質が，長い年月を経て代を重ねるうちに変化することを(⑤★　　　　)という。

まるごと暗記
対立形質の純系どうしを受粉させたとき，子に現れる形質を**顕性形質**，子に現れない形質を**潜性形質**という。

ワンポイント
生殖細胞がつくられるとき，対になっている遺伝子が別々の生殖細胞に入ることを，**分離の法則**という。

プラスα
DNA
deoxyribonucleic acid という英語の略称。

まるごと暗記
脊椎動物は，呼吸の仕方，子の生まれ方などの特徴によって五つになかま分けできる。

まるごと暗記
現在の形やはたらきが異なるが，もとは同じと考えられる器官を**相同器官**という。生物の形や性質が，長い年月を経て変化することを**進化**という。

語群
1 顕性形質／潜性形質／対立形質／純系／メンデル
2 DNA／分離の法則　3 恒温動物／変温動物／進化／相同器官／ひれ

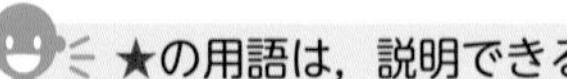

同じ語句を何度使ってもかまいません。

□にあてはまる語句を，下の語群から選んで答えよう。

1 形質の現れ方

教 p.94

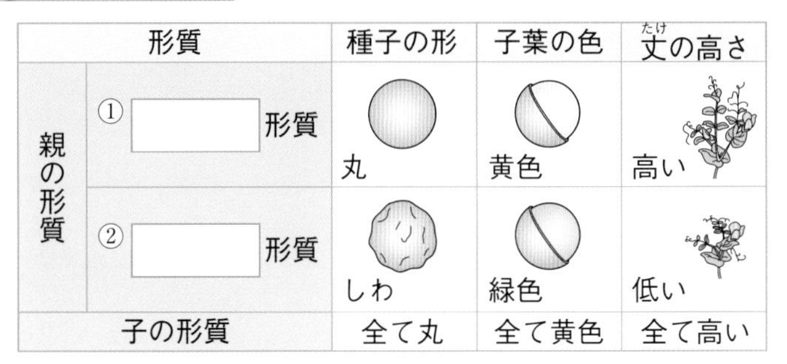

形質		種子の形	子葉の色	丈(たけ)の高さ
親の形質	① □ 形質	丸	黄色	高い
	② □ 形質	しわ	緑色	低い
子の形質		全て丸	全て黄色	全て高い

子には，顕性形質だけが現れるんだ。

単元2

2 純系どうしの親から子への遺伝

教 p.97

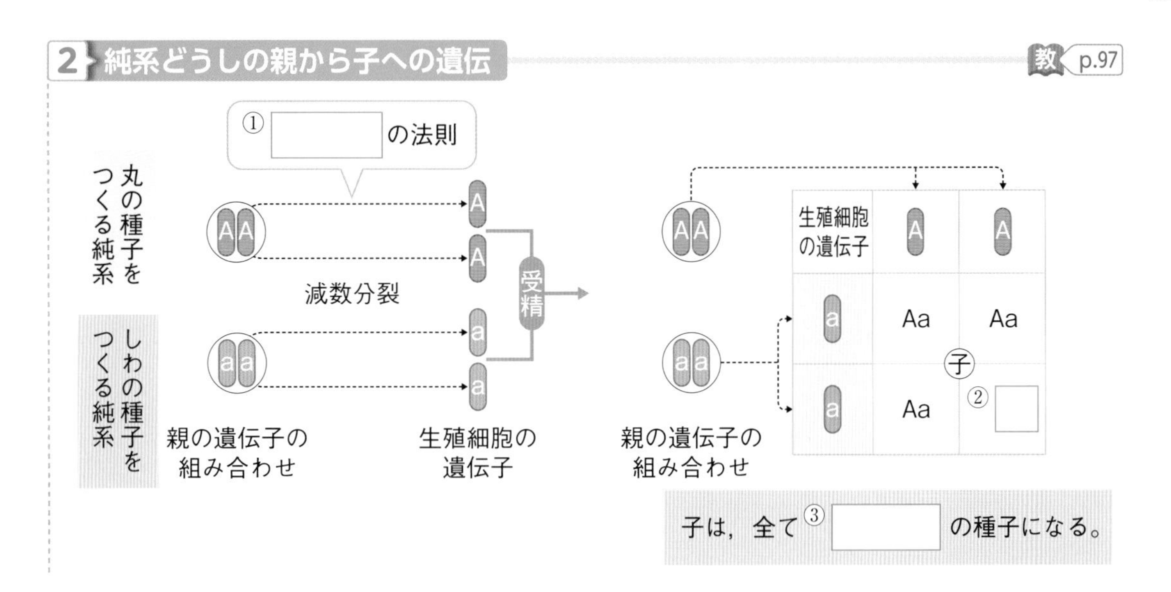

子は，全て③ □ の種子になる。

3 子から孫への遺伝

教 p.99

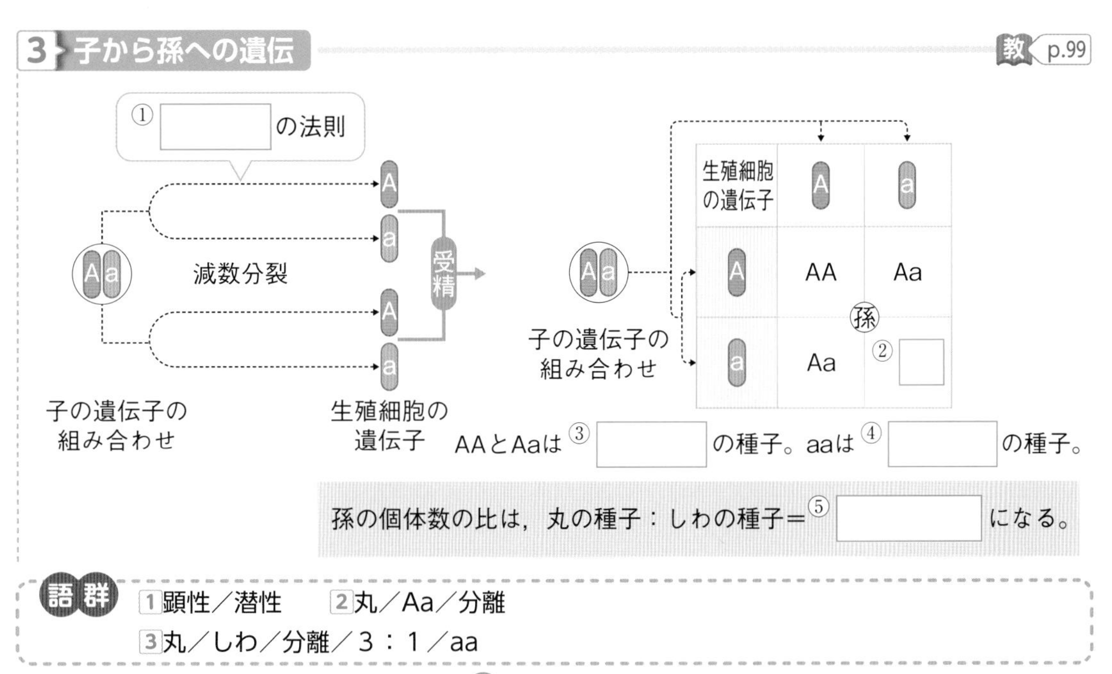

AAとAaは③ □ の種子。aaは④ □ の種子。

孫の個体数の比は，丸の種子：しわの種子＝⑤ □ になる。

語群
1 顕性／潜性　2 丸／Aa／分離
3 丸／しわ／分離／3：1／aa

わからない用語は，教科書の要点の★で確認しよう！

解答 p.9

定着のワーク ステージ2 3章 遺伝の規則性－① 4章 生物の種類の多様性と進化－①

1 エンドウを用いた遺伝の実験 エンドウには図のように，丸の種子としわの種子がある。これについて，次の問いに答えなさい。

(1) このように，同時に現れない二つの形質のことを何というか。
( )

(2) エンドウで見られる(1)の例を，種子の形の他に一つあげなさい。
( )

(3) 19世紀のオーストリアで，エンドウを用いて，形質の遺伝について実験を行った人はだれか。
( )

丸
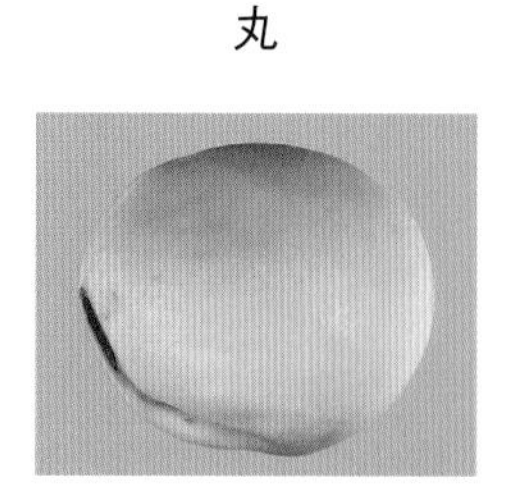

しわ
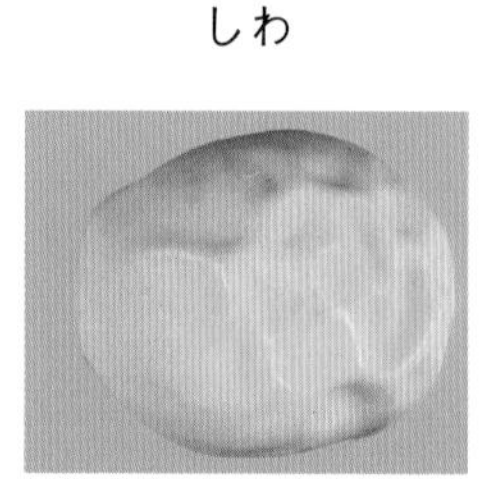

2 遺伝の規則性 右の図は，丸の種子の遺伝子の組み合わせAAをもつ親と，しわの種子の遺伝子の組み合わせaaをもつ親から生じる子について調べたものである。丸の種子の形質が顕性形質であるとき，次の問いに答えなさい。

(1) AAやaaのように，代を重ねてもある形質が全て同じであるとき，これらの個体を何というか。 ( )

(2) 図の○に，あてはまる遺伝子(A，a)や，遺伝子の組み合わせ(AA，Aa，aa)をかき入れなさい。ヒント

(3) 生殖細胞をつくるときに，対になっている遺伝子が，分かれて別々の生殖細胞に入るという法則を何というか。
( )

(4) 子には，それぞれの形質がどのような数の比で現れるか。次のア〜オから選びなさい。ヒント ( )

ア 全て丸の種子の個体になる。
イ 全てしわの種子の個体になる。
ウ 丸の種子：しわの種子＝1：3になる。
エ 丸の種子：しわの種子＝3：1になる。
オ 丸の種子：しわの種子＝1：1になる。

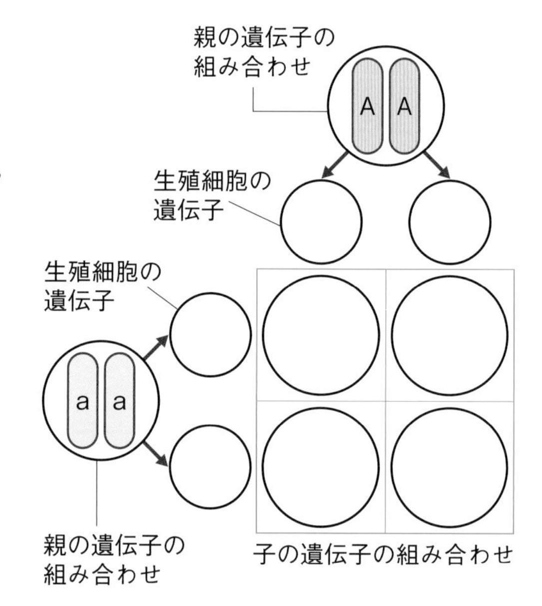

2(2)対になった遺伝子が分かれて別々の生殖細胞に入る。それが受精によって，再び対になる。
(4)子の遺伝子の組み合わせは，全てAaになる。

3 遺伝の規則性 右の図は，それぞれAA，aaの遺伝子の組み合わせをもつ親から生まれた，Aaの遺伝子の組み合わせをもつ子どうしをかけあわせてできる孫について調べたものである。丸の種子の形質が顕性形質であるとき，次の問いに答えなさい。

(1) 図の○に，あてはまる遺伝子(A，a)や，遺伝子の組み合わせ(AA，Aa，aa)をかき入れなさい。

(2) 孫のもつ遺伝子の組み合わせは何種類あるか。ただし，Aaとaaは同じ遺伝子の組み合わせとする。（　　）

(3) 孫には，それぞれの形質がどのような数の比で現れるか。次のア～オから選びなさい。ヒント（　　）

ア 全て丸の種子の個体になる。

イ 全てしわの種子の個体になる。

ウ 丸の種子：しわの種子＝１：３になる。

エ 丸の種子：しわの種子＝３：１になる。

オ 丸の種子：しわの種子＝１：１になる。

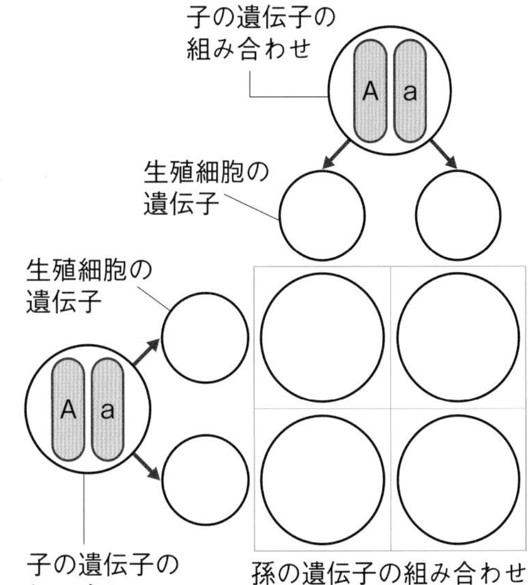

4 遺伝の規則性 何代も代を重ねても丈が高い個体と丈が低い個体から生じる，子や孫の形質がどのようになるのかについて調べる実験を行った。丈が高い形質が顕性形質であるとき，次の問いに答えなさい。

(1) 子の代である㋐の個体には，どのような個体数の比で，どのような形質が現れるか。下の例のようにかきなさい。全て同じ形質の場合は「全て○○」とかきなさい。

〔例〕 丈が高い：丈が低い＝１：１

（　　）

(2) 子の代を自家受粉させて，できた孫の代である㋑の個体には，どのような個体数の比で，どのような形質が現れるか。(1)と同じようにかきなさい。

（　　）

(3) 遺伝子の本体は何か。アルファベット３文字で答えなさい。ヒント

（　　）

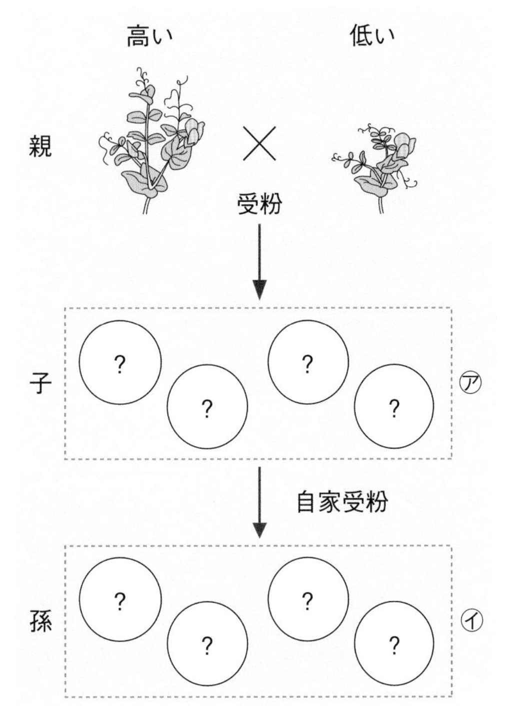

ヒントの森 ❸(3)しわの種子の形質を表す遺伝子の組み合わせは，aaである。 ❹(3)日本語では，デオキシリボ核酸とよばれる物質である。

解答 p.10

定着のワーク ステージ2　3章　遺伝の規則性－②　4章　生物の種類の多様性と進化－②

1 脊椎動物　右の図は，脊椎動物の五つのなかまのそれぞれ例を示したものである。これについて，次の問いに答えなさい。

㋐　フナ

㋑　カエル

㋒　トカゲ

㋓　ハト

㋔　サル

(1)　全ての脊椎動物がもっている体のつくりは何か。
(　　　　)

(2)　図の㋐～㋔の脊椎動物は，それぞれ何類に分類されるか。
㋐(　　　　)　㋑(　　　　)
㋒(　　　　)　㋓(　　　　)
㋔(　　　　)

(3)　次の①，②のような呼吸のしかたをする動物はどれか。それぞれ図の㋐～㋔からすべて選びなさい。
①　一生肺で呼吸する動物　(　　　　)
②　子はえらで呼吸し，親になると肺で呼吸する動物
(　　　　)

(4)　子が，次の①，②の場所で生まれる動物はどれか。それぞれ図の㋐～㋔からすべて選びなさい。
①　水中で生まれる。　(　　　　)
②　陸上で生まれる。　(　　　　)

(5)　胎生である動物はどれか。図の㋐～㋔からすべて選びなさい。　(　　　　)

(6)　周囲の温度が変化すると，体温が変化する動物を何というか。　(　　　　)

(7)　(6)である動物を，図の㋐～㋔からすべて選びなさい。
(　　　　)

(8)　周囲の温度が変化しても，体温が一定に保たれる動物を何というか。ヒント　(　　　　)

(9)　脊椎動物が出現した順番について，適当なものを次のア，イから選びなさい。ヒント　(　　　　)
ア　脊椎動物の五つのなかまはある時代に同時に出現したと考えられている。
イ　脊椎動物の五つのなかまは，化石が発見されるようになった順番に出現したと考えられている。

1(8)鳥類や哺乳類は体温を一定に保つことができる。(9)脊椎動物の最初の化石は，魚類，両生類，は虫類，哺乳類，鳥類の順に見つかっている。

2 生物の進化

右の図は，脊椎動物の五つのなかまの生活場所が長い年月をかけて変化していく様子を，模式的に示したものである。この図を見て，次の問いに答えなさい。ただし，ヒトはEに属する。

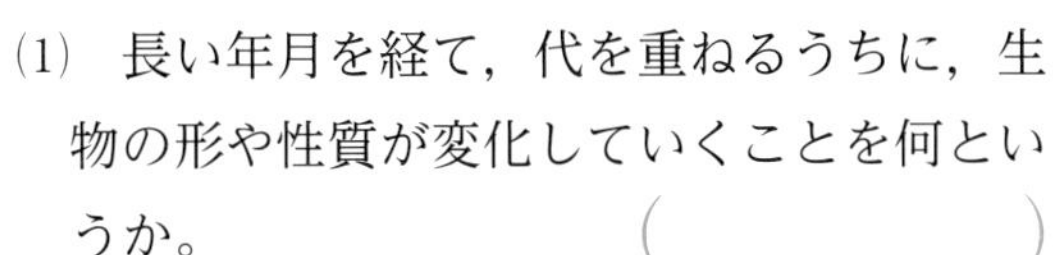

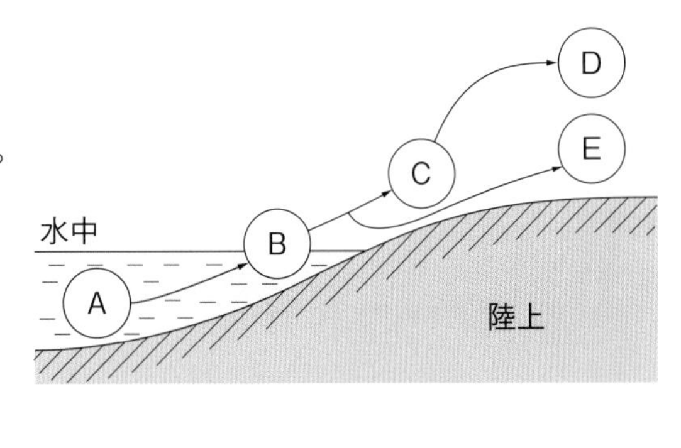

(1) 長い年月を経て，代を重ねるうちに，生物の形や性質が変化していくことを何というか。　(　　　　)

(2) 次の①～④のようになったのは，どの段階からか。図中のA～Eから選び，それぞれ記号で答えなさい。②は2つ答えなさい。

① 親が肺呼吸をするようになった。ヒント　(　　)
② 体温が，周囲の温度に関係なく，ほぼ一定になった。　(　　)(　　)
③ 乾燥に強い殻のある卵を産むようになった。ヒント　(　　)
④ 卵ではなく，子を生むようになった。　(　　)

(3) 右の写真は，ある動物の化石である。その動物は，骨格などから，図のCからDに変化したことを示すよい例とされている。何という名前の動物か。　(　　　　)

(4) CとDはそれぞれ何類か。
C(　　　　)　D(　　　　)

(5) 写真の化石の動物がもつCとDの特徴について，次の文の(　)にあてはまる語句を答えなさい。

①(　　　　)　②(　　　　)
③(　　　　)　④(　　　　)

翼の中ほどに3本の(①)があり，口の中には(②)があるというCの特徴と，前あしは(③)のような形で，体表には(④)が生えているというDの特徴を示す。

3 進化の証拠

右の図は，前あしに当たる部分について，3種類の脊椎動物の骨格を比較したものである。次の問いに答えなさい。

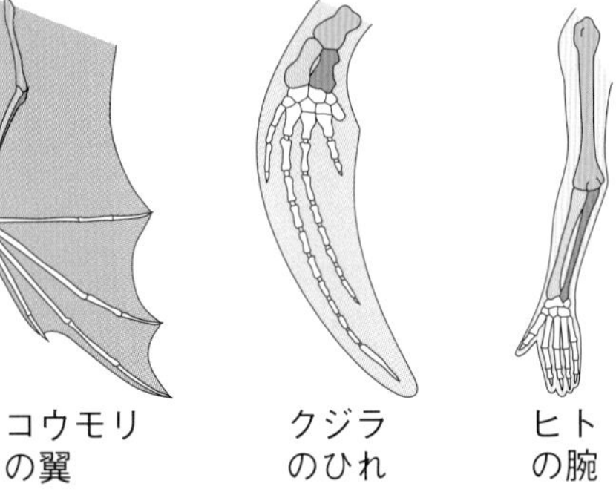

(1) ヒトは哺乳類である。コウモリやクジラは何類か。　(　　　　)

(2) コウモリにとって，翼にはどのような役割があるか。　(　　　　)

(3) クジラにとって，ひれにはどのような役割があるか。ヒント　(　　　　)

(4) 図のような，現在の形やはたらきは異なっていても，もとは同じ器官であったと考えられるものを何というか。　(　　　　)

2(2)①肺呼吸できることで，陸上でも生活できる。③殻があることで乾燥した陸上でも産卵することができる。　3(3)クジラは水中で生活する。

解答 p.11

実力判定テスト ステージ3　3章 遺伝の規則性　4章 生物の種類の多様性と進化

/100

よく出る **1** マツバボタンには，図1のように，花が赤色の個体と，花が白色の個体が存在する。この花の遺伝について調べるため，次の実験1，2を行った。あとの問いに答えなさい。ただし，花を赤色にする遺伝子をRとし，花を白色にする遺伝子をrとする。　4点×10(40点)

図1

実験1　赤い花と白い花を受粉させて生じた子は，全て赤い花を咲かせた。
実験2　**実験1**で得た子を自家受粉させると，生じた孫は赤い花と白い花を咲かせた。

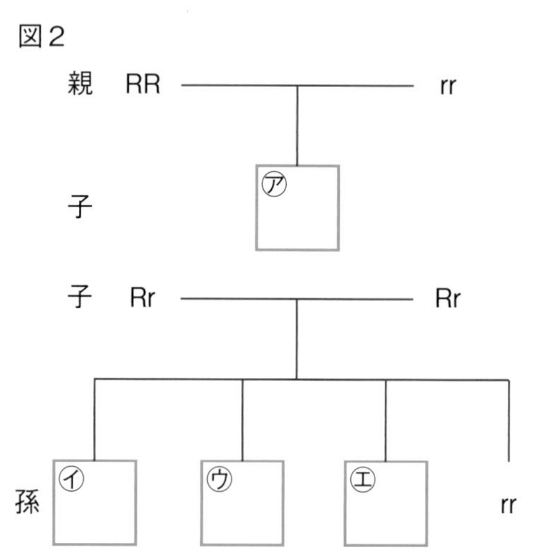

図2

(1)　同時に現れない二つの形質を何というか。
(2)　顕性形質は，赤い花と白い花のどちらか。
(3)　**実験1**のように，一方の形質しか現れないことを，何の法則というか。
(4)　生殖細胞がつくられるとき，対になっている遺伝子が別々の生殖細胞に分かれて入ることを何の法則というか。
(5)　**実験2**でできた，赤い花と白い花の数の比(赤：白)は，どのようになるか。次の**ア**～**ウ**から選びなさい。
ア　1：1　　**イ**　2：1　　**ウ**　3：1
(6)　図2は，この実験の遺伝の仕組みを表したものである。㋐～㋓にあてはまる遺伝子の記号を図にかきなさい。

(7)　赤い花と白い花を受粉させて子をつくった。
①　赤い花と白い花の親から生じた子が全て赤い花であった。親の赤い花の遺伝子の組み合わせを記号で答えなさい。
②　遺伝子の組み合わせが**Rr**である赤い花と白い花を受粉させると，赤い花と白い花の両方の個体が生じた。このときの子の遺伝子の組み合わせを，図3に表しなさい。
③　②で生じた花の，赤：白の個体数の比を整数で答えなさい。

図3

	R	r
r		
r		

(8)　遺伝子の本体である物質は何か。

(1)		(2)		(3)		(4)	
(5)		(6)	図2に記入				
(7) ①		②	図3に記入	③	赤：白＝	(8)	

よく出る **2** 右の図は，７種類の動物を，ある特徴にもとづいて分類したものである。これについて，次の問いに答えなさい。　　5点×8（40点）

メダカ
A
カエル
B
カメ
C
ヘビ
D
ツバメ
E
サル
F
カンガルー

(1)　７種類の動物を，次の①～⑤の特徴で分けるには，A～Fのうちのどこで分けたらよいか。記号で答えなさい。

①　卵生のものと，胎生のもの。

②　体表が羽毛や毛で覆(おお)われているものと，そうでないもの。

③　一生を通じて肺呼吸するものと，そうでないもの。

④　子が陸上で生まれるものと，水中で生まれるもの。

⑤　変温動物と恒温動物。

(2)　図の７種類の動物全てに共通する体のつくりの特徴は何か。

(3)　図の動物のうち，地球上に最初に現れた脊椎動物と考えられているなかまに属するものはどれか。

(4)　生物が長い年月を経て代を重ねる間に変化することを何というか。

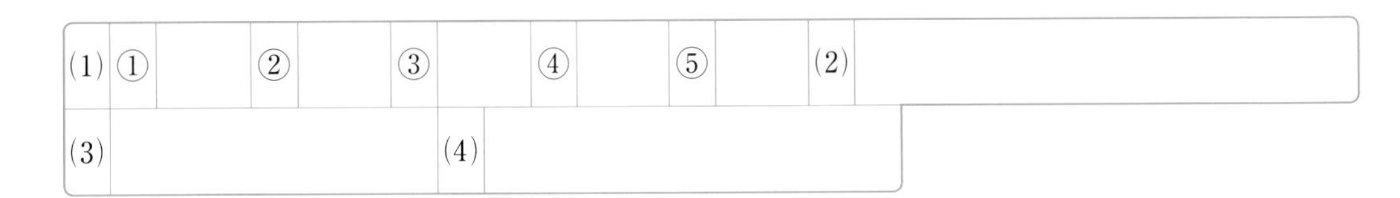

(1)	①		②		③		④		⑤		(2)	
(3)		(4)										

3 生物の進化について，次の問いに答えなさい。　　4点×5（20点）

記述 (1)　始祖鳥の存在は，どのようなことの証拠の一つとして考えられているか。簡単に答えなさい。

(2)　次のア～ウのうち，正しいものをすべて選びなさい。

ア　両生類は，魚類よりも陸上での生活に適するように進化した。

イ　は虫類は，両生類よりも乾燥に強くなるように進化した。

ウ　鳥類は，哺乳類よりも先に出現した。

(3)　右の図は，いろいろな動物の前あしの骨格を表したものである。次の①，②のはたらきをもつものを，図のA～Eからすべて選びなさい。

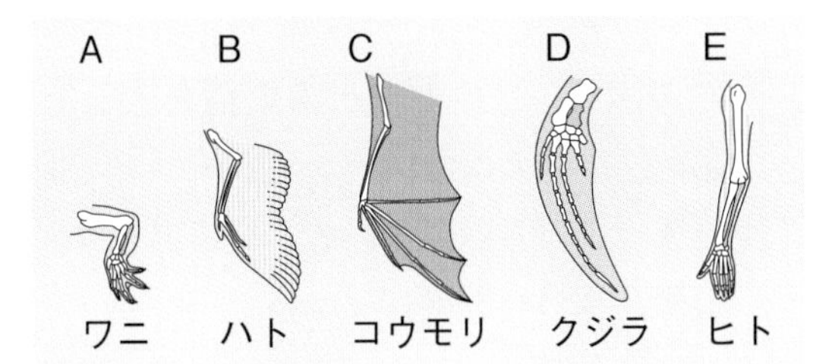

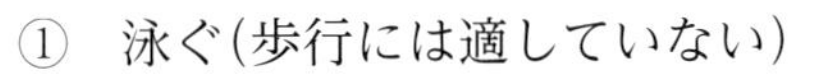
①　泳ぐ(歩行には適していない)

②　飛ぶ

(4)　図の例のように，見かけの形やはたらきは異なっているが，もとは同じ器官だったと考えられるものを何というか。

(1)							
(2)		(3)	①		②	(4)	

単元2 生命の連続性

1 図1は，タマネギとその根の断面の一部を拡大したものである。このタマネギの根を使って次の手順で観察したところ，図2の細胞が見られた。あとの問いに答えなさい。

6点×4（24点）

〈手順1〉タマネギの根を5mmほど切り取る。

〈手順2〉切り取った根を，うすい塩酸の入った試験管の中に入れ，数分間温める。

〈手順3〉うすい塩酸で処理した根を軽く水洗いし，スライドガラスにのせ，染色液を使って染色する。

〈手順4〉染色した根にカバーガラスをかけ，ゆっくりとおしつぶす。顕微鏡の倍率を100倍にして観察したあと，400倍にして観察する。

図1

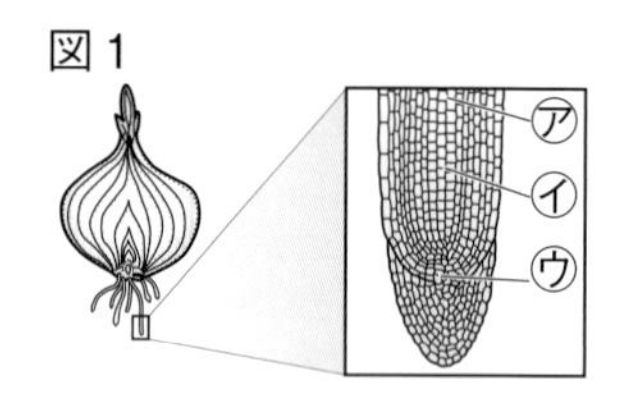

図2

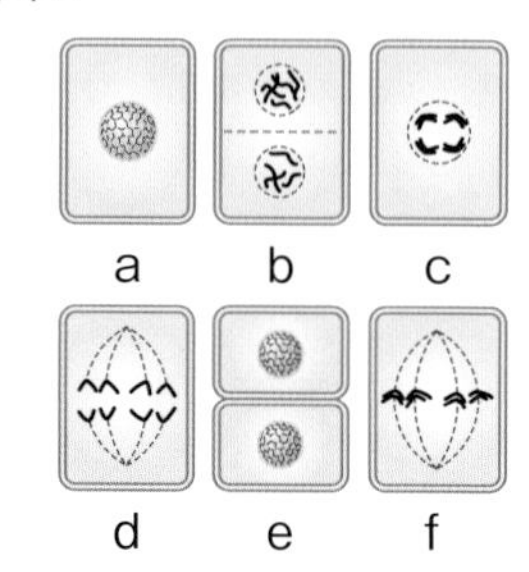

記述 (1) **手順2**で，うすい塩酸で処理したのはなぜか。簡単に答えなさい。

(2) 下線部の染色液として適しているものを，次の**ア**〜**エ**から選びなさい。

ア ベネジクト液　　**イ** ヨウ素液

ウ 酢酸オルセイン液　　**エ** フェノールフタレイン液

(3) 体細胞分裂の様子を観察するのに最も適しているのはどの部分か。図1の㋐〜㋒から選びなさい。

(4) **手順4**で，高倍率で細胞を観察したところ，図2のような細胞が見られた。図2の細胞分裂の様子を正しい順序に並べかえたとき，**c**の次にくるものは**a**〜**f**のどれか。

1

(1)	
(2)	
(3)	
(4)	

2 右の図は，ヒキガエルの受精を表したものである。次の問いに答えなさい。

6点×4（24点）

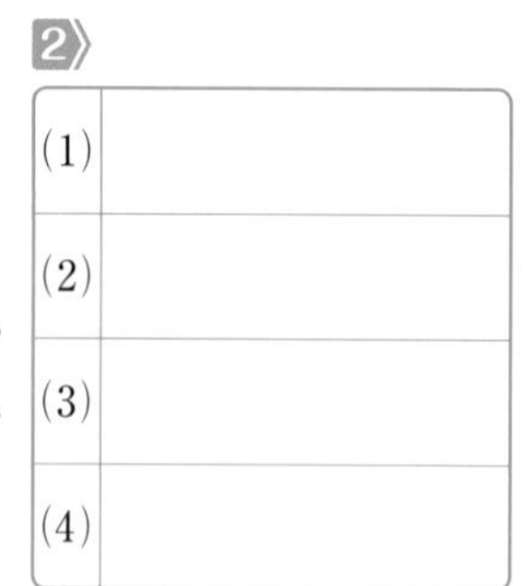

(1) **A**〜**C**の名称について，次の**ア**〜**ウ**のうち，正しい組み合わせを選びなさい。

ア **A**：卵　**B**：精子　**C**：受精卵

イ **A**：精子　**B**：受精卵　**C**：卵

ウ **A**：受精卵　**B**：精子　**C**：卵

(2) 卵や精子のように，生殖のためにつくられる細胞を何というか。

(3) **C**が細胞分裂を繰り返し，成体となるまでの過程を何というか。

(4) ヒキガエルのように，受精によって子をつくる生殖を何というか。

2

(1)	
(2)	
(3)	
(4)	

目標 生物の細胞分裂による成長を理解しよう。生物が子孫を残す仕組みや，遺伝の規則性・進化を理解しよう。

自分の得点まで色をぬろう！

がんばろう！ もう一歩 合格！

0 60 80 100点

3 右の図は，エンドウの種子に着目して，丸の種子の遺伝子Aと，しわの種子の遺伝子aが親から子へ伝わる様子を表したものである。次の問いに答えなさい。

6点×4（24点）

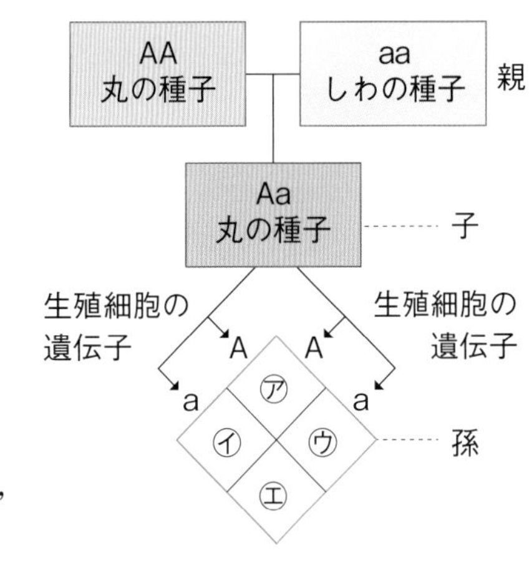

(1) 生じた子の種子は全て丸であった。一方の親の形質だけが子に現れるとき，子に現れる形質を何形質というか。

(2) 得られた子を自家受粉させると，孫には遺伝子の組み合わせが㋐～㋓の種子ができる。㋐～㋓のうち，同じ遺伝子の組み合わせをもつ種子を選びなさい。

(3) 孫に現れる種子の形として正しいものを，次の**ア**～**オ**から選びなさい。

ア 全て丸

イ 全てしわ

ウ 丸としわの比が３：１

エ しわと丸の比が３：１

オ 丸としわ以外

(4) 一般に，生殖細胞がつくられるとき，対になっている遺伝子が分かれて別々の生殖細胞に入る。これを何の法則というか。

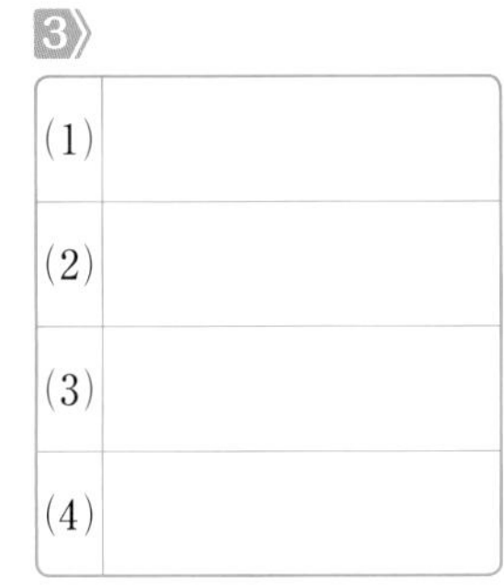

4 表の動物について，あとの問いに答えなさい。

4点×7（28点）

表

a	フナ	b	ヒト
c	イモリ	d	トカゲ
e	イヌ	f	カメ
g	ニワトリ		

図

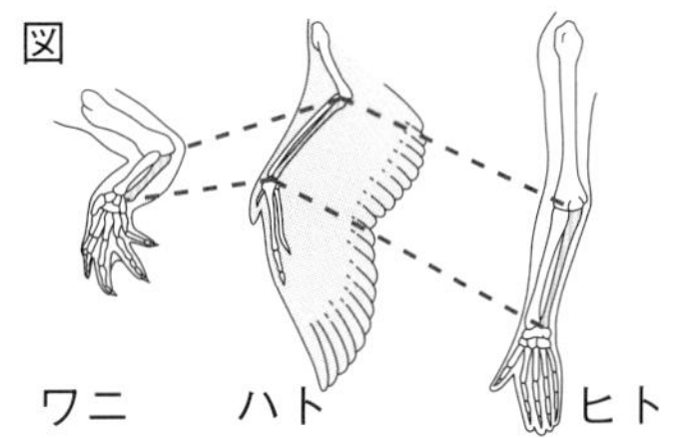

(1) 表の動物に共通する体のつくりの特徴は何か。

(2) 表の動物の中で，水中に卵を産む動物を二つ選びなさい。

(3) 表の動物の中で，一生肺で呼吸し，周囲の温度の変化に伴（ともな）って体温が変化する動物を，二つ選びなさい。

(4) 図のように，現在の見かけの形やはたらきはちがっているが，もとは同じであったものが変化してできたと考えられる器官を何というか。

(5) クジラにおいて，コウモリの翼と(4)の関係にあるものは何か。

4

(1)		
(2)		
(3)		
(4)		
(5)		

終わったら後ろの，7，9～11をやろう。

解答 p.12

1章 天体の1日の動き

教科書の要点

同じ語句を何度使ってもかまいません。

(　)にあてはまる語句を，下の語群から選んで答えよう。

1 太陽や星の1日の動き

教 p.127〜137

(1) 太陽や夜空の星のように，自ら光を出して輝く天体のことを(①★　　　　)という。

(2) **恒星**(こうせい)は，どれもが地球からきわめて遠い位置に存在するため，それぞれの距離のちがいは感じられない。このため，空全体を覆う丸い天井があり，その球面上に星があると仮定して，天体の位置を示したり動きを考えたりする。この実際には存在しない丸い天井を(②★　　　　)という。

(3) **天球**(てんきゅう)の大きさは自由に変えて設定することができる。観測で用いる透明半球も天球の一種である。

(4) 光が1年で進む距離を1**光年**といい，恒星までの距離は光年という単位で表すことが多い。

(5) 太陽は，**東**の地平線から昇(のぼ)り，**南**の空を通って，**西**の地平線に沈(しず)む。12時頃，真南の最も高い位置にくる。

(6) 太陽は1日を通じて常に同じ速さで同じ方向に動いている。

(7) 太陽が真南にきたときを，太陽の(③★　　　　)といい，このときの太陽の高度を(④★　　　　)という。

(8) 南の空の星は，太陽と同じように東から西へ動いている。北の空の星は，(⑤　　　　)を中心に反時計回りに動いている。

(9) 天体は，北極星と観測地点を結ぶ線を軸として，東から西へ**1日に1回転**している。このような動きを，天体の(⑥★　　　　)という。

まるごと暗記

南中(なんちゅう)
- 太陽が真南にきたときを南中したという。
- 南中したときの太陽の高度を南中高度(なんちゅうこうど)という。

まるごと暗記

日周運動(にっしゅううんどう)
- 天体が東から西へ1日に1回転して見える動き。

ワンポイント

地球は北極と南極を結ぶ線(地軸)を軸として，西から東へ自転(じてん)している。日周運動は地球の**自転**による見かけの動きである。

2 天体の日周運動の原因

教 p.138〜139

(1) 天体の日周運動は，天体が地球のまわりを回っているためではなく，地球が自ら回転することによって起こると考えることができる。

(2) 地球の北極と南極を結ぶ線を(①★　　　　)といい，**地軸**(ちじく)を軸として，地球が**西から東へ**1日に1回転することを，地球の(②★　　　　)という。

(3) 太陽が東から昇って，西へ沈むことを繰り返すことによって，地球上では**昼と夜**が繰り返される。

プラスα

天体の動きは乗り物に乗ったとき，景色のほうが動いて見えるのと同じと考えることができる。

語群
1 北極星／恒星／天球／南中／南中高度／日周運動
2 地軸／自転

★の用語は，説明できるようになろう！

同じ語句を何度使ってもかまいません。

□にあてはまる語句を，下の語群から選んで答えよう。

1 天体の１日の動き

①は太陽がどうなったというか書こう。

教 p.132〜137

太陽や星の動き

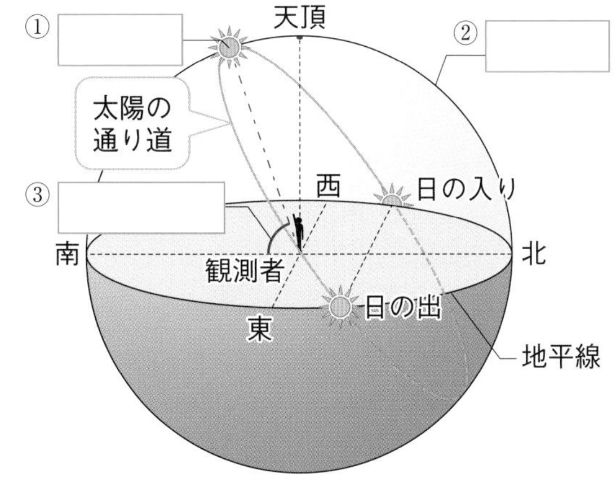

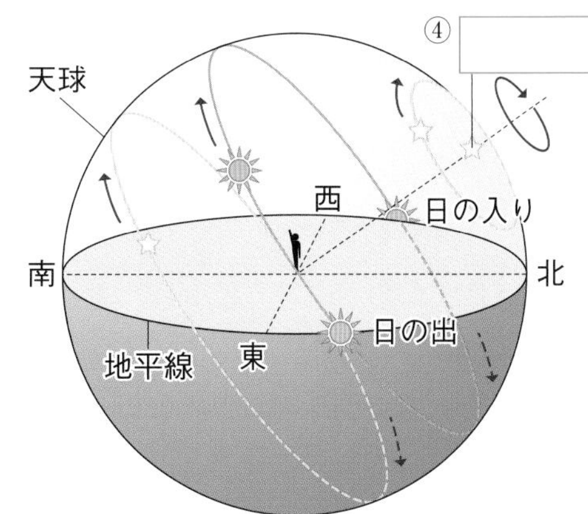

星の動き

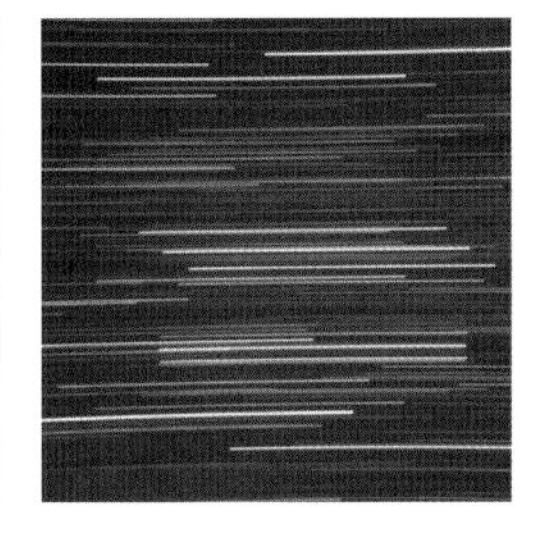

⑤□の空　⑥□の空　南の空　⑦□の空

2 天体の日周運動の原因

①は軸の名称を書こう。

教 p.139

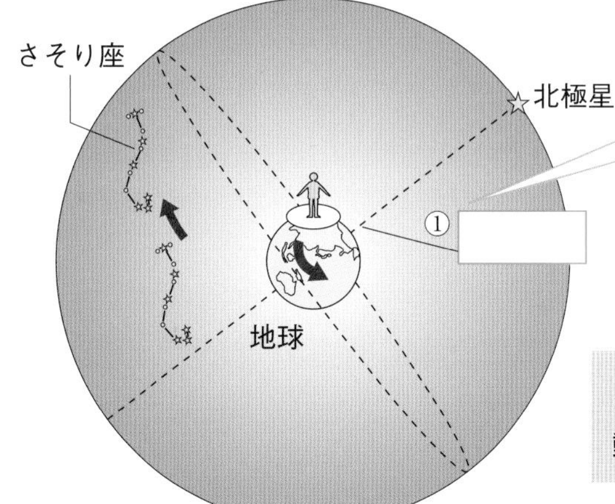

地球が西から東へ１日に１回②□している。

これにより，天体は③□から④□へ動くように見える。

語群

1 北極星／天球／南中／南中高度／東／西／北

2 東／西／自転／地軸

わからない用語は，教科書の要点の★で確認しよう！

単元3

解答 p.12

定着のワーク ステージ2　1章　天体の1日の動き

1 教 p.130 観測1 **太陽の1日の動き** 太陽の1日の動きを調べるために，次のような手順で観測をした。あとの問いに答えなさい。

手順1　透明半球の下に置く白い紙に，透明半球と同じ大きさの円をかき，円の中心で直角に交わるように2本の線を引く。
手順2　東西南北の方位を合わせ，水平な日当たりのよい場所に固定する。
手順3　フェルトペンの先の影(かげ)が円の中心にくるようにし，太陽の位置を透明半球上に記録する。
手順4　太陽の位置と，そのときの時刻を1時間ごとに記録する。

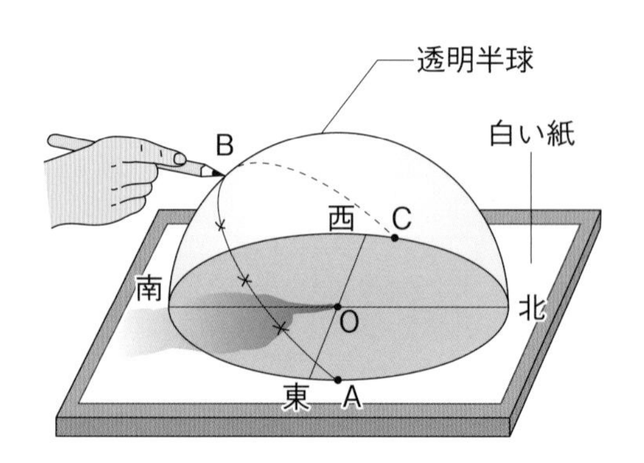

(1) 太陽のように，自ら光を出して輝く天体を何というか。（　　　）
(2) 実際には存在しないが，モデルとして天体の位置や動きを示すのに役立つ天井を何というか。ヒント（　　　）
(3) 次の①〜③は，それぞれ図のA，B，C，Oのどれにあてはまるか。
① 観測者の位置（　　）② 日の出の位置（　　）③ 日の入りの位置（　　）
(4) 太陽が最も高くなるのはどの方位のときか。（　　　）
(5) (4)のときの高度を何というか。（　　　）

2 教 p.134 観測2 **星の1日の動き** 右の図は，日本のある地点で観測した，東，西，南，北の空の星の動きを表したものである。次の問いに答えなさい。

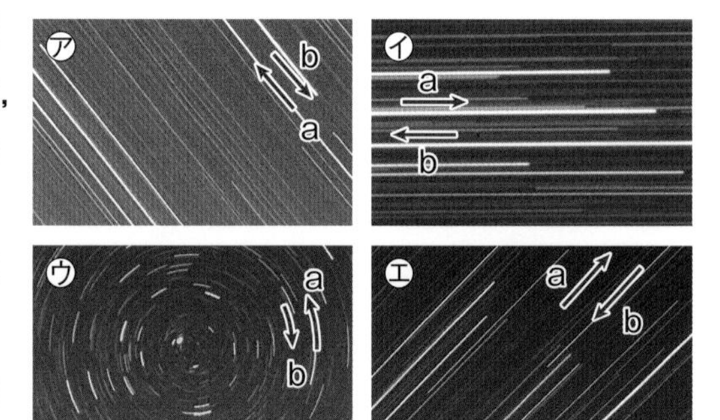

(1) 東，西，南，北の空の星の動きをア〜エからそれぞれ選びなさい。ヒント
東（　　）西（　　）
南（　　）北（　　）
(2) ア〜エで，星はそれぞれa，bのどちらの向きに動いて見えるか。ヒント
ア（　　）イ（　　）ウ（　　）エ（　　）
(3) 星が1日に1回転しているように見える動きを何というか。（　　　）

❶(2)透明半球もこのモデルの一種である。
❷(1)(2)北の空では，星は北極星を中心に反時計回りに動いて見える。

③ 天体の日周運動の原因

天体の日周運動の仕組みについて考えるために，右の図のようにして，天体の見え方を表した。次の問いに答えなさい。

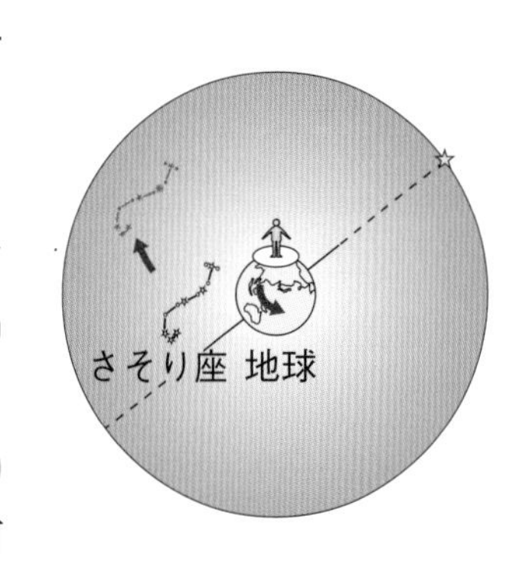

(1) 天体が動いて見えるのは，天体と地球のどちらが回転しているからか。 (　　　　)

(2) 地球が回転するときの軸となる，北極と南極を結ぶ線のことを何というか。 (　　　　)

(3) (2)の軸上にあり，ほとんど位置を変えない北の空の星を何というか。 (　　　　)

(4) 地球が１日に１回転することを地球の何というか。 (　　　　)

(5) (4)で，地球はどの方位からどの方位へ回転しているか。 ヒント

(　　　　　　　　　)

(6) (5)のとき，さそり座はどの方位からどの方位へ動いたように見えるか。 ヒント

(　　　　　　　　　)

(7) 天体が日周運動する原因は何か。 (　　　　　　　　　)

単元3

④ 昼夜の移り変わり

右の図は，日本における昼夜の移り変わりを，地球の自転に合わせて表したものである。次の問いに答えなさい。

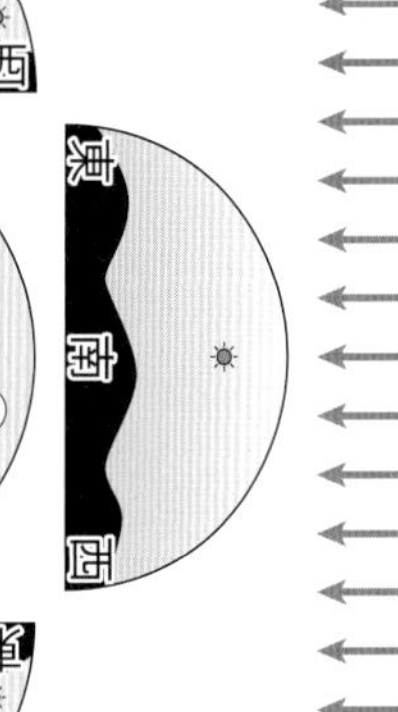
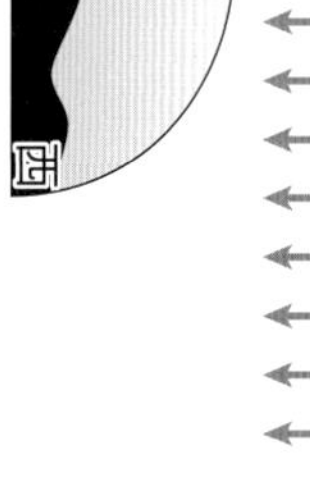

(1) 地球の自転の向きは，A，Bのどちらか。 (　　)

(2) 日本が日の出をむかえているのは，図の㋐～㋓のどの位置のときか。 (　　)

(3) 日本において，太陽の高度が最も高くなっているのは，図の㋐～㋓のどの位置のときか。 (　　)

(4) 日本が真夜中をむかえているのは，図の㋐～㋓のどの位置のときか。 (　　)

(5) 日の入りのときに東の空に見えていた星は，真夜中にはどの方位に見えるか。

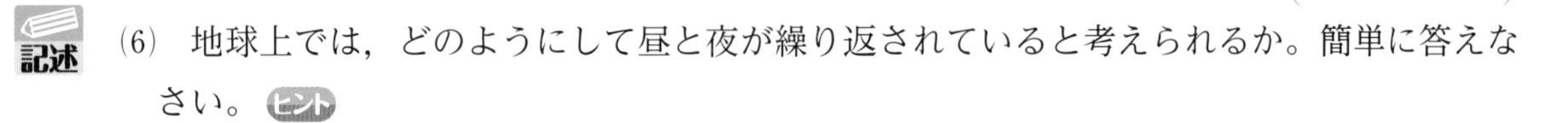

(　　)

記述 (6) 地球上では，どのようにして昼と夜が繰り返されていると考えられるか。簡単に答えなさい。 ヒント

(　　　　　　　　　　　　　　　　　　　　　　　　　)

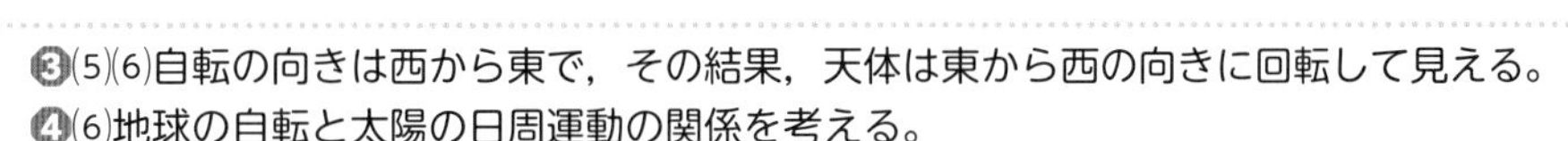

❸(5)(6)自転の向きは西から東で，その結果，天体は東から西の向きに回転して見える。
❹(6)地球の自転と太陽の日周運動の関係を考える。

解答 p.13

実力判定テスト ステージ3 1章 天体の1日の動き

30分 /100

1 右の図のように，天球を使って太陽の動きを表した。これについて，次の問いに答えなさい。 4点×4（16点）

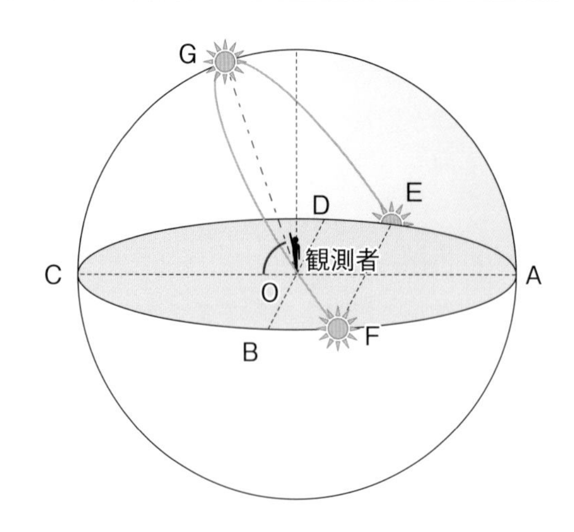

(1) 右の図で，太陽が南中している位置を表している点はどれか。図のA～GとOから選びなさい。

(2) 南中高度を，図のA～GとOから記号を3つ選び，∠ABCのように表しなさい。

(3) 日の入りを表している点はどれか。図のA～GとOから選びなさい。

作図 (4) 夜間の太陽の通り道はどのように表されるか。右の図にかきなさい。

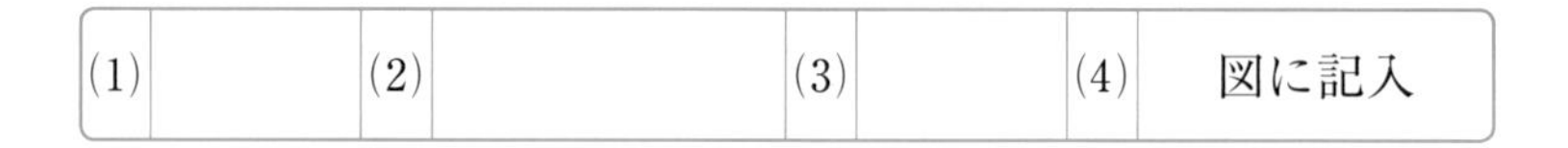

(1)		(2)		(3)		(4)	図に記入

よく出る **2** 右の図は，日本のある地点で，太陽の1時間ごとの位置を透明半球に×印で記入し，その点を滑らかな線で結んだものである。Oは円の中心の点，Gは太陽が最も高くなったときの位置を表している。これについて，次の問いに答えなさい。 4点×9（36点）

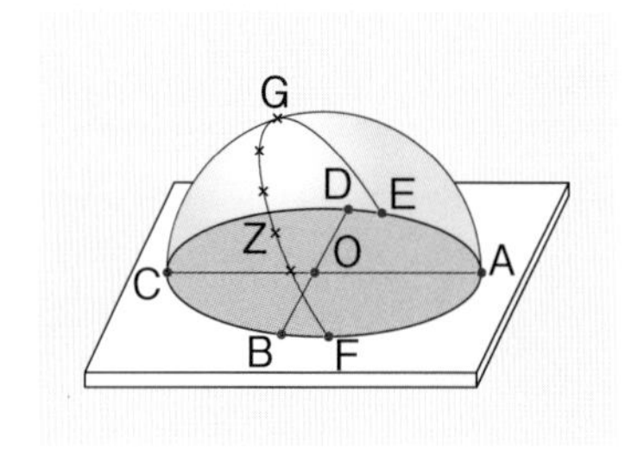

(1) 右の図のA～Dにあてはまる方位を答えなさい。

記述 (2) 太陽の位置をフェルトペンで透明半球上に×印で記録するとき，フェルトペンの先の位置をどのようにするか。

(3) 透明半球上での太陽の動きを，A～Gから適切な記号を選び，A→B→Cのように答えなさい。

(4) (3)のように見える太陽の1日の動きを何というか。

(5) 透明半球上の×印の間隔はどのようになっているか。

レベルUP (6) 透明半球上のGからZまでの長さが6cm，ZからFまでの長さが7cmであったとき，この日の日の出の時刻は何時何分であったと考えられるか。ただし，Gを記録した時刻が12時であったとする。

(1)	A		B		C		D		(2)	
(3)			(4)				(5)		(6)	

よく出る **3** 図１は，東，西，南，北それぞれの空における星の動きを記録用紙に記入し，透明半球に貼りつけたものである。図２は，日本のある地点で，北の空の星をカメラのシャッターを開いたままにして撮影したものである。これについて，あとの問いに答えなさい。

4点×12(48点)

図１

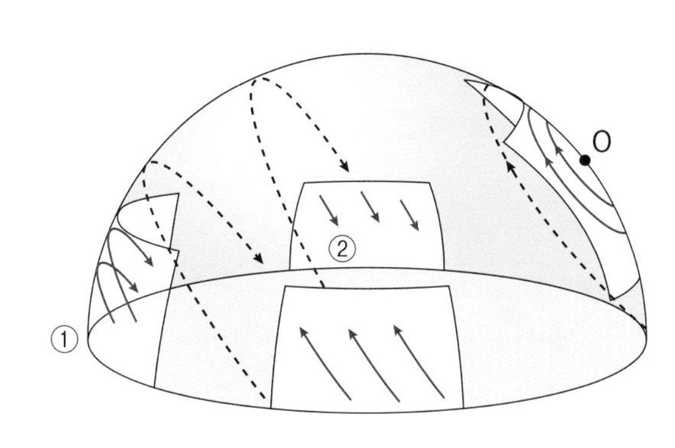

図２

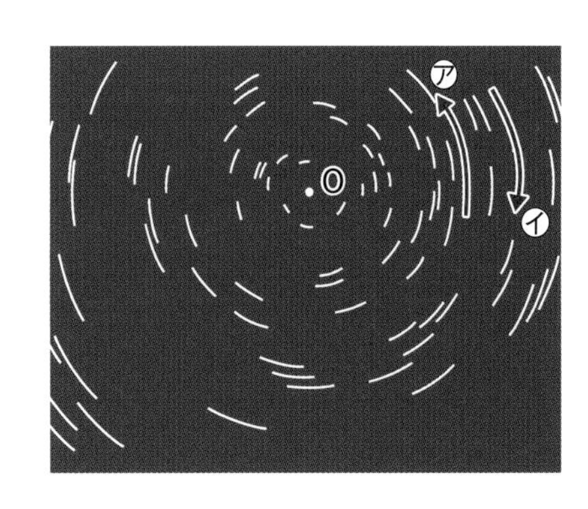

(1) 星や太陽のように，自ら光を出して輝いている天体を何というか。

(2) 星座を形づくる星と地球までの距離は，何という単位で表されるか。

(3) 図１で，①と②の方位をそれぞれ答えなさい。

(4) 図１で，Oの位置にある星の名称を答えなさい。

記述 (5) 星が図１のように動いて見える理由を答えなさい。

(6) 地球の北極と南極を結ぶ線を何というか。

(7) 図２で，星が動く向きは，㋐，㋑のどちらか。

(8) 図２のOの星がほとんど動かないように見えるのはなぜか。次のア～エから選びなさい。

ア 地球からOの星までの距離が近いから。

イ Oの星が非常に明るいから。

ウ Oの星と観測地点とを結ぶ線が回転の軸になっているから。

エ Oの星が天球上で静止しているから。

(9) 北の空の星が１回転してもとの位置に戻ってくるのに，およそ何時間かかるか。

(10) (9)より，北の空の星は１時間で何度回転して見えるか。

記述 (11) 天体の日周運動とはどのような運動のことか。簡単に答えなさい。

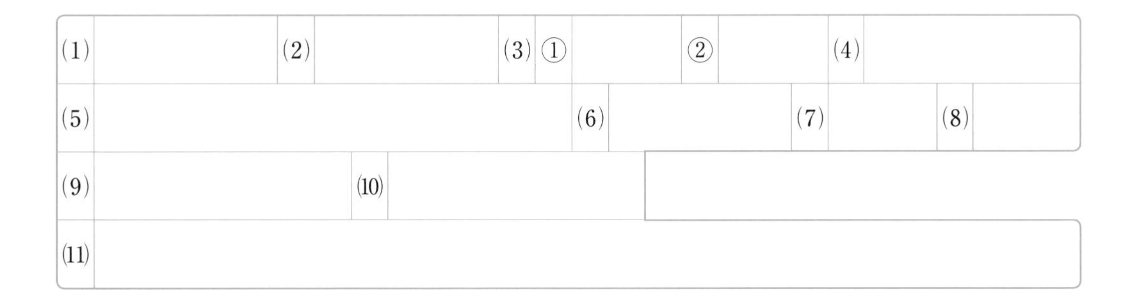

(1)		(2)		(3) ①		②		(4)	
(5)		(6)		(7)		(8)			
(9)		(10)							
(11)									

解答 p.13

2章 天体の1年の動き

教科書の要点

同じ語句を何度使ってもかまいません。

(　　)にあてはまる語句を，下の語群から選んで答えよう。

1 星や太陽の1年の動き

教 p.141〜147

(1) 星座を毎日同じ時刻に観察し続けると，星座の見られる位置が東から(①　　)に向かって変化し，(②　　)の周期で1周する。このような動きを天体の(③★　　)という。1年(365日)で1周する(360°動く)ことから，1日では約(④　　)動くことになる。

(2) 太陽は地球から観察すると，星座の間を**西から東へ**動き，天球上を1年で1周しているように見える。この**太陽の見かけの通り道**を(⑤★　　)という。また，**黄道**(こうどう)上にある星座は(⑥★　　)とよばれる。

これらの星座は誕生星座に対応している。

(3) 年周運動(ねんしゅううんどう)は，地球が1年で太陽のまわりを反時計回りに1周する(⑦★　　)によって起こる現象である。**公転**(こうてん)により，真夜中に見られる星座は季節によって変わる。したがって，真夜中にどの星座が見られるかがわかれば，太陽がどの星座の方向にあるかもわかる。

まるごと暗記
地球の公転
地球が太陽のまわりを1年で1周すること。

まるごと暗記
天体の年周運動
地球の公転による天体の見かけの動き。

2 季節の変化と地軸の傾き(かたむ)

教 p.148〜151

(1) 1年のうち，太陽の**南中高度**は，(①　　)の日に最も低くなり，(②　　)の日に最も高くなる。

(2) 1年のうち，昼の長さは，**冬至の日**に最も短くなり，**夏至の日**に最も長くなる。

(3) 地軸が地球の公転する面に対して(③　　)いるため，地球の公転により太陽の南中高度や昼の長さが変化する。

垂直な方向から23.4°

(4) 地表が**太陽から受けるエネルギー**の大きさは，同じ面積で比べると，差し込(こ)む光の角度が大きいほど大きくなる。差し込む光の角度が大きくなる季節は(④　　)であり，昼の長さも夏のほうが長くなる。昼の長さが長いほど，太陽光が長時間地表に当たるので，より気温が(⑤　　)なる。冬はこの逆である。このように，太陽から受けるエネルギーの量の変化によって，気温が変化し，(⑥　　)が生じる。中緯(い)度にある日本では，エネルギーの量の変化が大きい。

プラスα
太陽の南中高度は，夏至の日に最も高くなり，冬至の日に最も低くなる。

プラスα
地球は地軸を公転面に垂直な方向に対して**23.4°**傾けたまま公転しているため，同じ面積で光のエネルギーを受ける時間と量が変わる。このため地表の気温が変化し，季節が生じる。

語群
❶年周運動／公転／1年／1°／西／黄道／黄道12星座
❷夏／夏至／冬至／傾いて／高く／季節

★の用語は，説明できるようになろう！

同じ語句を何度使ってもかまいません。

□にあてはまる語句を，下の語群から選んで答えよう。

1 太陽の1年の動き

教 p.142

天球上の太陽の見かけの通り道を①□という。

5月　4月　3月　2月　1月　12月　11月　10月　9月　8月　7月　6月

おひつじ座　うお座　みずがめ座　やぎ座　いて座　さそり座　てんびん座　おとめ座　しし座　かに座　ふたご座　おうし座

黄道上にある，これらの星座を②□という。

2 季節による太陽の南中高度の変化

教 p.149

③□の日

春分・②□の日

①□の日

南中高度

西

南

北

東

3 地軸の傾きと四季の変化

①～③は季節を書こう。

教 p.150

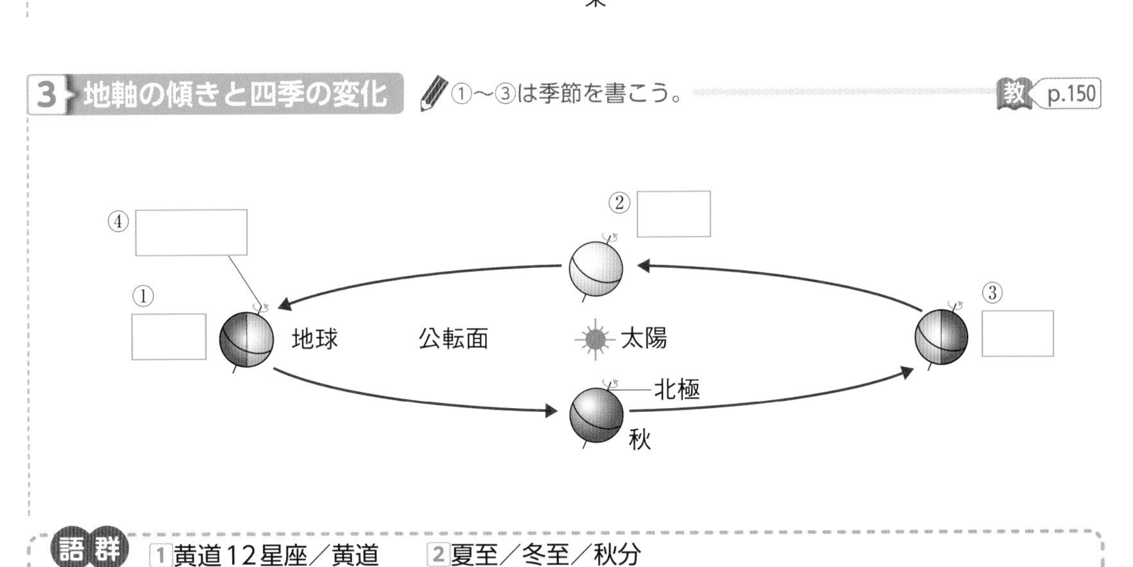

語群
1 黄道12星座／黄道　2 夏至／冬至／秋分
3 春／夏／冬／地軸

解答 p.13

定着のワーク ステージ2　2章　天体の1年の動き

1 教 p.144 実験1 **星座の見え方** 星座の見え方の変化を調べるために，次のような手順で実験をした。あとの問いに答えなさい。

手順1　四季の代表的な星座を紙にかき，右の図のように星座の紙を配置する。
手順2　Aさんを円の中心に太陽役として立たせて，Bさんを地球役として，円周に沿って左回りに歩かせる。
手順3　Bさんが㋐～㋓の位置にきたとき，地球から見て夜に見える星座と太陽の方向にある星座を調べる。

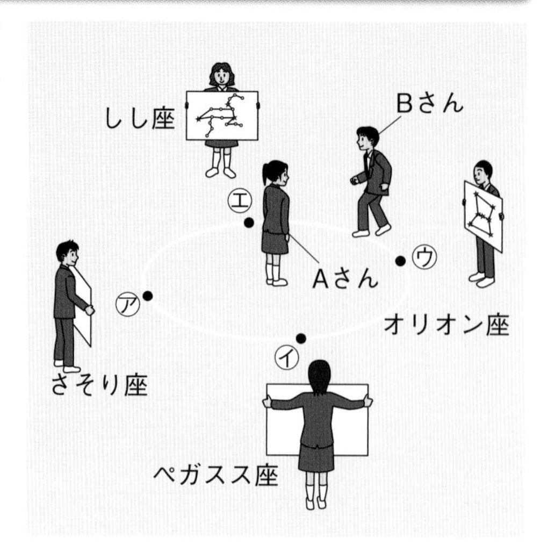

(1)　Bさんが㋐の位置にきたとき，夜に見える星座は何か。　(　　　)
(2)　Bさんが㋑の位置にきたとき，太陽の方向にある星座は何か。　(　　　)
(3)　Bさんが円周を1周する動きは，地球の何を表しているか。　(　　　)
(4)　四季の代表的な星座は，およそ何か月ごとに見られるか。ヒント　(　　　)

2 **太陽の1年の動き** 下の図は，地球の公転によって起こる太陽の動きを表した模式図である。あとの問いに答えなさい。

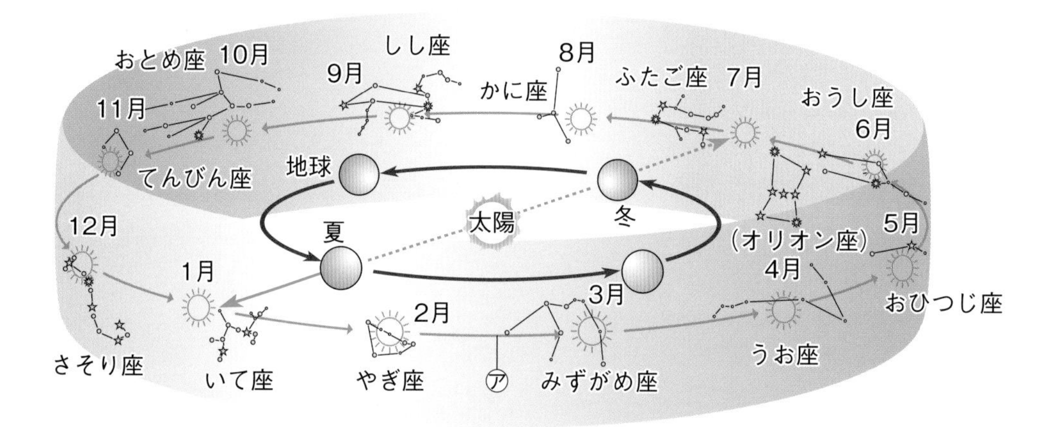

(1)　ある時刻に観測された星座が，同じ時刻の同じ位置に戻るのには1年かかる。この見かけの動きを何というか。　(　　　)
(2)　天球上の太陽の見かけの通り道である㋐の名称を答えなさい。ヒント　(　　　)
(3)　(2)の通り道にある星座を何というか。　(　　　)

ヒントの森
❶(4)星座は円周の4分の1ごとに配置されている。
❷(2)太陽は見かけ上，星座の間を西から東へ動いていき，1年でこの通り道を1周する。

3 昼夜の長さの変化

右の図は，ある年の東京において，日の出と日の入りの時刻を1年間にわたって調べ，まとめたものである。また，A～Dは，それぞれ，春分，夏至，秋分，冬至の日のいずれかを表している。次の問いに答えなさい。

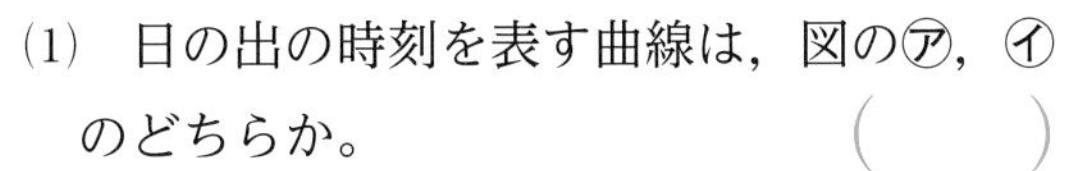

(1) 日の出の時刻を表す曲線は，図の㋐，㋑のどちらか。（　　）

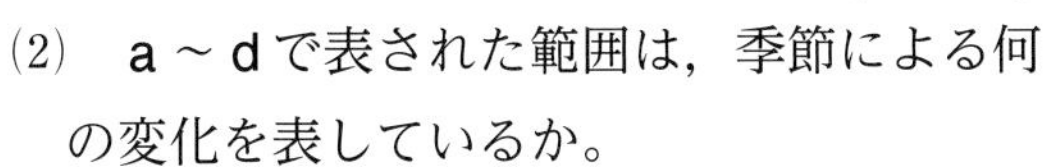

(2) a～dで表された範囲は，季節による何の変化を表しているか。（　　）

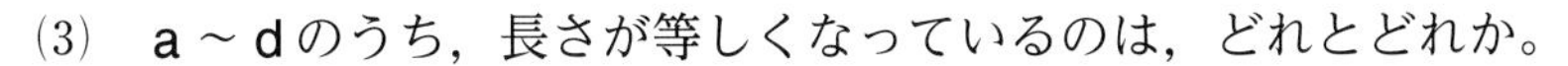

(3) a～dのうち，長さが等しくなっているのは，どれとどれか。（　　と　　）

(4) A，Bの日をそれぞれ何というか。A（　　）B（　　）

(5) A～Dのうちで，気温が最も低いと考えられるのはどの日か。ヒント（　　）

4 季節の変化と地軸の傾き

図1は，太陽のまわりを公転する地球の3か月ごとの位置を表したもので，図2は，東京における太陽の南中高度の1年間の変化を表したものである。図1でAとCの位置に地球があるとき，太陽は真東から昇り真西に沈む。あとの問いに答えなさい。

図1

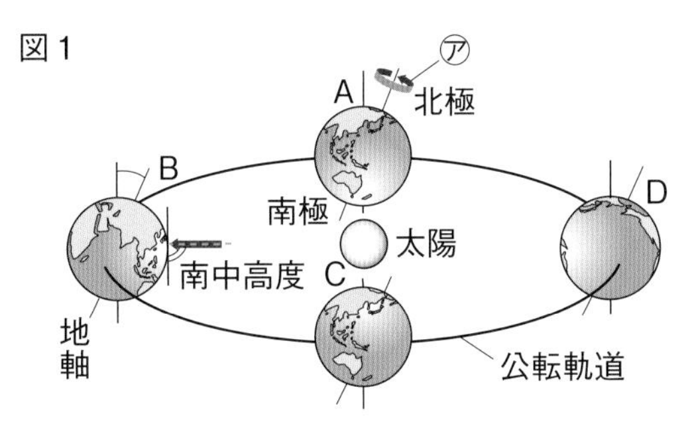

図2

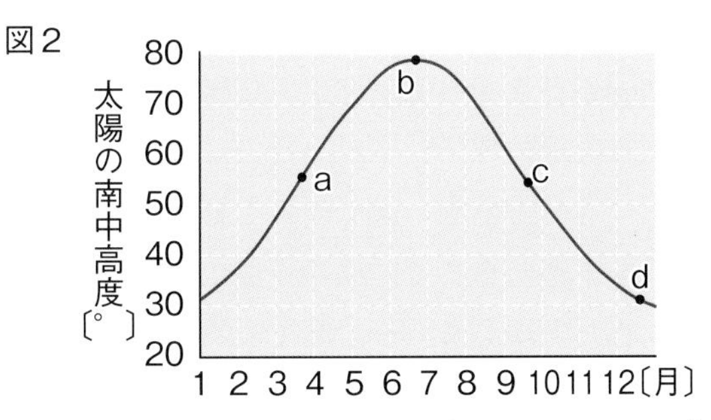

(1) 図1で，㋐は地球の何という運動の向きを表しているか。（　　）

(2) 図1のAの位置に地球があるとき，日本の季節は春，夏，秋，冬のどれか。（　　）

(3) (2)のときの東京での太陽の南中高度は，図2のa～dのどれで表されるか。（　　）

(4) 図1のBの位置に地球があるとき，図2から考えて，東京での南中高度は約何度か。次のア～ウから選びなさい。（　　）

ア　31°　　イ　55°　　ウ　78°

記述 (5) 太陽の南中高度が変化する理由を，「地軸」という言葉を使って答えなさい。

（　　　　　　　　　　　　）

(6) 東京の同じ地点，同じ面積の地表で比べたとき，太陽から受けるエネルギーの量が最も多くなる地球の位置はA～Dのどれか。ヒント（　　）

ヒントの森

3(5)昼の長さが長いほど，太陽から受けるエネルギーが多く，気温が高くなる。

4(6)南中高度が高い日ほど，昼の長さは長くなる。

2章 天体の1年の動き

よく出る **1** 右の図は，地球が太陽のまわりを回る様子と，代表的な星座の位置関係を表している。次の問いに答えなさい。

4点×7（28点）

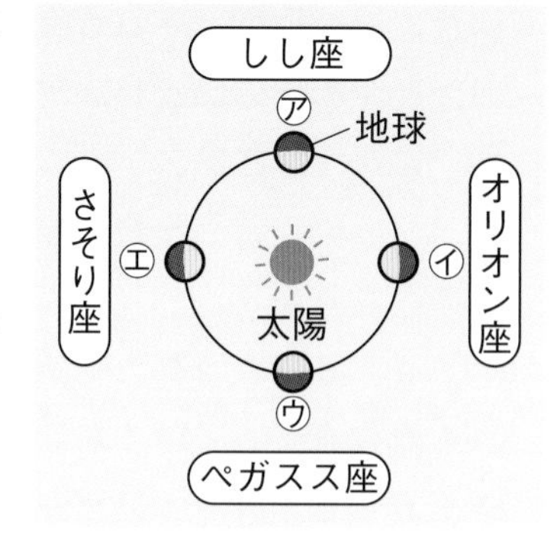

(1) 地球が太陽のまわりを回ることを地球の何というか。

(2) 地球が㋐の位置にあるとき，真夜中の南の空に見える星座を図から選びなさい。

(3) 右の図で，地球は1年で太陽のまわりを1周する。1か月では，地球は太陽のまわりを約何度移動するか。

(4) 日本でさそり座が真夜中の南の空に見える季節を，春，夏，秋，冬で答えなさい。

(5) (4)のときの地球の位置を，㋐〜㋓から選びなさい。

(6) 同じ時刻に見られる星座は，日にちの経過とともに，どの方位へ動いていくか。東か西で答えなさい。

(7) 天球上の太陽の見かけの通り道上にある星座のことを何というか。

(1)		(2)		(3)		(4)		(5)		(6)		(7)	

よく出る **2** 図1は，日本のある地点で春分，夏至，秋分，冬至の日の太陽の動きを透明半球上に記録したものである。次の問いに答えなさい。

6点×6（36点）

図1

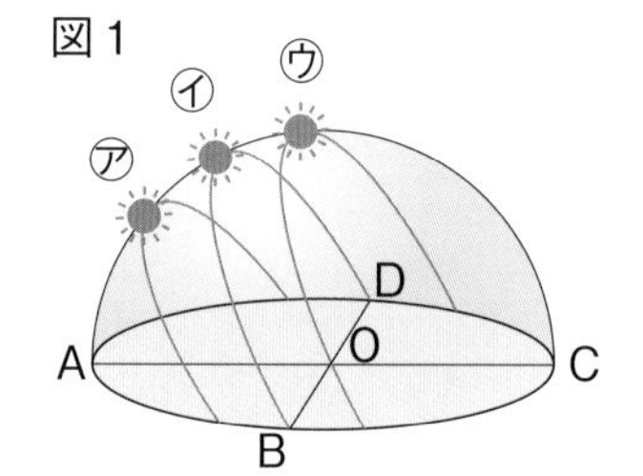

図2

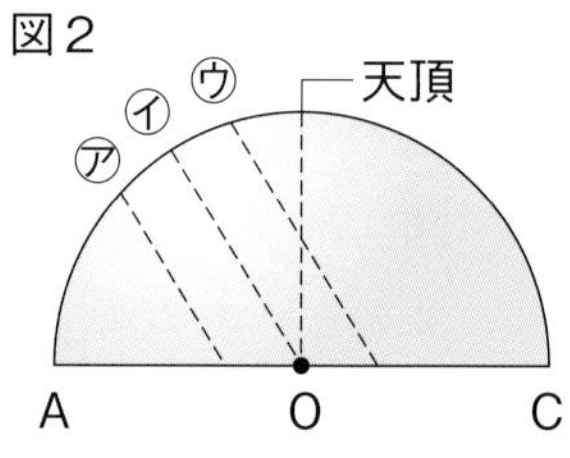

(1) 北の方位を，図1のA〜Dから選びなさい。

(2) 1年のうちで，昼の長さが最も短くなる日の太陽の動きを表しているものを，図1の㋐〜㋒から選びなさい。

(3) (2)で選んだ日を何というか。

(4) 図1の㋐と㋑で，南中高度が高いのはどちらか。

(5) 図2は，図1の透明半球をBの方向から見た様子を表したものである。㋒の南中高度Xを示しているものを，次のa〜dから選びなさい。

a

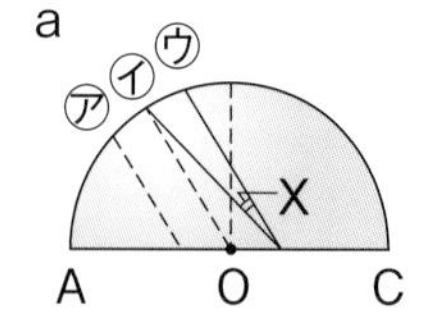

b

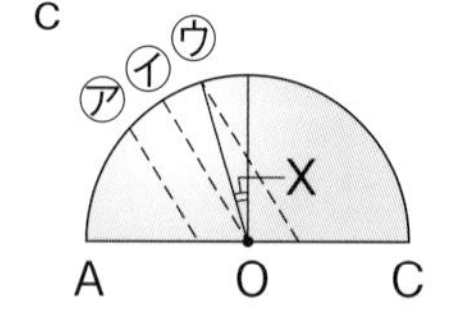

c

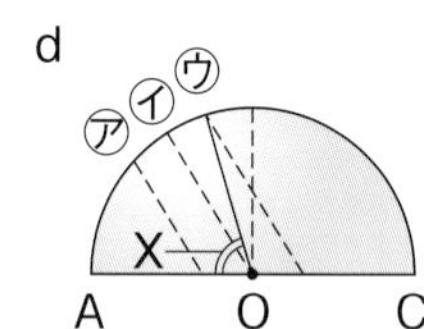

d

(6) 図1の㋑と㋒で，地表が太陽から受ける光のエネルギーの量が多いのはどちらか。

(1)		(2)		(3)		(4)		(5)		(6)	

3 図1は，太陽のまわりを公転している地球を表したものである。次の問いに答えなさい。 4点×9（36点）

図1
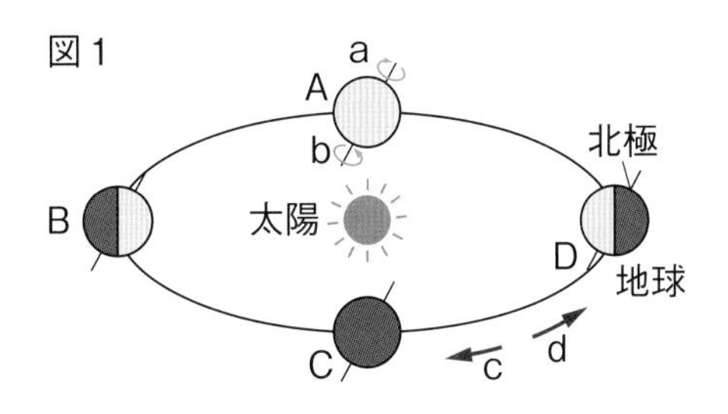

(1) 図1で，地球の自転と公転の向きを正しく組み合わせたものを，次のア～エから選びなさい。

ア aとc　　**イ** aとd

ウ bとc　　**エ** bとd

(2) 日本で太陽の南中高度が最も高くなるときの地球の位置を，図1のA～Dから選びなさい。

図2
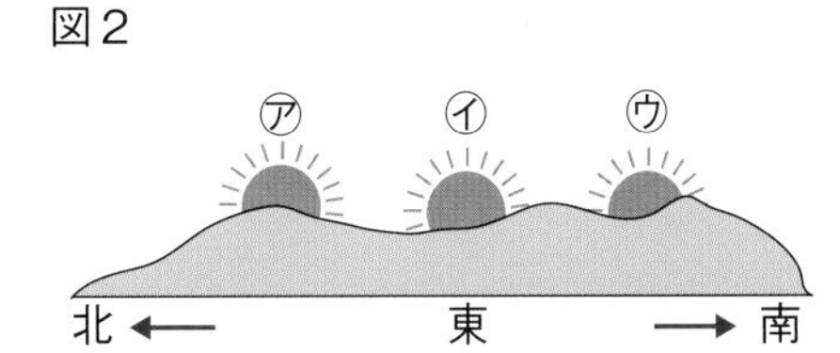

(3) (2)のときの日の出の位置（東京）として最も適当なものを，図2の㋐～㋒から選びなさい。

(4) 日本で昼の長さが最も短くなるときの地球の位置を，図1のA～Dから選びなさい。

(5) 図3は，地球が図1のDの位置にあるときの太陽の光の当たり方を表したものである。この日の昼夜の長さがほぼ同じになっている地点を，㋐～㋔から選びなさい。

図3
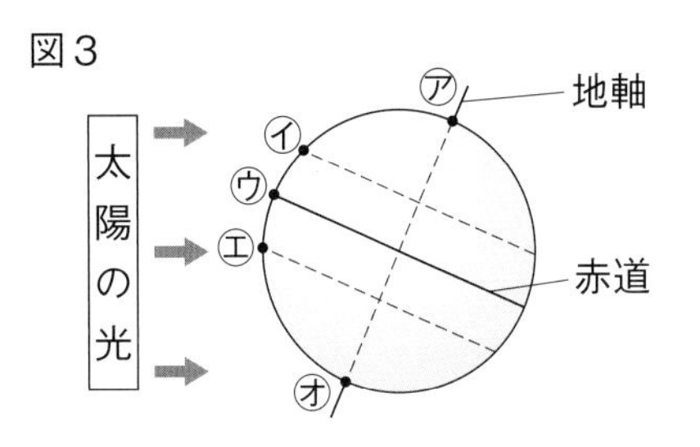

(6) 図3で，この日に太陽が沈まない地点を，㋐～㋔から選びなさい。

記述 (7) 昼の長さが季節によって変化するのはなぜか。簡単に答えなさい。

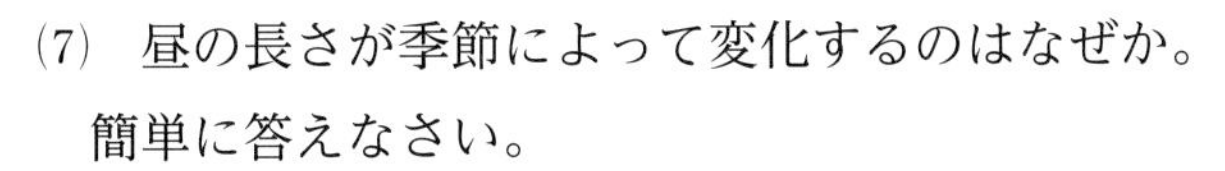

記述 (8) 夏に気温が高くなるのはなぜか。南中高度と昼の長さに着目して，簡単に答えなさい。

図4
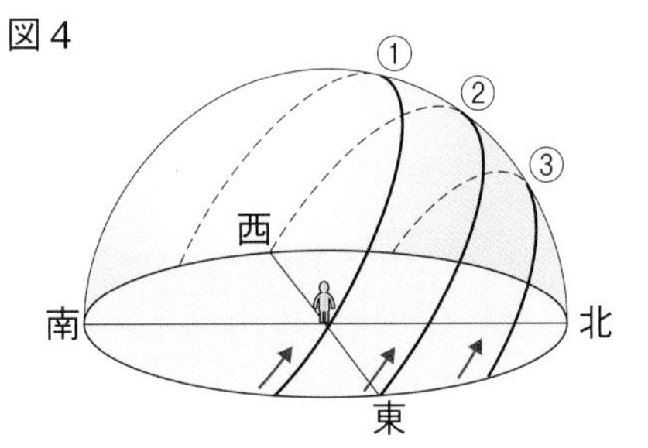

(9) 南半球では，太陽の通り道が図4のように北に傾く。地球が図1のBの位置にあるときの南半球でのようすについて，次のア～カから正しいものを選びなさい。

ア 夏で，太陽の日周運動の経路は図4の①である。

イ 夏で，太陽の日周運動の経路は図4の③である。

ウ 冬で，太陽の日周運動の経路は図4の①である。

エ 冬で，太陽の日周運動の経路は図4の③である。

オ 春で，太陽の日周運動の経路は図4の②である。

カ 秋で，太陽の日周運動の経路は図4の②である。

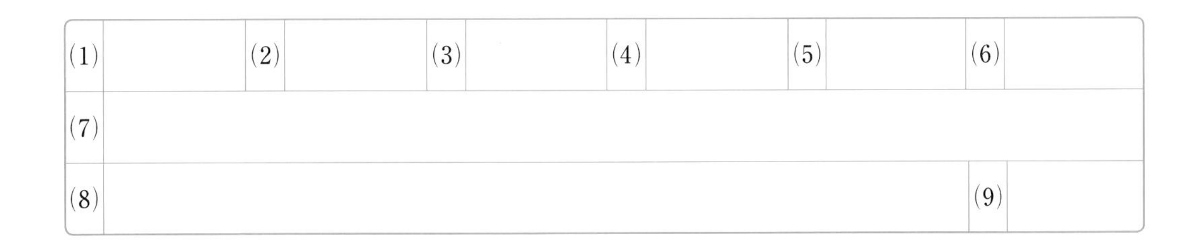

(1)		(2)		(3)		(4)		(5)		(6)	
(7)											
(8)										(9)	

単元3

解答 p.15

確認のワーク ステージ1 3章 月や惑星の動きと見え方

教科書の要点

同じ語句を何度使ってもかまいません。

(　)にあてはまる語句を，下の語群から選んで答えよう。

1 月の動きと見え方

教 p.153～157

(1) 月は地球のまわりを(①　　　)していて，**太陽の光を反射**して輝いている。

(2) 月の見える形は，日を追って，少しずつ変化する。このような変化を月の(②★　　　)という。

(3) 月の公転によって，太陽－地球－月の位置関係が刻々と変わるため，月の見える形も刻々と変化している。
└月の光って見える部分の形が変わる。

2 日食と月食（にっしょく・げっしょく）

教 p.158～159

(1) 太陽が月に隠（かく）されることを(①★　　　)という。これは，月と太陽が同じ方向にあり，重なるときに起こる。
└新月

(2) 太陽の全部が月に隠される**日食**を(②　　　)，太陽の一部が月に隠される日食を**部分日食**という。

(3) 月が地球の影に入ると(③★　　　)が見られる。

(4) 月の全部が影に入る**月食**を**皆既月食**といい，月の一部が影に入る月食を(④　　　)という。
└満月

3 惑星（わくせい）の動きと見え方

教 p.160～169

(1) 太陽のまわりを公転している，地球を含む8個の天体を(①★　　　)という。
└水星，金星，地球，火星，木星，土星，天王星，海王星

(2) **金星**は，星座の間を移動しているように見える。地球から離れているときは**丸い形**で大きさは(②　　　)く，近くにあるときは三日月のように**細い形**で(③　　　)く見える。

(3) 金星の公転軌道は地球の公転軌道よりも(④　　　)にある。そのため，金星は真夜中に見えることはなく，**明け方の**(⑤　　　)の空や，**夕方の**(⑥　　　)の空に見える。
└明けの明星という。　└宵の明星という。

(4) **火星**の公転軌道は地球の公転軌道の(⑦　　　)にあるので，太陽と反対側の位置にあるとき，真夜中でも観測することができる。火星の見える形はほとんど変化しない。

(5) 太陽と惑星などを含めた天体の集まりを(⑧★　　　)という。

まるごと暗記
月の満ち欠け（みちかけ）
月は太陽の光を反射して輝く。満ち欠けは，太陽－地球－月の位置関係が月の公転によって変わるために起こる。

ワンポイント
日食…太陽が月に隠されて起こる。
月食…月が地球の影に入り起こる。

プラスα
明けの明星（みょうじょう）…明け方東の空に見える金星。
宵（よい）の明星…夕方西の空に見える金星。

プラスα
月と太陽は，地球から見るとだいたい同じ大きさに見える。

まるごと暗記
金星と火星の見え方
●金星は**遠く**にあるときは**小さくて丸く**，**近く**にあるときは**大きくて細く**見える。
●火星は，見かけの大きさは変わるが，**見える形はほとんど変化しない。**

語群
①満ち欠け／公転　②月食／日食／部分月食／皆既日食
③太陽系（たいようけい）／惑星／大き／小さ／東／西／内側／外側

★の用語は，説明できるようになろう！

□にあてはまる語句を，下の語群から選んで答えよう。

1 月の動きと見え方

教 p.157

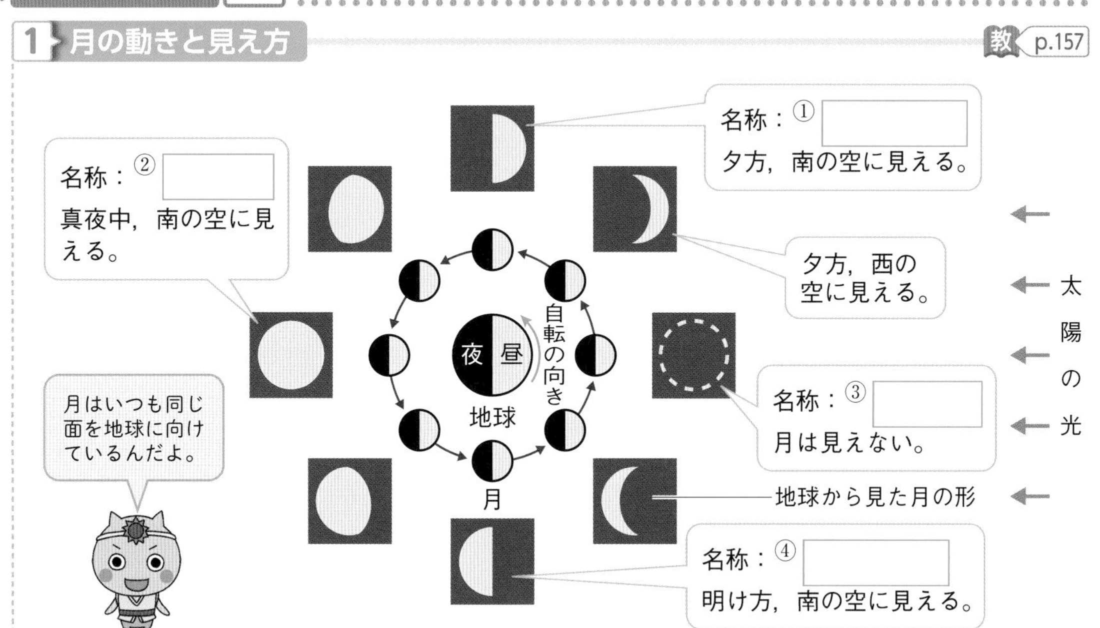

2 日食と月食

②～④，⑥～⑧は，太陽か地球か月かを書こう。

教 p.158～159

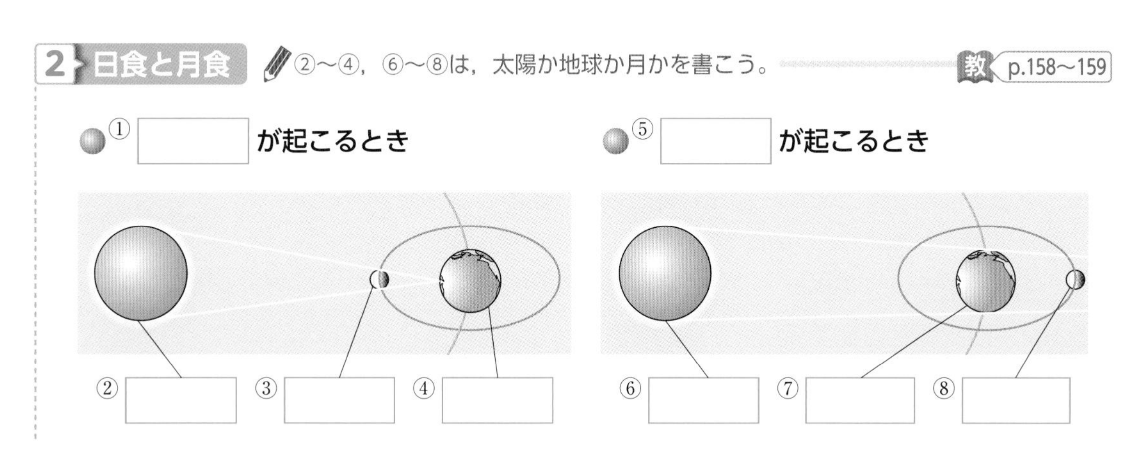

3 惑星の動きと見え方

教 p.165～167

金星の見え方

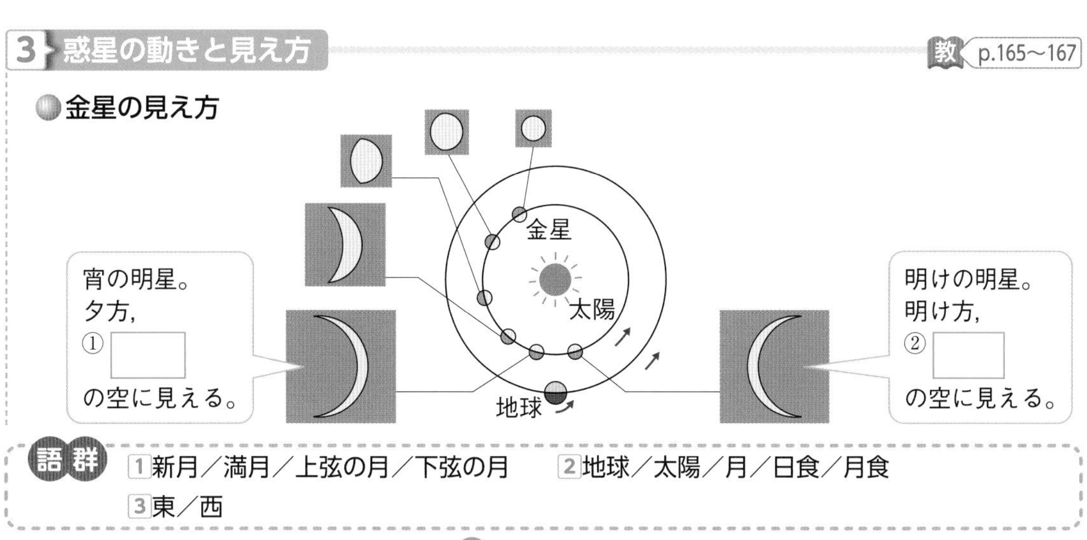

語群
1 新月／満月／上弦の月／下弦の月　2 地球／太陽／月／日食／月食
3 東／西

わからない用語は，教科書の要点の★で確認しよう！

単元3

解答 p.15

定着のワーク ステージ2 3章 月や惑星の動きと見え方

1 教 p.155 観測3 **月の位置と形の変化** 右の図は，北半球側から見た地球，太陽，月の位置関係を表したものである。次の問いに答えなさい。

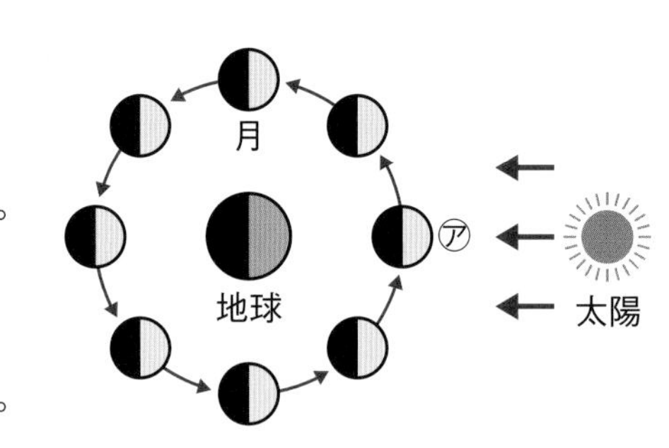

(1) 月は地球の自転によって日周運動をしている。地球から見てどの方位からどの方位へ移動しているか。（　　　）

(2) 夕方の西の空に見られる月の形を何というか。（　　　）

(3) (2)の月が観測されてから，同じ時刻に継続(けいぞく)して観測した。月の形は，(2)の形からどのように変化していくか。簡単に答えなさい。（　　　）

(4) 月が㋐の位置にあるとき，地球から月を観測すると，月はどのように見えるか。次のア～エから選びなさい。（　　　）

ア　左半分が欠けて見える。　**イ**　右半分が欠けて見える。
ウ　満月として見える。　**エ**　見えない。

(5) 次の文の(　)にあてはまる言葉を答えなさい。ヒント
①（　　　）②（　　　）③（　　　）

月が満ち欠けをするのは，月が太陽の光を(①)しながら地球のまわりを(②)することによって，太陽－地球－月の(③)が変わるためである。

2 **日食と月食** 右の図は，太陽と月，地球の位置関係によって起こる現象を説明したものである。次の問いに答えなさい。

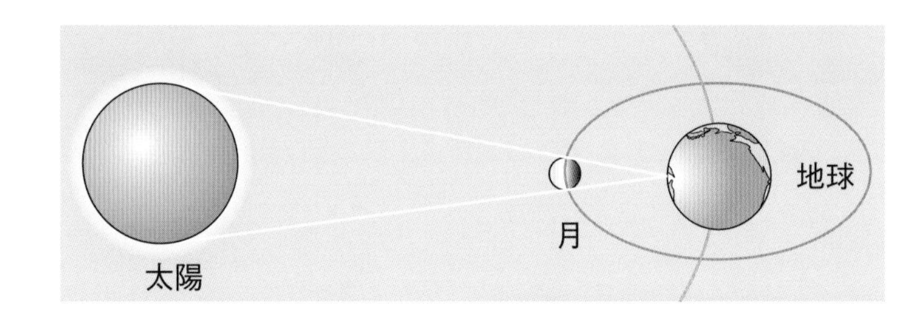

(1) 図で，太陽－月－地球の順に並んだとき，太陽が月に隠されることがある。このような現象を何というか。（　　　）

(2) (1)のうち，太陽の全部が隠されることを何というか。（　　　）

(3) (1)のうち，太陽の一部が隠されることを何というか。（　　　）

(4) (1)は，月が新月，満月のどちらのときに起こるか。（　　　）

(5) 太陽－地球－月の順に並んだとき，月が地球の影に入ることがある。このような現象を何というか。（　　　）

(6) (5)は，月が新月，満月のどちらのときに起こるか。（　　　）

1(5)月は地球のまわりを公転していて，太陽－地球－月の位置関係の変化によって月の満ち欠けが起こる。

3 教 p.163 観測 4 **金星の位置と形の変化** 図1は，地球から金星を観測したときの見え方の変化を表したものである。また，図2は，地球と金星の位置関係を模式的に表したものである。あとの問いに答えなさい。

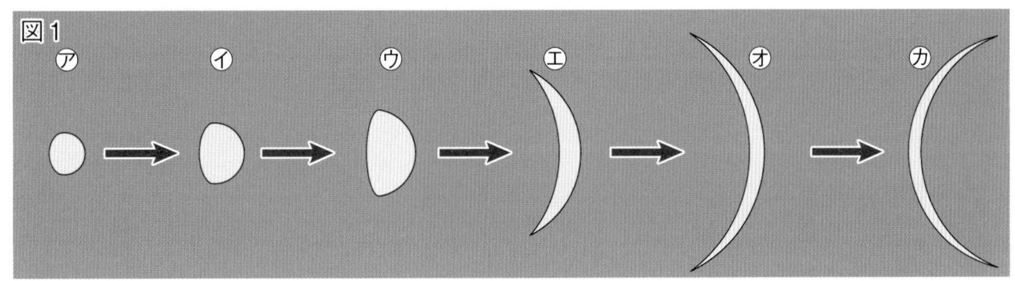

※肉眼で見える形に直してある。

(1) 金星のように，太陽のまわりを公転している天体を何というか。（　　　　）

(2) 図1のア～オの金星は，地球からは右側が輝いて見える。これらの金星は，1日のうちでいつ頃見ることができるか。次のア～エから選びなさい。（　　）

ア 明け方　**イ** 真夜中　**ウ** 夕方　**エ** 一晩中

(3) (2)の時間帯に見られることから，ア～オの金星は何とよばれているか。

（　　　　）

(4) (3)の金星が見える方位を答えなさい。（　　）

(5) 図1のカの金星は，地球からは左側が輝いて見える。この金星は，1日のうちでいつ頃見ることができるか。(2)の**ア**～**エ**から選びなさい。（　　）

(6) (5)の時間帯に見られることから，カの金星は何とよばれているか。

（　　　　）

(7) (6)の金星が見える方位を答えなさい。（　　）

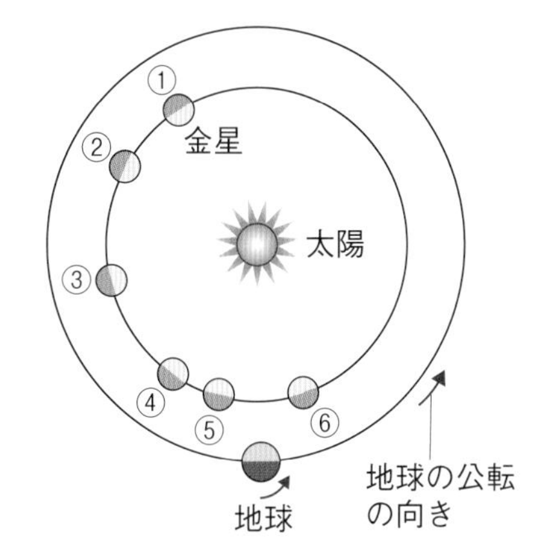

(8) 図1のように，金星の見かけの大きさが変化するのは，地球と金星の位置関係が変化するからである。図1のアとカのように見えるときの金星の位置を，図2の①～⑥からそれぞれ選びなさい。ヒント

ア（　　）

カ（　　）

記述 (9) 地球から真夜中に金星を見ることができない。その理由を，「公転軌道」という言葉を使って，簡単に答えなさい。ヒント

（　　　　　　　　　　　　）

(10) 太陽と，地球や金星などの惑星を含めた天体の集まりを何というか。

（　　　　）

3(8)金星と地球の距離が近いほど，金星は大きく見える。
(9)公転軌道が地球より内側にあるか，外側にあるかで，地球からの見え方は異なる。

単元3

解答 p.15

実力判定テスト ステージ3 3章 月や惑星の動きと見え方

30分　　/100

1 図1は，月の満ち欠けの様子を，図2は，地球の北半球側から見たときの太陽，地球，月の位置関係を表したものである。あとの問いに答えなさい。 4点×10(40点)

図1

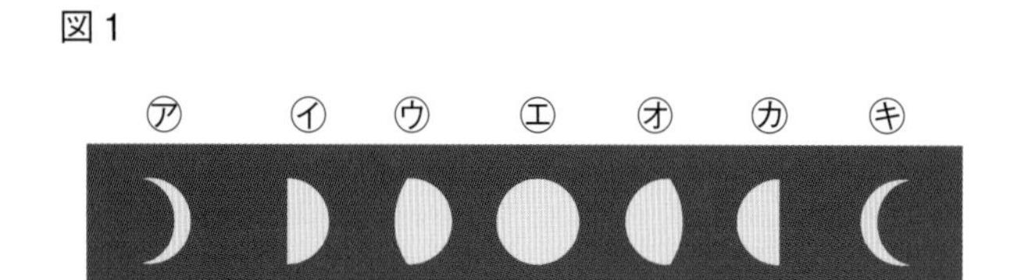

図2

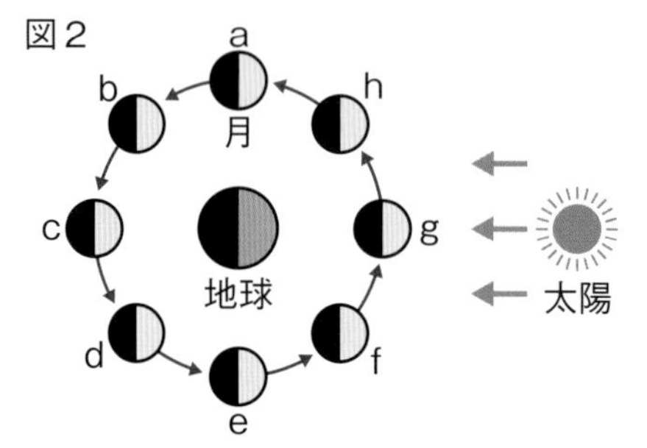

(1) 上弦の月とよばれる月は，図1の㋐〜㋖のどれか。

(2) 夕方西の空に見える月は，図1の㋐〜㋖のどれか。

(3) 図1の㋐〜㋖の月は，それぞれ図2のa〜hのどの位置にあるときのものか。

(4) 月が満ち欠けするのはなぜか。簡単に答えなさい。

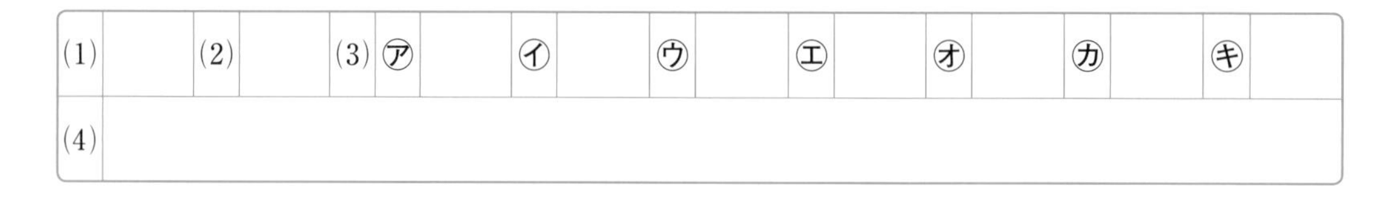

(1)		(2)		(3) ㋐		㋑		㋒		㋓		㋔		㋕		㋖	
(4)																	

2 図1，図2は，日食と月食が見られるときの太陽と地球と月の位置関係を表したものである。あとの問いに答えなさい。 4点×5(20点)

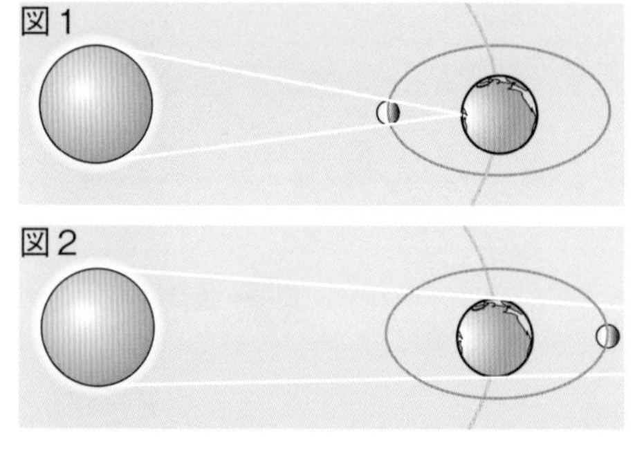

図3

図4

(1) 図1，図2は，日食と月食のそれぞれどちらが見られるときの位置関係か。

(2) 図3は，月の全部が地球の影に入る月食の様子である。この月食を何というか。また，このときの月は何色に見えるか。

(3) 図4は，月の一部が地球の影に入る月食である。このときの月の見え方は，月の満ち欠けの見え方とどのように異なるか。

(1)	図1		図2		(2)	名称		色	
(3)									

よく出る **3** 図1は，日本のある地点で，ある日の夕方に見えた金星の位置と形をスケッチしたものである。また，図2は，地球を静止させた状態で，太陽のまわりを回る金星の様子を表したものである。次の問いに答えなさい。　4点×7（28点）

図1

図2

a　d　b　c　太陽　金星の公転の向き　地球　自転の向き

(1)　図1の金星を観測した方位を，東，西，南，北で答えなさい。

(2)　この日の金星は，地球とどのような位置関係にあるか。図2のa～dから選びなさい。

(3)　この日から1か月間観測を続けると，金星の形や見かけの大きさはどのように変化するか。右の㋐～㋓から選びなさい。

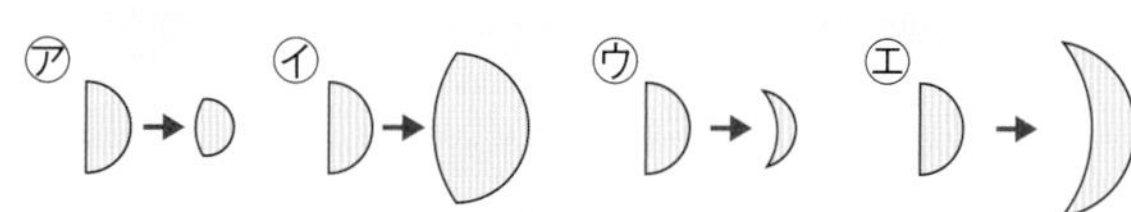

(4)　(3)のように，金星の見かけの大きさが変化するのは，地球と金星との何が変わるためか。

(5)　金星は星座の間をどのように移動して見えるか。

記述 (6)　金星を真夜中に見ることができない理由を，簡単に答えなさい。

(7)　金星のように，真夜中に見ることができない惑星を，次のア～オから選びなさい。

ア　火星　　イ　水星　　ウ　木星　　エ　天王星　　オ　海王星

(1)		(2)		(3)		(4)		(5)	
(6)								(7)	

4 金星と火星について，次の問いに答えなさい。　3点×4（12点）

(1)　見かけの大きさが変化するのは，金星と火星のどちらか。次のア～ウから選びなさい。

ア　金星　　イ　火星　　ウ　金星と火星

(2)　ほとんど満ち欠けしないのは，金星と火星のどちらか。(1)のア～ウから選びなさい。

(3)　次の文は，金星と火星の動きや地球からの見え方を説明したものである。正しいものを次のア～オからすべて選びなさい。

ア　火星は真夜中に観測することができる場合がある。

イ　金星は，北極星の近くで見られることもある。

ウ　金星を長期間継続して観測すると，星座の間を動いて見える。

エ　火星は，地球の公転軌道の内側を公転している。

オ　火星は，太陽と反対側の位置にあるとき，明け方の東の空か，夕方の西の空に見られる。

(4)　太陽や惑星などの天体の集まりを何というか。

(1)		(2)		(3)		(4)	

単元3

解答 p.16

確認のワーク ステージ1 4章 太陽系と恒星

教科書の要点

同じ語句を何度使ってもかまいません。

(　　)にあてはまる語句を，下の語群から選んで答えよう。

1 太陽の特徴

教 p.171〜175

(1) 太陽の表面に見られる黒い点を(①★　　　　　)という。黒点(こくてん)が黒っぽく見えるのは，太陽の表面温度の約6000℃に比べて黒点の温度が(②　　　　　)ためである。また，黒点は，太陽の活動が活発かどうかを知る指標となる。（黒点…温度は約4000℃。）

(2) 黒点は日ごとに位置を変える。これは，太陽が(③　　　　　)しているためである。

(3) 黒点が縁(ふち)に近づくと，点と点の間が狭くなり，形が(④　　　　　)なる。これは，太陽が(⑤　　　　　)形をしているからである。

(4) 太陽の表面には，炎のように見える**プロミネンス**(紅炎)や，**コロナ**とよばれる大気がある。太陽の直径は地球の直径の約109倍あり，中心部の温度は約1600万℃である。

2 太陽系の天体

教 p.176〜179

(1) 惑星は，小さいが密度の大きい(①　　　　　)と，大きいが密度の小さい(②　　　　　)に分けられる。**地球型惑星**は主に岩石でできている。**木星型惑星**のうち，木星と土星は主にガスで，天王星と海王星は主に氷でできている。

(2) 太陽系には，惑星の他に，主に火星と木星の公転軌道の間にある(③★　　　　　)や，海王星よりも遠方にある**太陽系外縁天体**(たいようけいがいえんてんたい)などの天体がある。

(3) 月のように惑星のまわりを回る(④★　　　　　)や，細長い楕円(だえん)軌道で太陽のまわりを回り，太陽に近づくと長い尾(お)を引く**すい星**(せい)も太陽系の天体である。

3 太陽系外の天体

教 p.180〜181

(1) 太陽系は，約2000億個の**恒星の大集団**である(①★　　　　　)に属している。

(2) 宇宙には銀河系(ぎんがけい)と同じような恒星の大集団が無数に存在する。このような恒星の大集団を(②★　　　　　)という。

ワンポイント

太陽
- 太陽の表面温度は，約6000℃。
- 黒点は約4000℃で周囲より低い。
- 太陽は地球と同じように球形をしていて，自転している。

まるごと暗記　惑星の分類
- **地球型惑星**…水星，金星，地球，火星
- **木星型惑星**…木星，土星，天王星，海王星

まるごと暗記　太陽系の天体
- **太陽系外縁天体**…海王星より遠方にある天体。
- **衛星**…月のように，惑星のまわりを回る天体。
- **小惑星**…主に火星と木星の間にある小天体。
- **すい星**…太陽のまわりを細長い楕円軌道で回る天体。

まるごと暗記　太陽系の外側の世界
- **銀河系**…太陽系が属している約2000億個の恒星の大集団。
- **銀河**(ぎんが)…銀河系と同じような恒星の大集団。

語群
1 自転／黒点／球／低い／細長く
2 衛星／小惑星／地球型惑星／木星型惑星
3 銀河／銀河系

★の用語は，説明できるようになろう！

同じ語句を何度使ってもかまいません。

教科書の図　□にあてはまる語句を，下の語群から選んで答えよう。

1 太陽の特徴

教 p.171〜174

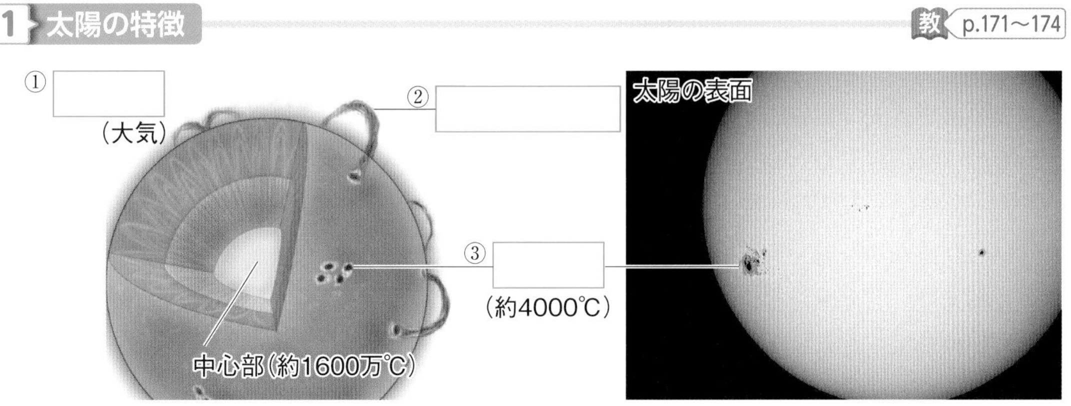

2 太陽系の天体　天体の名前を書こう。

教 p.176〜178

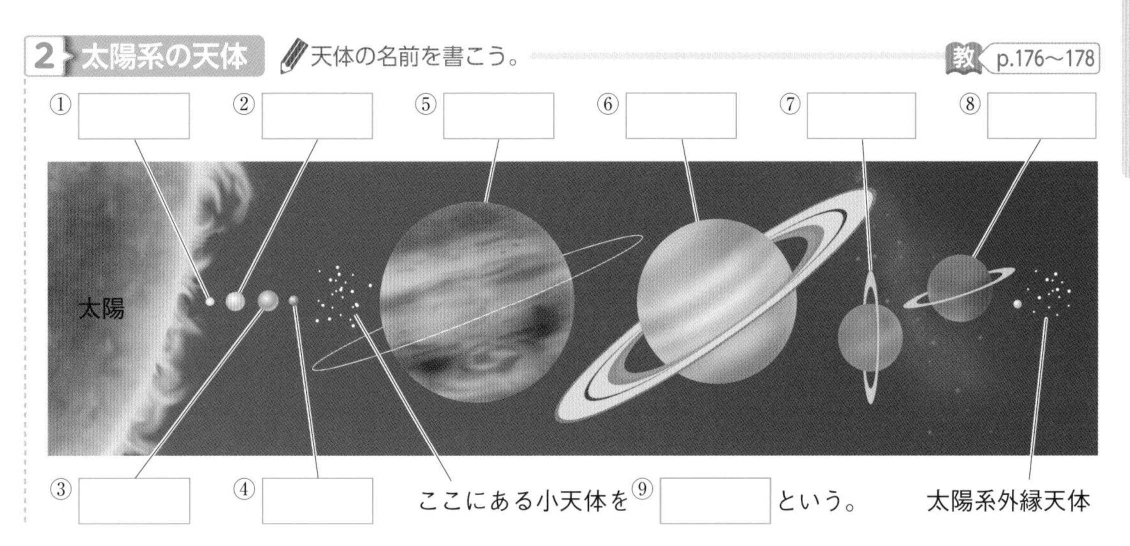

3 太陽系の天体と太陽系外の天体

教 p.178〜181

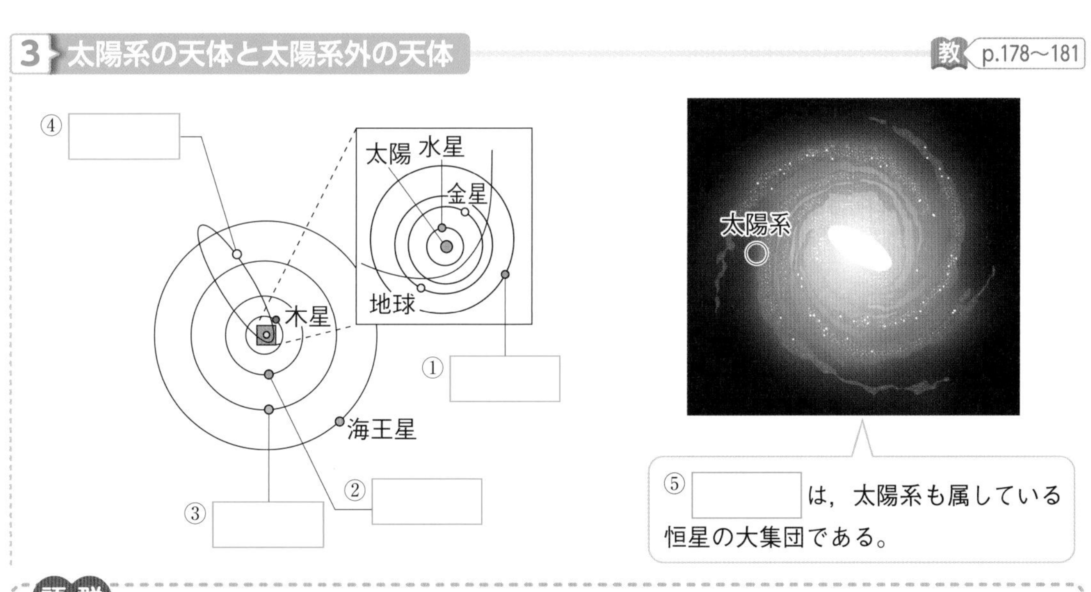

語群　1 プロミネンス（紅炎）／コロナ／黒点　2 火星／水星／木星／金星／土星／地球／小惑星／天王星／海王星　3 天王星／土星／すい星／銀河系／火星

わからない用語は，教科書の要点の★で確認しよう！

単元3

解答 p.16

定着のワーク ステージ2 4章 太陽系と恒星

1 太陽の表面の観測

図1のような天体望遠鏡を使って，太陽を観測した。図2は，そのときの様子である。次の問いに答えなさい。

図1

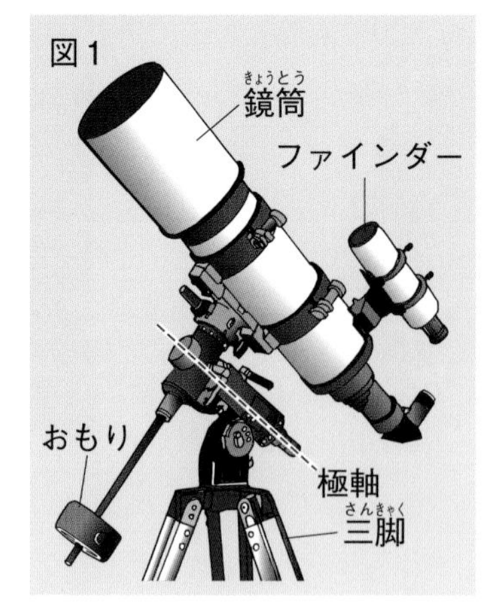

図2

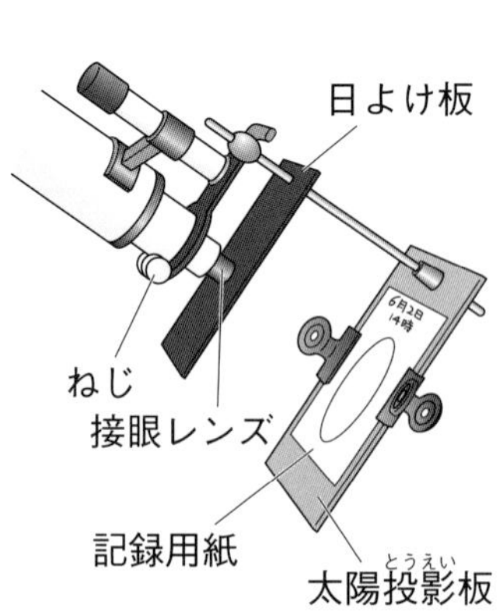

(1) 図1で，ファインダーは，どのようにしておくか。
( )

(2) 図2で，記録用紙にかいた円と何の大きさが合うようにするか。
( )

(3) 望遠鏡の極軸は何という星のある方向に向けるか。 ( )

記述

(4) 望遠鏡を使って太陽を観測するとき，絶対にしてはいけないことは何か。 ヒント
( )

2 太陽の表面

右の図は，太陽の表面を継続して観測したときの様子である。次の問いに答えなさい。

3月12日
3月14日
3月15日

(1) 太陽のように，自ら光を出して輝く天体を何というか。 ( )

(2) 太陽の表面温度は，約何℃か。次のア〜エから選びなさい。 ( )

ア 約4000℃　　イ 約6000℃
ウ 約160万℃　　エ 約1600万℃

(3) 太陽の表面に見られる，黒いしみのような点を何というか。 ( )

記述

(4) (3)が黒く見えるのはなぜか。「温度」という言葉を使って答えなさい。
( )

(5) (3)について，次の文の( )にあてはまる言葉を答えなさい。 ヒント

①( ) ②( ) ③( )

(3)は日ごとに移動し，縁に近づくにつれて形が(①)見えるようになる。これは，太陽の形が(②)をしていて，地球と同じように(③)をしているためである。

(6) 太陽の表面にある大気のことを何というか。 ( )

(7) 太陽の表面に見られる，炎のようなものを何というか。 ( )

ヒントの森

❶(4)ファインダーや接眼レンズを直接のぞくと，目をいためる。
❷(5)黒点が移動するのは，太陽が回転しているからである。

3 **惑星**　次の①～⑦は，太陽系の惑星の特徴について説明したものである。あてはまる惑星を，下の〔　〕からそれぞれ記号で選びなさい。

① 青緑色に見える大気に覆われており，表面に模様がほとんど見られない。（　　）
② 地球のすぐ外側を公転し，うすい大気があり赤っぽく見える。（　　）
③ 太陽系最大の惑星で，厚い大気にはしま模様や大赤斑とよばれるうずが見える。（　　）
④ 地球に最も近く，厚い大気があり，表面温度は約470℃である。ヒント（　　）
⑤ 太陽に最も近く，大気はない。昼夜の温度差が大きい。（　　）
⑥ 青く見え，大暗斑とよばれる模様がある。（　　）
⑦ 氷の粒（つぶ）でできたリング(環)をもつ。表面にしま模様やうずが見られ，密度が水より小さい。（　　）

〔 ア　水星　イ　天王星　ウ　木星　エ　火星
オ　土星　カ　金星　キ　海王星 〕

4 **太陽系, 太陽系外の天体**　下の図は，太陽とそのまわりを回っている惑星を表したものである。あとの問いに答えなさい。

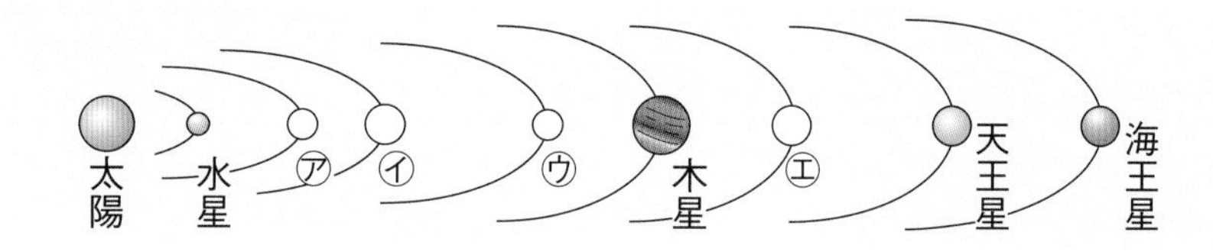

(1) 図の㋐～㋓の惑星の名称をそれぞれ答えなさい。
㋐（　　）㋑（　　）
㋒（　　）㋓（　　）

(2) 水星から㋒までの惑星を，まとめて何というか。（　　）
(3) 木星から海王星までの惑星を，まとめて何というか。ヒント（　　）
(4) 海王星よりも遠くにある天体を何というか。（　　）
(5) 地球のまわりを回る衛星は何か。（　　）

図2

(6) 図2は細長い楕円軌道で太陽のまわりを回る天体である。このような天体を何というか。（　　）

図3

(7) 図3は，太陽系が属している恒星の大集団である。これを何というか。（　　）

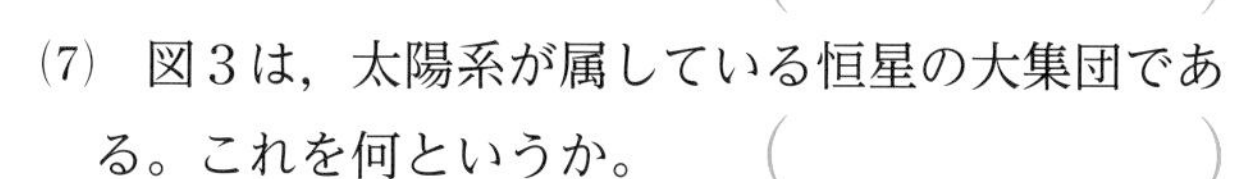

(8) (7)のように，宇宙には恒星の大集団が無数に存在している。これを何というか。（　　）

3④太陽に近いので温度が高い。
4(3)大型で密度の小さい惑星のなかまである。

4章　太陽系と恒星

1 図１のように，望遠鏡に，記録用紙を固定した太陽投影板を取り付け，太陽の像を記録用紙の円の大きさに合わせて投影し，黒点を観測した。図２は同じ場所でその日と，２日後の同じ時刻にスケッチしたものである。次の問いに答えなさい。　　８点×６（48点）

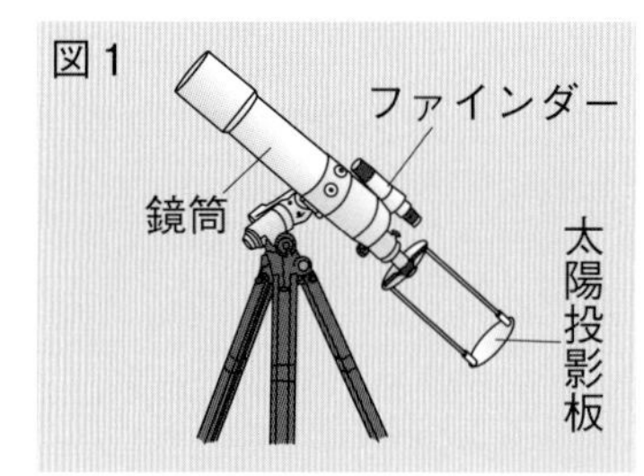

(1) 望遠鏡で太陽を観測する方法として適切でないものはどれか。次の**ア**～**エ**から選びなさい。

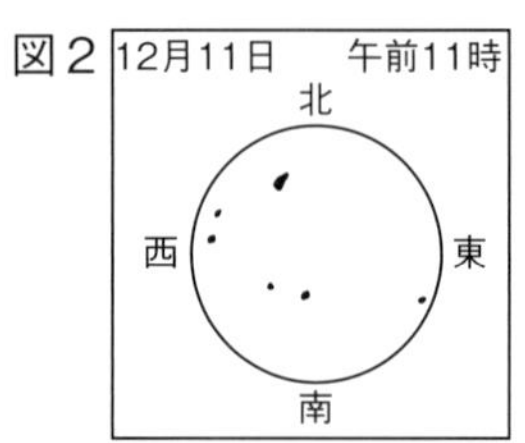

ア　望遠鏡で直接太陽を見ないようにした。
イ　ファインダーの蓋（ふた）を付けておいた。
ウ　黒点の位置，形をスケッチした。
エ　太陽の像がずれ動く方向を東として，方位を記録した。

(2) スケッチするとき，望遠鏡を常に太陽の方向に向けるように操作しないと，太陽の像はしだいに移動して，記録用紙の円からずれる。この現象と同じ理由により生じる現象として適切なものを，次の**ア**～**エ**から選びなさい。
ア　春分の日から夏至の日にかけて，日の出の位置は北寄りになる。
イ　南の夜空の星を一晩中観測すると，東から西に動いて見える。
ウ　地球の地軸が傾いている。
エ　同じ時刻に星座を観測すると，１か月で約30°西に動いて見える。

(3) 図２の２枚のスケッチを比べると，黒点はしだいに位置を変えていることがわかる。これは何によって起こるか。次の**ア**～**エ**から選びなさい。
ア　地球の自転　　**イ**　地球の公転　　**ウ**　太陽の自転　　**エ**　太陽の公転

記述 (4) 黒点が黒く見える理由を簡単に答えなさい。

(5) 図３は，太陽投影板上の直径14cmの太陽の像に，大きさ2.6mmの黒点が見られたときのものである。太陽の直径を140万km，地球の直径を1.3万kmとすると，この黒点の大きさは地球の直径の何倍か。次の**ア**～**エ**から選びなさい。
ア　0.2倍　　**イ**　0.5倍　　**ウ**　2倍　　**エ**　5倍

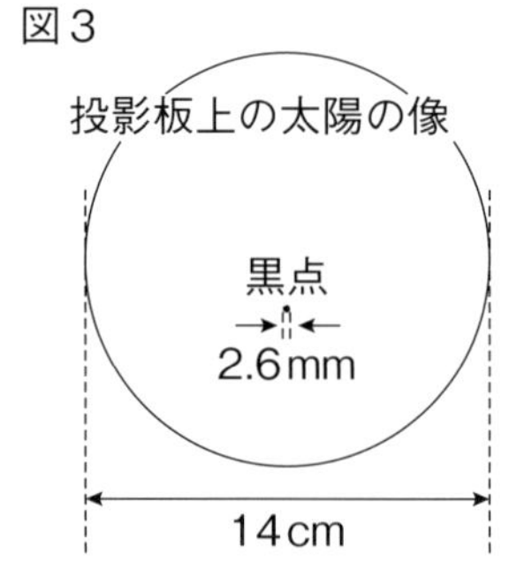

記述 (6) 図３の黒点を数日間，同じ時刻に観測し続けたところ，縁に近づくにつれて形が縦に細長くなった。このことから，太陽についてわかることを答えなさい。

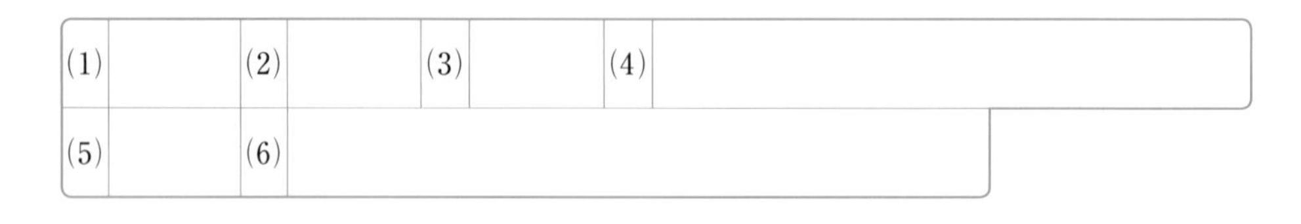

(1)		(2)		(3)		(4)	
(5)		(6)					

2 右の表は，太陽とそのまわりを回っている惑星の特徴を表したものである。次の問いに答えなさい。　5点×8（40点）

天体名	赤道半径（地球＝1）	密度（水＝1）	太陽からの平均距離（地球＝1）	公転周期〔年〕	衛星の数
太陽	109	1.41	−	−	−
水星	0.38	5.43	0.39	0.24	0
金星	0.95	5.24	0.72	0.62	0
地球	1.00	5.52	1.00	1.00	1
火星	0.53	3.93	1.52	1.88	2
木星	11.2	1.33	5.20	11.9	79
土星	9.45	0.69	9.55	29.5	65
天王星	4.01	1.27	19.2	84.0	27
海王星	3.88	1.64	30.1	165	14

(1) 惑星は，自ら光を出しているか。

(2) 右の表から，地球型惑星をすべて選びなさい。

(3) 地球型惑星の特徴を，右の表の「赤道半径」と「密度」の値を見て答えなさい。

(4) 右の表から，木星型惑星をすべて選びなさい。

(5) 木星型惑星の特徴を，右の表の「赤道半径」と「密度」の値を見て答えなさい。

(6) 衛星とはどのような天体か。

(7) 太陽系には，右の表の惑星の他に，太陽系外縁天体とよばれる天体がある。太陽系外縁天体とはどのような天体か。

(8) 太陽系には，右の表の惑星の他に，小惑星とよばれる天体がある。小惑星とは，主にどこにある天体か。

(1)		(2)	
(3)		(4)	
(5)		(6)	
(7)			
(8)			

3 右の図は，太陽系に属する天体である。次の問いに答えなさい。　4点×3（12点）

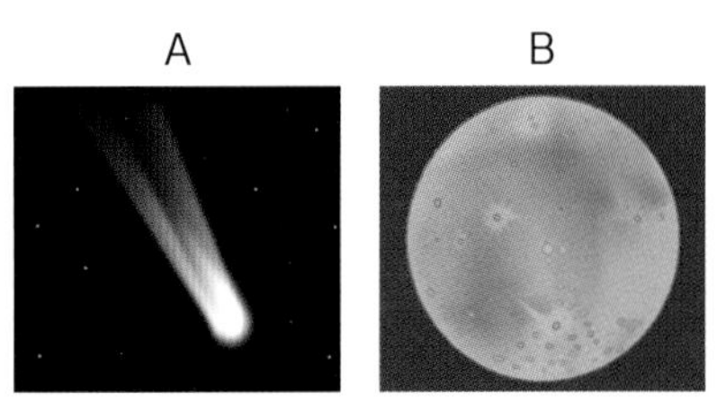

(1) Aは，細長い楕円軌道で太陽のまわりを回り，太陽に近づくと長い尾を引く。このような天体を何というか。

(2) Bは地球のまわりを回っている。Bの天体を地球の何というか。

(3) 太陽系が属している，約2000億個の恒星の大集団を何というか。

解答 p.18

単元末総合問題 単元3 地球と宇宙

40分　/100

1 太陽の動きや表面の様子を調べるために，次の観測１，２を行った。あとの問いに答えなさい。　5点×10(50点)

〈観測１〉日本のある地点で，図１のような透明半球上に，春分，夏至，冬至の日の９時から15時までの１時間ごとの太陽の位置を記録した。そして，記録した点を滑らかな線でつなぎ，透明半球の縁まで延長した。A～Dはそれぞれ透明半球上の東西南北を示す点であり，Oは円の中心である。また，a～cは，観測したそれぞれの日の太陽の経路を表したものである。

〈観測２〉天体望遠鏡に太陽投影板を取り付け，太陽の黒点を観測した。図２は，そのときのスケッチである。

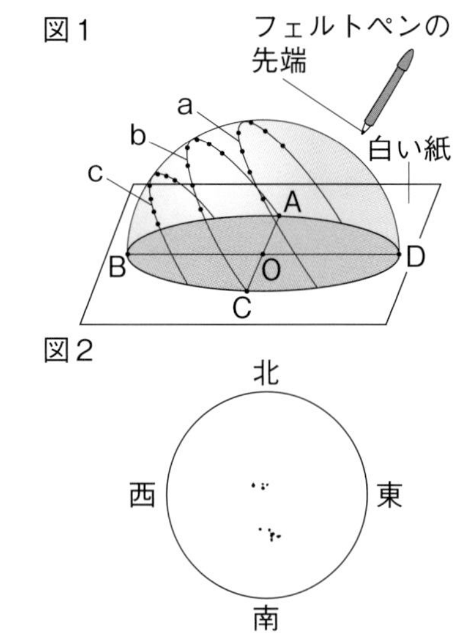

図３
自転の方向
㋐
地球
㋑
太陽
㋒
㋓

(1) 図１で，Dはどの方位を表しているか。

(2) 図１で，太陽の位置を透明半球上に記録するとき，フェルトペンの先の影をどの点に合わせればよいか。図１のA～D，Oから選びなさい。

(3) 太陽の１日の動きは見かけの動きである。１日に１回転して見えるこの動きを，太陽の何というか。

(4) (3)は地球が何という運動をしているために起こるか。

(5) 夏至の日の太陽の経路を，図１のa～cから選びなさい。

(6) (5)のとき，太陽と地球の位置関係はどのようになっているか。図３の㋐～㋓から選びなさい。

(7) 図３で，地球は北極側から見て時計回り，反時計回りのどちらに公転しているか。

(8) １年の間に太陽の経路が図１のa～cのように変化することによって起こる現象を，次のア～エからすべて選びなさい。

ア　昼夜が繰り返される。

イ　太陽の動く速さが変化する。

ウ　季節の変化が生じる。

エ　昼夜の長さが変化する。

記述 (9) 太陽の経路が１年を周期に変化する理由を簡単に答えなさい。

(10) 観測２で，２日後に黒点を観測すると，図２の位置から移動していた。その理由を，次のア～ウから選びなさい。

ア　地球が自転したため。

イ　太陽が自転したため。

ウ　地球が公転したため。

1

(1)	
(2)	
(3)	
(4)	
(5)	
(6)	
(7)	
(8)	
(9)	
(10)	

目標 それぞれの天体の動きと，その原因について関連づけて学習しよう。観測で確かな知識を身につけよう。

自分の得点まで色をぬろう！

かんばろう！ もう一歩 合格！

0 60 80 100点

2 右の図は，太陽のまわりを地球が公転する様子と，代表的な星座の位置関係を表したものである。これについて，次の問いに答えなさい。 5点×5（25点）

(1) 地球が㋐の位置にあるとき，真夜中の南の空に見られる星座はどれか。図の中から選びなさい。

(2) 地球が㋑の位置にあるとき，太陽の方向にある星座はどれか。図の中から選びなさい。

(3) 真夜中の南の空にさそり座が見られるのは，地球がどの位置にあるときか。㋐～㋓から選びなさい。

(4) (3)の３か月後の真夜中の南の空に見られる星座はどれか。図の中から選びなさい。

(5) 地球が㋒の位置にあるとき，見ることができない星座はどれか。図の中から選びなさい。

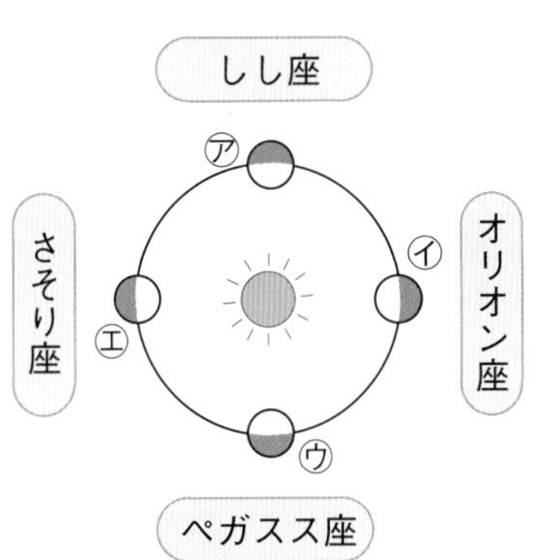

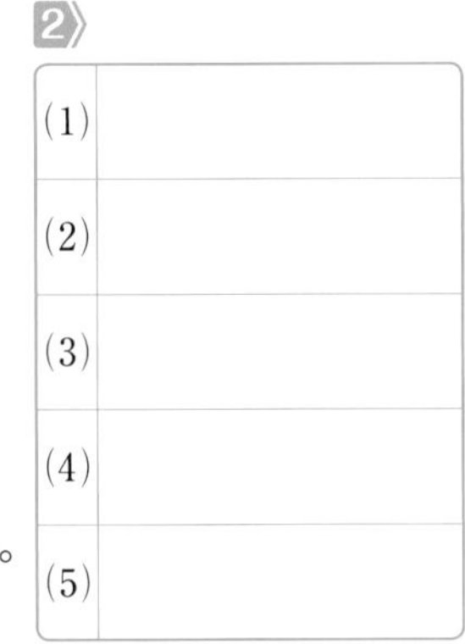

3 右の図A～Eは，ある年の７月から10月にかけて，天体望遠鏡を使って日の入り直後の金星を，いずれも同じ倍率で観測し記録したものである。これについて，次の問いに答えなさい。 5点×5（25点）

(1) 金星や地球のように，太陽のまわりを公転する天体を何というか。

(2) 次の①，②にあてはまる図を，A～Eからそれぞれ選びなさい。

① 金星が，最も地球に近づいているとき。

② 金星が，最も地球から離れているとき。

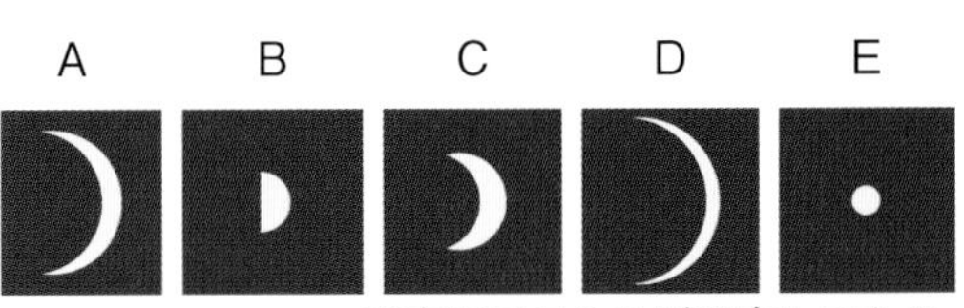

※肉眼で見える形に直してある。

(3) 金星の公転軌道が地球の公転軌道の内側にあることは，どのようなことからわかるか。次のア～オから，正しいものを二つ選びなさい。

ア 金星が太陽に隠されるために見えなくなることがある。

イ 地球から見て，見かけの明るさが変化する。

ウ 地球から真夜中に観測することができない。

エ 金星の表面が厚い雲に覆われている。

オ 地球から見て，大きく満ち欠けする。

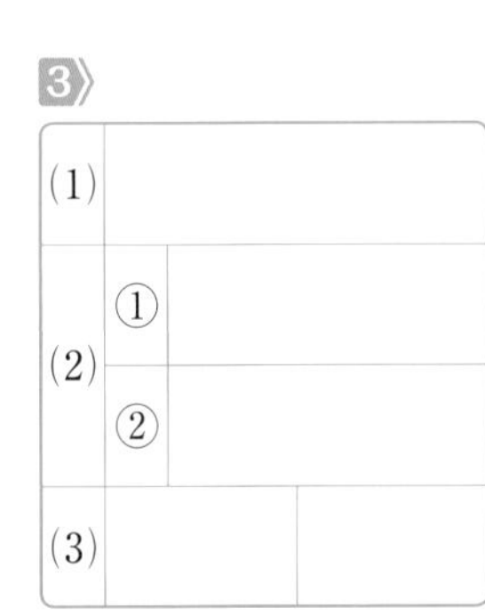

単元3

終わったら後ろの1，2，12をやろう。

解答 p.18

確認のワーク ステージ1

1章 力の規則性

教科書の要点

（　）にあてはまる語句を，下の語群から選んで答えよう。 同じ語句を何度使ってもかまいません。

1 水圧と浮力

教 p.189～195

(1) 水中にある物体には，水から圧力がはたらいている。水による圧力を(①★　　　　)という。

(2) 水中にある物体には，(②　　　　)向きから水圧がはたらく。また，深さが**深い**ほど，水圧は**大きく**なる。

(3) 水中の物体にはたらく**上向き**の力を(③★　　　　)という。

浮力の大きさ〔N〕＝(④　　　　)でのばねばかりの示す値〔N〕
－水中でのばねばかりの示す値〔N〕

(4) 浮力は，水中にある物体の上下の面にはたらく水圧の大きさの(⑤　　　　)によって生じる上向きの力で，水中にある部分の(⑥　　　　)が大きいほど大きくなる。

物体を沈める深さには関係しない。

2 力の合成

教 p.196～201

(1) 二つの力と同じはたらきをする一つの力におきかえることを，(①★　　　　)という。**合成**した力を，もとの二つの力の(②★　　　　)という。

(2) 一直線上で同じ向きにはたらく二つの力の**合力**の大きさは，二つの力の(③　　　　)，向きは**二つの力の向きと同じ**になる。

(3) 一直線上で反対向きにはたらく二つの力の合力の大きさは，二つの力の(④　　　　)，向きは**大きいほうの力の向きと同じ**になる。

(4) 異なる方向にはたらく二つの力の合力は，二つの力を表す矢印を隣り合う2辺とする平行四辺形の(⑤　　　　)で表すことができる。これを，力の**平行四辺形の法則**という。

3 力の分解

教 p.202～205

(1) 一つの力を同じはたらきをする二つの力に分けることを，(①★　　　　)という。分解した二つの力をもとの力の(②★　　　　)という。

(2) **分力**は，もとの力の矢印を**対角線**とする平行四辺形の(③　　　　)で表される。

まるごと暗記

水中の物体にはたらく力

●水圧…水による圧力。あらゆる方向の面に垂直にはたらく。深いほど大きい。

●浮力…水中の物体にはたらく上向きの力。水中にある物体の体積が大きいほど大きくなる。深さ・物体の質量には関係しない。

まるごと暗記

力の合成

二つの力と同じはたらきをする一つの力を求めること。合成した力を合力という。

ワンポイント

●力の平行四辺形の法則…異なる方向にはたらく二つの力の合力が二つの力を表す矢印を2辺とする平行四辺形の対角線で表されること。

まるごと暗記

力の分解

一つの力を二つの力に分けること。分解した力を分力という。
分力は，もとの力の矢印を対角線とする平行四辺形の2辺で表される。

語群
1空気中／体積／水圧／浮力／あらゆる／差　2対角線／和／差／力の合成／合力
3分力／2辺／力の分解

★の用語は，説明できるようになろう！

同じ語句を何度使ってもかまいません。

教科書の図 □にあてはまる語句を，下の語群から選んで答えよう。

1 水圧

教 p.189～191

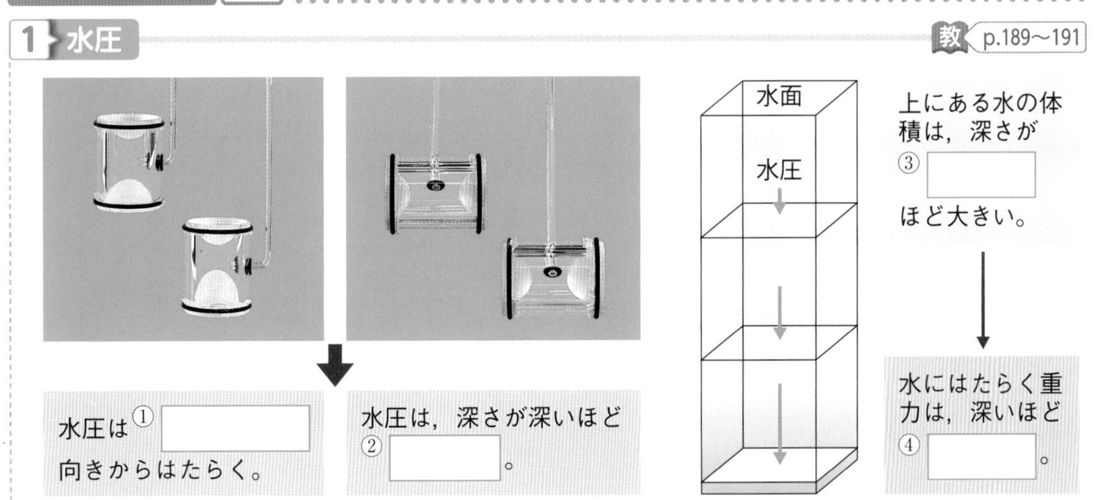

2 力の合成

教 p.196～201

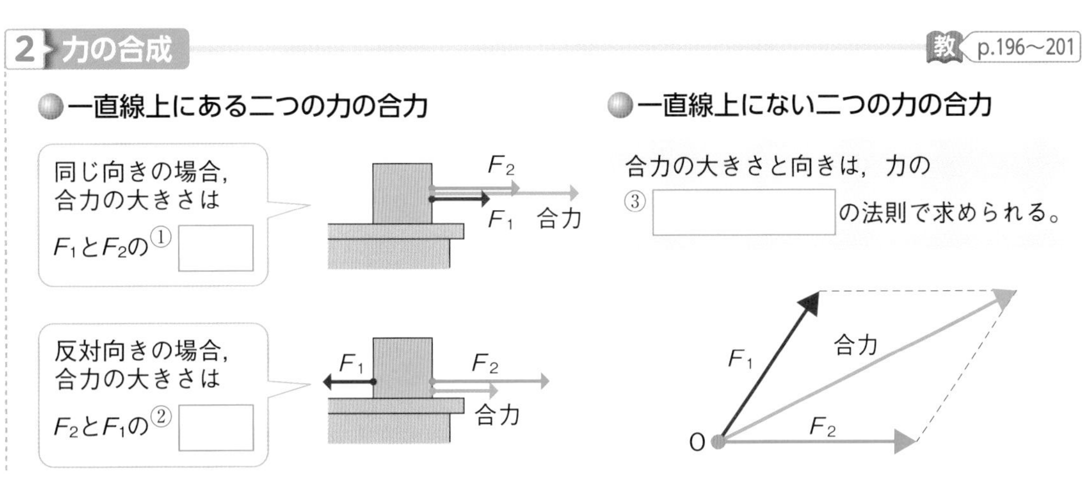

3 力の分解

教 p.202～204

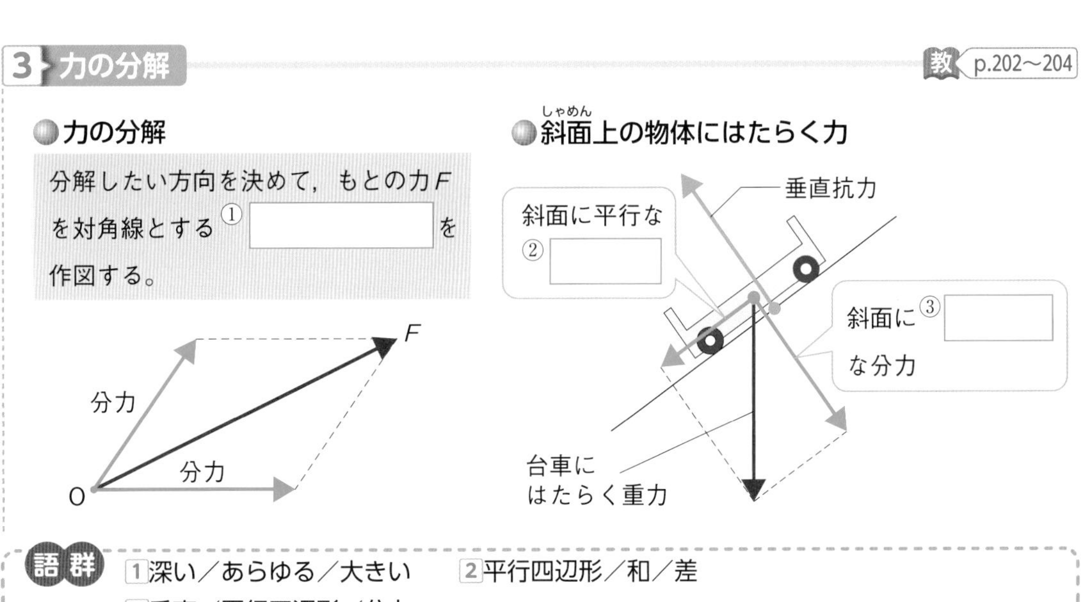

語群
1 深い／あらゆる／大きい　2 平行四辺形／和／差
3 垂直／平行四辺形／分力

わからない用語は，教科書の要点の★で確認しよう！

単元4

解答 p.18

定着のワーク ステージ2 1章 力の規則性

1 水圧 円筒の両端にうすいゴム膜が張ってある水圧実験器を水に入れると，水圧によってゴム膜が図のa～dのようにへこんだ。これについて，次の問いに答えなさい。

(1) aとbのへこみ方のちがいから，水圧についてどのようなことがわかるか。次のア～ウから選びなさい。ヒント （　　）

ア 水圧は，深さが浅いほど大きいこと。

イ 水圧は，深さが深いほど大きいこと。

ウ 水圧は，深さによらず一定であること。

(2) (1)のようになるのは，水圧が何によって生じる力であるからか。

（　　　　　　　　　　　　）

(3) a～dのへこみ方から，水圧はどのような向きからはたらくことがわかるか。

（　　　　　　　　　　　　）

2 浮力 右の図のように，空気中でばねばかりに物体をつり下げると，ばねばかりは5Nを示した。次に，この物体を水中に入れると，ばねばかりは3Nを示した。次の問いに答えなさい。

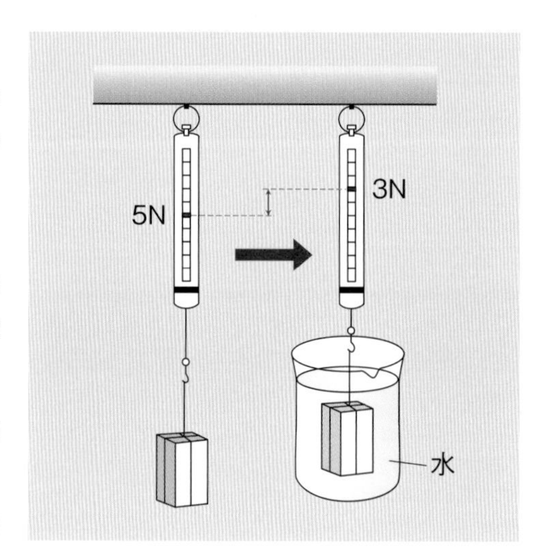

(1) 水中の物体にはたらく上向きの力を何というか。 （　　　　）

(2) (1)の力は，何によって生じる力か。簡単に答えなさい。ヒント

（　　　　　　　　　　　　）

(3) 図の物体にはたらいている(1)の力の大きさは，何Nか。ヒント （　　　　）

3 力の合成 力の合成について，次の問いに答えなさい。

作図

(1) 右の㋐～㋒のそれぞれの二つの力を合成し，合力を矢印で表しなさい。

(2) (1)で求めた合力の大きさはそれぞれ何Nか。ただし，方眼の1目盛り分の長さを1Nとする。

㋐（　　　　）

㋑（　　　　）

㋒（　　　　）

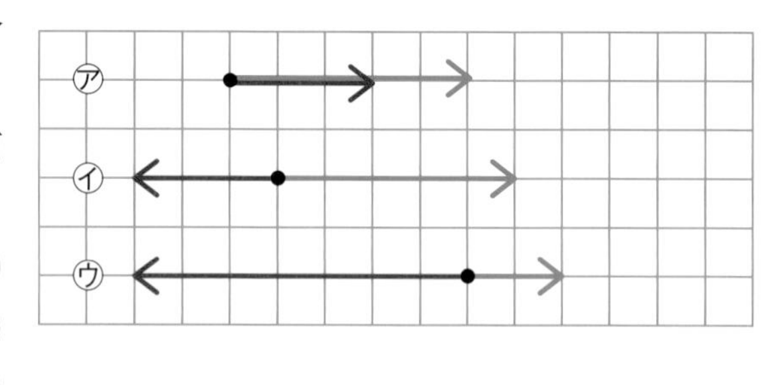

❶(1)水圧が大きいほど，ゴム膜のへこみ方は大きくなる。　❷(2)(3)ばねばかりが空気中で示す値と，水中で示す値の差である。

4 教 p.199 実験2 **力の合成**　異なる方向にはたらく二つの力の合力を調べるために，次のような手順で実験をした。あとの問いに答えなさい。

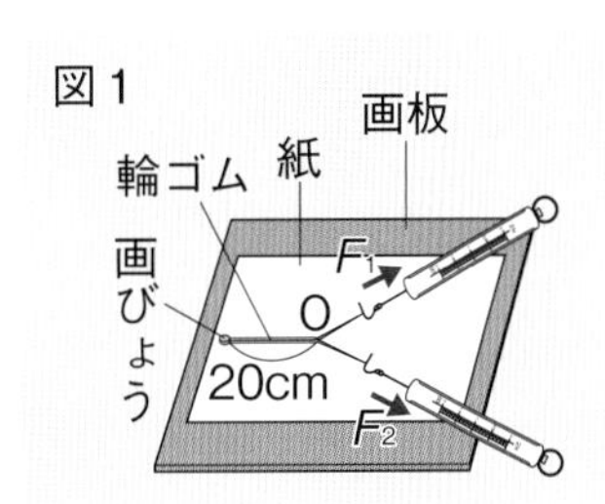

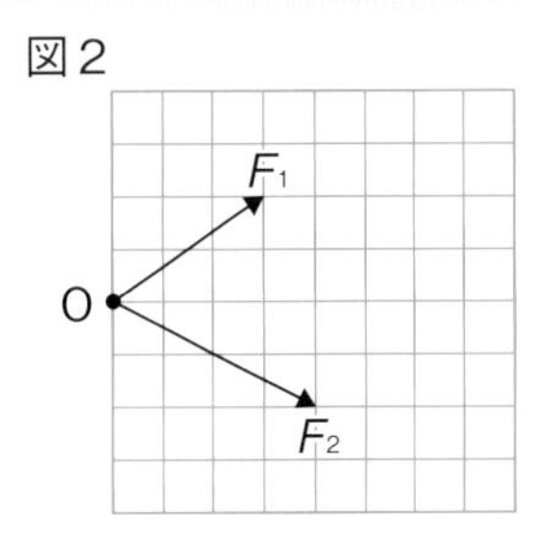

手順1　図1のように輪ゴムを画びょうで固定し，ばねばかりを2個使って，輪ゴムの長さが20cmになるまで引き伸ばす。

手順2　結び目Oと力F_1，力F_2の向きを紙に記録する。また，それぞれのばねばかりの示す値を読み取る。

手順3　ばねばかりを1個だけ使って，輪ゴムを点Oまで引き伸ばし，ばねばかりの示す値を読み取る。

(1)　力F_1と力F_2の合力の大きさは，力F_1と力F_2の大きさの和より大きいか，小さいか。（　　　　）

(2)　次の文の(　)にあてはまる言葉を答えなさい。

①（　　　　）
②（　　　　）
③（　　　　）

異なる方向にはたらく二つの力の合力は，二つの力の矢印を2辺とする(①)の(②)で表される。これを力の(③)という。

(3)　図2は，**手順2**でのF_1とF_2の力の向きと大きさを記録したものである。図2に力F_1と力F_2の合力を矢印で表しなさい。ヒント

(4)　(3)より，力F_1と力F_2の合力は何Nであることがわかるか。ただし，図2の1目盛りは1Nとする。（　　　　）

5 **力の分解**　右の図のように，表面の粗(あら)い斜面上に物体を置いたところ，物体は静止した。このとき，物体にはたらく力Fは斜面に平行な分力F_1と，斜面に垂直な分力F_2に分解できる。次の問いに答えなさい。

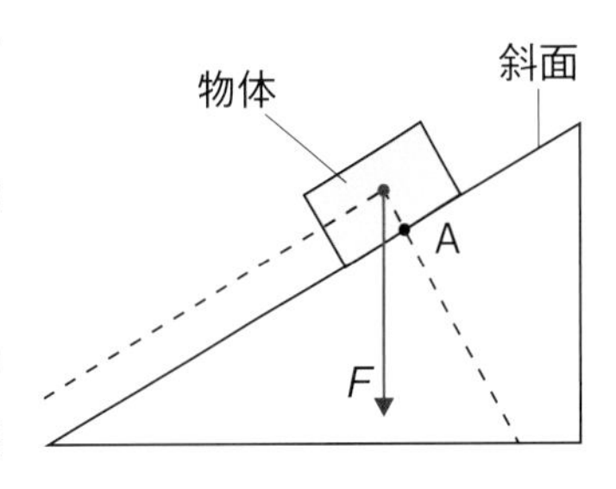

(1)　物体にはたらく力Fを何というか。（　　　　）

(2)　物体にはたらく力Fを分解し，右の図に分力F_1，F_2を矢印で表しなさい。

(3)　斜面の傾(かたむ)きを大きくしたとき，F，F_1，F_2の大きさはそれぞれどのようになるか。次のア～ウから選びなさい。　F（　　）　F_1（　　）　F_2（　　）

ア　大きくなる。　**イ**　小さくなる。　**ウ**　変わらない。

(4)　斜面に平行な分力F_1とつりあっている摩擦力をF_3とする。摩擦力を図に表しなさい。ただし，作用点は図の点Aとする。

4(3)二つの力を表す矢印を使って平行四辺形を作図する。

単元4

実力判定テスト ステージ3　1章　力の規則性

解答 p.19　30分　/100

1 水圧について，次の問いに答えなさい。　6点×3（18点）

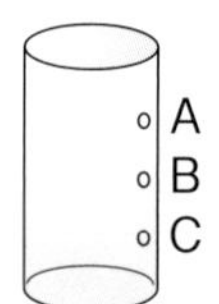

(1) 右の図のように，3か所に同じ大きさの穴を開けた円筒に水を入れた。水の噴き出す勢いが最も強い穴は，A～Cのどれか。

(2) 水圧は何によって生じるか。

(3) 水中の物体にはたらく水圧の大きさを模式的に表した図として最も適切なものを，右の㋐～㋓から選びなさい。

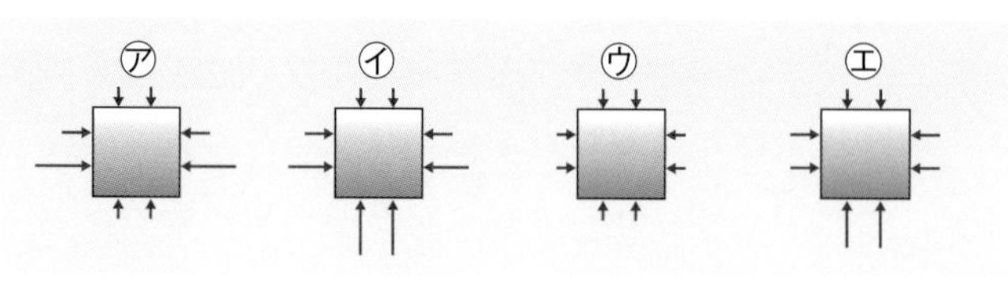

2 右の図のように，ゴム膜を張った円筒を水に沈め，ゴム膜のへこみ方を調べた。次の問いに答えなさい。　6点×5（30点）

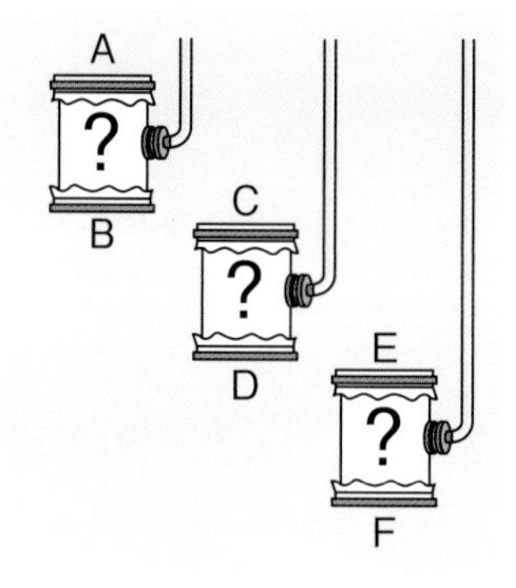

(1) A～Dのゴム膜のうち，へこみ方が同じなのはどれとどれか。次のア～エから選びなさい。

ア　AとB　　イ　BとC　　ウ　CとD　　エ　AとC

(2) AとEで，ゴム膜のへこみ方が大きいのはどちらか。

(3) (1)，(2)から，ゴム膜にはたらく力は水の深さが深いほどどうなることがわかるか。

(4) ゴム膜にはたらいている力を何というか。

(5) (4)の力はどのような向きにはたらくか。

3 図1のように，物体をばねばかりにつるしたところ，目盛りは2.2Nを示した。次に，図2のように，物体を全て水中に入れたところ，ばねばかりの目盛りは1.6Nを示した。これについて，次の問いに答えなさい　4点×3（12点）

(1) 物体を水中に入れていくとき，ばねばかりの目盛りの値はどのようになっていくか。

(2) 図2のとき，物体にはたらく浮力の大きさは何Nか。

(3) この物体を図2よりも水中に深く沈めた(底にはつけない)とすると，浮力の大きさはどのようになるか。

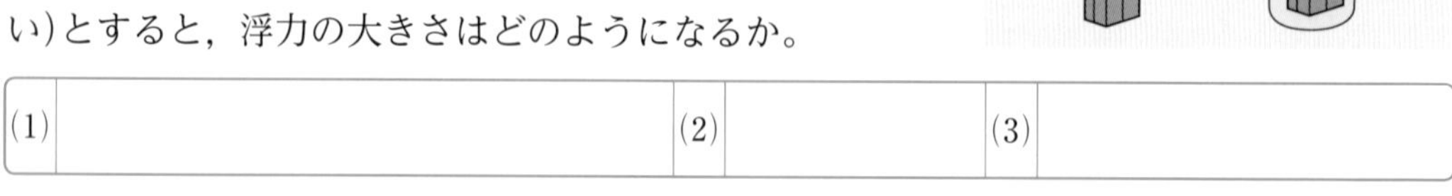

4 下の図の①～④は，一つの点Oにはたらく二つの力F_1，F_2を矢印で表したものである。あとの問いに答えなさい。　3点×8（24点）

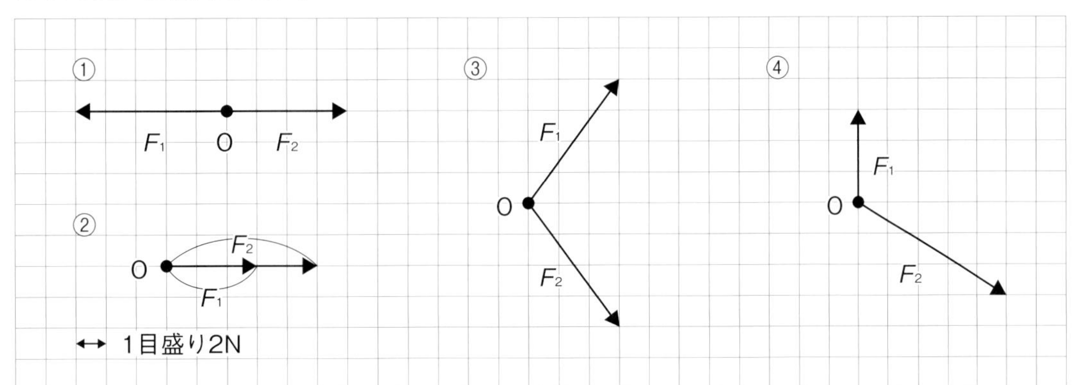

(1)　①～④の二つの力F_1とF_2の合力を，それぞれ図に表しなさい。

(2)　①と②について，力F_1とF_2の合力の大きさを，図からそれぞれ読み取りなさい。

(3)　一直線上で反対向きにはたらく二つの力を合成すると，合力の大きさや向きはどのようになるか。それぞれについて答えなさい。

(1)	図に記入	(2)	①		②	
(3)	大きさ		向き			

5 図１は，表面の滑らかな斜面を下る台車にはたらく力を，矢印で表したものである。また，図２は，表面の粗い斜面上で物体が静止している様子を表したものである。あとの問いに答えなさい。　4点×4（16点）

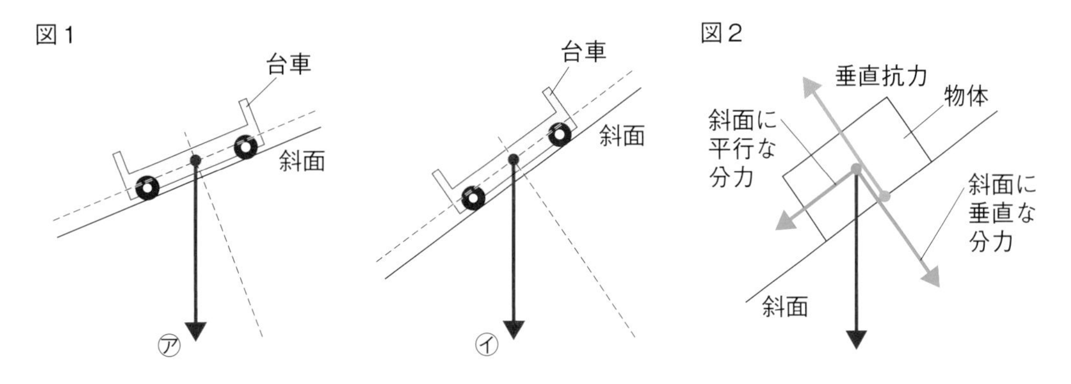

(1)　図１で，㋐，㋑の力をそれぞれ----の方向に分解しなさい。

(2)　(1)より，斜面の傾きが大きくなると，斜面に平行な分力の大きさはどのようになるといえるか。

(3)　図２で，物体には摩擦力がはたらいている。摩擦力を図２に矢印で表しなさい。

(1)	図１に記入	(2)		(3)	図２に記入

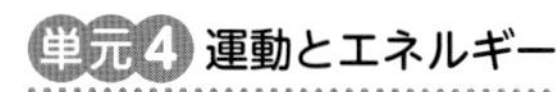

解答 p.20

確認のワーク ステージ1 2章 力と運動

教科書の要点

(　　)にあてはまる語句を，下の語群から選んで答えよう。 同じ語句を何度使ってもかまいません。

1 速さ（はや）

教 p.207〜212

(1) 運動する物体の単位時間当たり(1時間，1分間，1秒間など)の移動距離を速さという。速さは次の式で求めることができる。

速さ〔m/s〕＝(①　　　　)〔m〕／移動にかかった(②　　　　)〔s〕

(2) 物体がある時間の間，一定の速さで移動し続けたとみなした速さを(③★　　　　)という。

(3) 平均の速さ（へいきん／はや）に対して，スピードメーターが示す数値のように，物体のその時々に変わる速さを(④★　　　　)という。

まるごと暗記
速さ〔m/s〕
＝移動距離〔m〕／移動にかかった時間〔s〕
単位は他に，センチメートル毎秒(記号：cm/s)やキロメートル毎時(記号：km/h)などがある。

2 運動と力

教 p.213〜229

(1) 斜面を下る台車の速さはしだいに増していき，その増し方は斜面の角度が大きくなるほど(①　　　　)なる。

(2) 物体の運動の向きに力がはたらき続けているとき，物体の速さは(②　　　　)いく。また，はたらく力の大きさが大きいほど，速さの(③　　　　)は大きくなる。

(3) 斜面の角度が90°になると，台車は真下に向かって運動する。このような運動を(④★　　　　)という。

(4) 物体の運動の向きと反対向きに力がはたらき続けているとき，物体の速さは(⑤　　　　)いく。
└摩擦力など

(5) 運動している物体にはたらく力の合力の大きさが0Nであるとき，物体は一直線上を一定の速さで動く。このような運動を(⑥★　　　　)という。

(6) 等速直線運動（とうそくちょくせんうんどう）では，物体の移動距離は時間に(⑦　　　　)する。

(7) 物体がもつ慣性（かんせい）によって等速直線運動を続けたり，静止の状態を続けたりすることを(⑧★　　　　)という。
└はたらく力の合力が0N

(8) 作用（さよう）と反作用（はんさよう）は，二つの物体の間で同時にはたらく力で，一直線上にあり，向きは(⑨　　　　)で大きさが(⑩　　　　)なっている。これを(⑪★　　　　)という。

ワンポイント
運動している物体にはたらく力の合力の大きさが0Nのとき，物体は等速直線運動をする。

まるごと暗記
慣性の法則（かんせいのほうそく）
慣性によって物体が等速直線運動や静止の状態を続けること。

プラスα
作用と反作用の二つの力は**異なる物体**にはたらく。つりあっている二つの力は**一つの物体**にはたらく。

語群 ❶瞬間（しゅんかん）の速さ／平均の速さ／時間／移動距離　❷落下運動（らっかうんどう）／比例／作用反作用の法則（さようはんさようのほうそく）／増し方／増して／大きく／減って／等しく／逆／慣性の法則／等速直線運動

★の用語は，説明できるようになろう！

同じ語句を何度使ってもかまいません。

教科書の図　□にあてはまる語句を，下の語群から選んで答えよう。

1 速さの変わる運動　教 p.216〜218

斜面を下る台車にはたらく斜面に平行な力

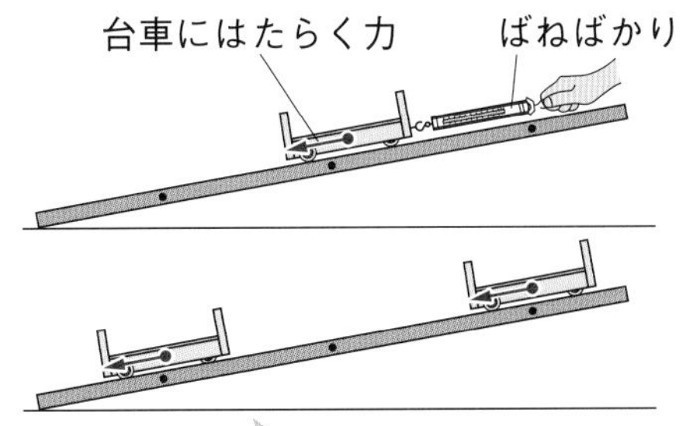

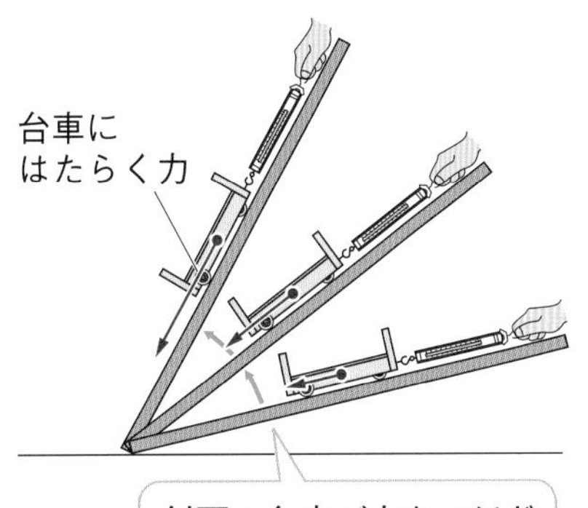

斜面上のどの位置でも力は①□。

斜面の角度が大きいほど力は②□なる。

斜面を下る台車の速さの変化

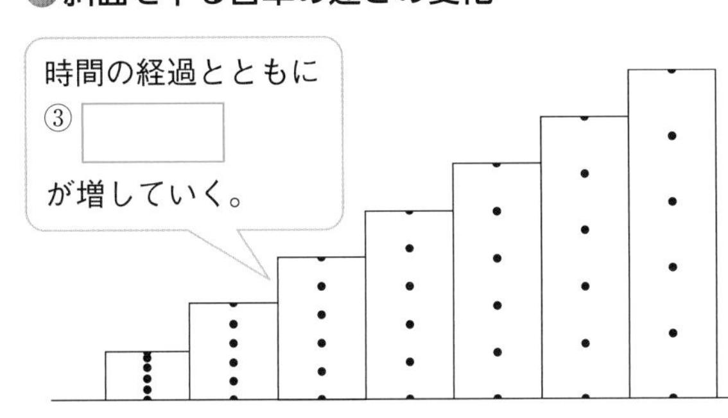

時間の経過とともに③□が増していく。

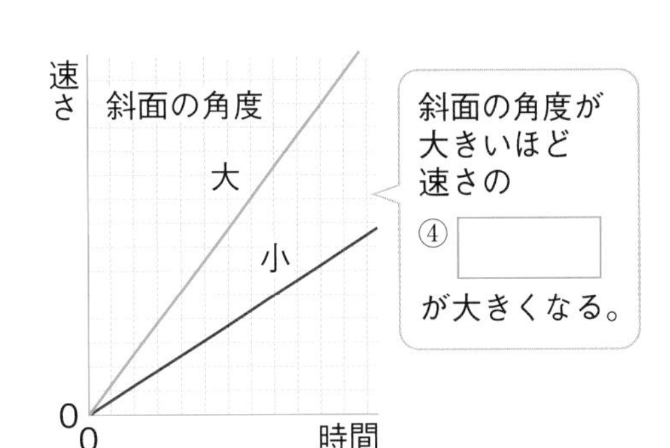

斜面の角度が大きいほど速さの④□が大きくなる。

2 運動と力　教 p.222,227

物体にはたらく合力が0Nのとき

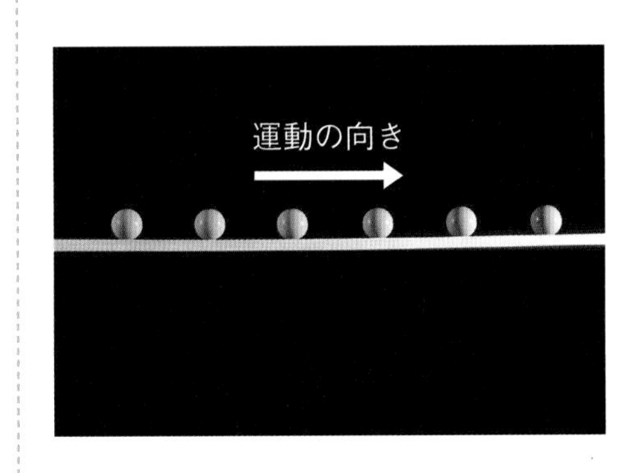

このような運動を①□運動という。

作用反作用の法則

人が壁(かべ)をおす力を作用とすると，壁が人をおす力を②□という。

語群
1 大きく／同じ／増し方／速さ
2 反作用／等速直線

わからない用語は，教科書の要点の★で確認しよう！

解答 p.20

定着のワーク ステージ2　2章　力と運動－①

1 物体の運動の様子

右の図は，ストロボスコープを使って撮影(さつえい)したおもちゃの自動車の運動の様子である。次の問いに答えなさい。

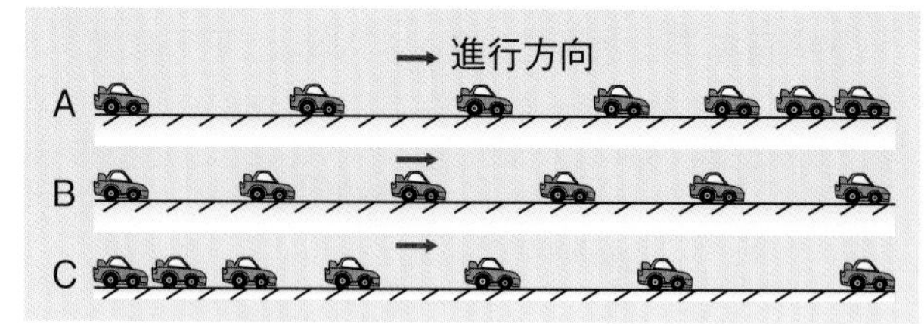

(1) 図のBで，自動車は5秒間で10cm移動した。このときの自動車の平均の速さは何cm/sか。（　　　　）

(2) 自動車の速さが変化しているものを，図のA～Cからすべて選びなさい。ヒント（　　　　）

(3) 図のA～Cで，自動車はどのような運動をしたか。それぞれ次のア～ウから選びなさい。

A（　　）　B（　　）　C（　　）

ア　速さが増していく運動　　イ　速さが減っていく運動　　ウ　速さが変わらない運動

2 教 p.211 実習1 記録タイマーの使い方

図1の記録タイマーの使い方について，次の問いに答えなさい。

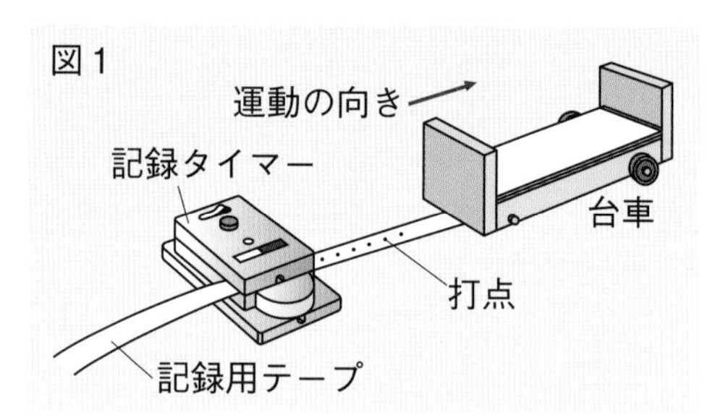

(1) 50分の1秒ごとに1打点をつける記録タイマーは，5打点をつけるのに，何秒かかるか。（　　　　）

(2) 図2は，(1)と同じ記録タイマーで台車の運動を記録した記録用テープである。図のA，Bはそれぞれ何秒間の移動距離を表しているか。

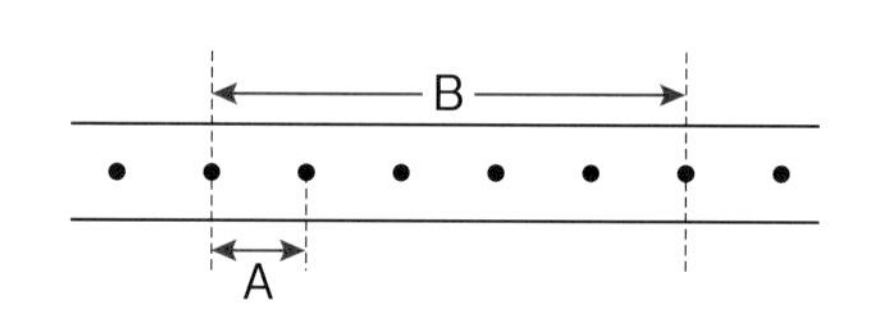

(3) (1)と同じ記録タイマーで台車の速さを変えて運動を記録した。図3は，そのときの記録用テープの一部を切り取ったものである。㋐～㋒の記録用テープを，台車の速さが大きいものから順に並べなさい。ヒント

（　　→　　→　　）

図3

㋐

㋑

㋒

(4) 5打点ごとに切り取ったテープの長さを比較(ひかく)したとき，テープの長さが長いほど台車の運動はどのようであるといえるか。

（　　　　　　　　）

❶(2)自動車の速さが変化すると，ストロボスコープで撮影した自動車の間隔(かんかく)も変化する。
❷(3)台車の速さが大きいほど，打点の間隔がどのようになるのかを考える。

3 教 p.216 実験3 **力の大きさと変化** 図1のように，斜面を下る台車の運動を次のような手順で調べた。あとの問いに答えなさい。

手順1 斜面と同程度の長さに切った記録用テープを記録タイマーに通し，一端（いったん）を台車に貼（は）り付けて固定する。
手順2 記録タイマーを作動させると同時に，静かに手を放し，台車を走らせる。
手順3 記録用テープを切り取り，順に貼り付ける。

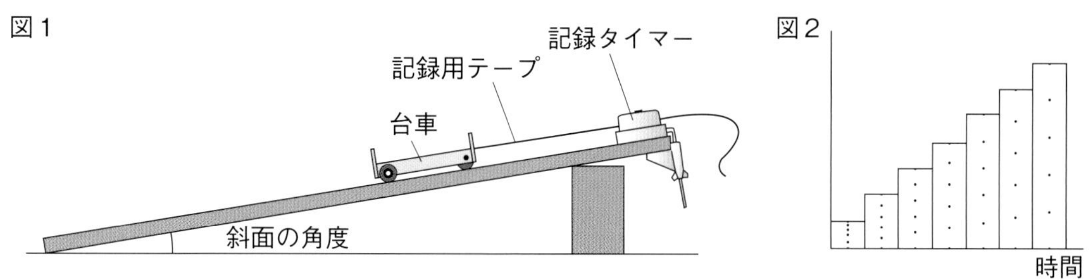

(1) 斜面の角度が同じとき，台車にはたらく斜面に平行な力について，次の**ア**～**ウ**から正しいものを選びなさい。（　　）

ア 斜面を下ると小さくなる。　**イ** 斜面を下ると大きくなる。
ウ 斜面上の位置に関係なく一定である。

(2) 図2は記録用テープを5打点ごとに切り取り，順に貼り付けたものである。台車の速さは時間の経過とともにどのようになっているといえるか。ヒント
（　　　　　　）

(3) 斜面の角度を大きくすると，台車にはたらく斜面に平行な力はどのようになるか。
（　　　　　　）

(4) 斜面の角度を大きくすると，台車の速さの増し方はどのようになるか。
（　　　　　　）

(5) 斜面の角度を大きくしていき，90°になると，台車は何という運動をするか。
（　　　　　　）

(6) (5)のとき，台車の速さは時間の経過とともにどのようになるか。
（　　　　　　）

4 **速さの変わる運動** 右の図はジェットコースターの運動の様子を表したものである。次の問いに答えなさい。ヒント

(1) 坂を上っているジェットコースターには，どちらの向きに力がはたらいているか。次の**ア**，**イ**から選びなさい。（　　）

ア 運動の向き　**イ** 運動とは反対の向き

(2) ジェットコースターが坂を上っているとき，速さはどのようになるか。（　　　　　　）

3(2)運動の向きと同じ向きに力がはたらいているとき，速さは増していく。
4速さが減っているとき，物体には運動と反対向きの力がはたらいている。

解答 p.20

定着のワーク ステージ2 2章 力と運動－②

1 水平面上の台車の運動

図1のように，摩擦力のほとんどはたらかない水平面上で一直線上に台車を走らせ，1秒間に50打点を打つ記録タイマーを使って運動を記録した。台車を放したあとの記録用テープを5打点ごとに切り取り，順に貼り付けると図2のようになった。あとの問いに答えなさい。

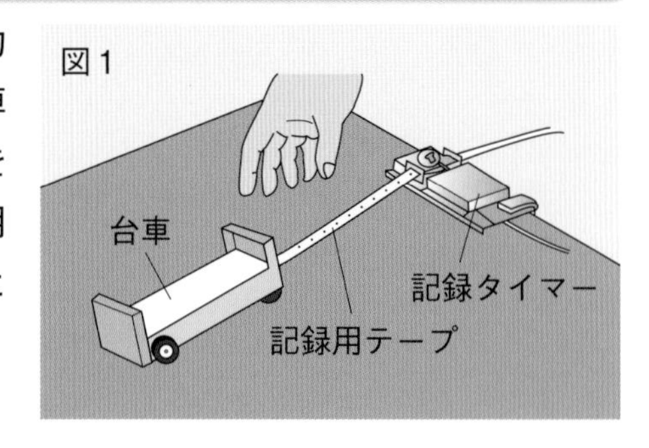

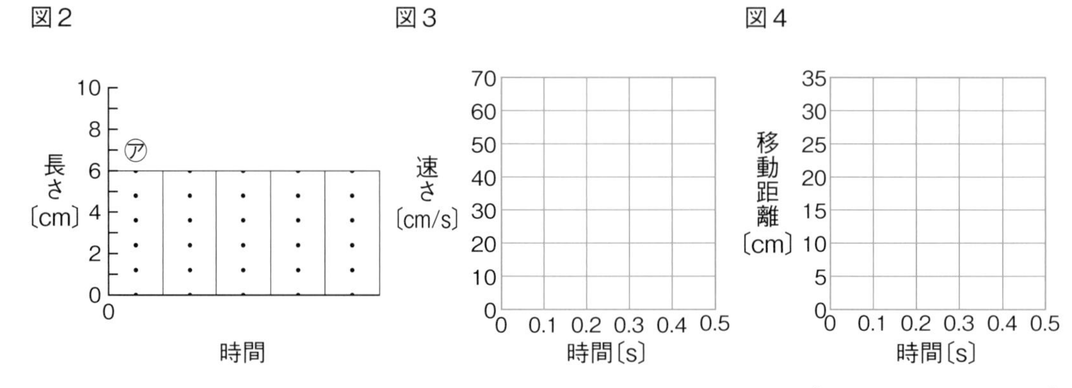

(1) ㋐のテープのとき，台車は0.1秒間に何cm移動したか。（　　　）

(2) ㋐のテープのとき，台車の速さは何cm/sか。（　　　）

作図 (3) 時間と台車の速さとの関係を表すグラフを，図3に表しなさい。

作図 (4) 時間と台車の移動距離との関係を表すグラフを，図4に表しなさい。

(5) 時間と台車の移動距離には，どのような関係があるか。ヒント（　　　）

(6) このような台車の運動を何というか。（　　　）

2 水平面上の物体の運動

右の図のように，自動車が一直線上を一定の速さで運動している。次の問いに答えなさい。

(1) 図で，自動車にはたらく摩擦力などの力とエンジンからの力の合力は，何Nであると考えられるか。（　　　）

(2) 図で，摩擦力などの力が大きくなったとき，自動車の速さはどのようになるか。ただし，エンジンからの力は変化しないものとする。ヒント（　　　）

(3) 自動車の速さが増しているとき，図の㋐，㋑のどちらが大きいか。（　　　）

ヒントの森

❶(5)移動距離と時間の関係を表すグラフは，原点を通る右上がりの直線となる。

❷(2)物体にはたらく力の合力が0Nではなくなると，物体の速さは変化する。

3 慣性　右の図は，電車の中の様子を表したものである。次の問いに答えなさい。

(1)　図の運動の向きに動いていた電車がブレーキをかけると，乗客の体は㋐，㋑のどちらに傾くか。(　　　)

記述 (2)　乗客の体が(1)のようになるのはなぜか。簡単に答えなさい。

(　　　　　　　　　　　　　　　　　　　　)

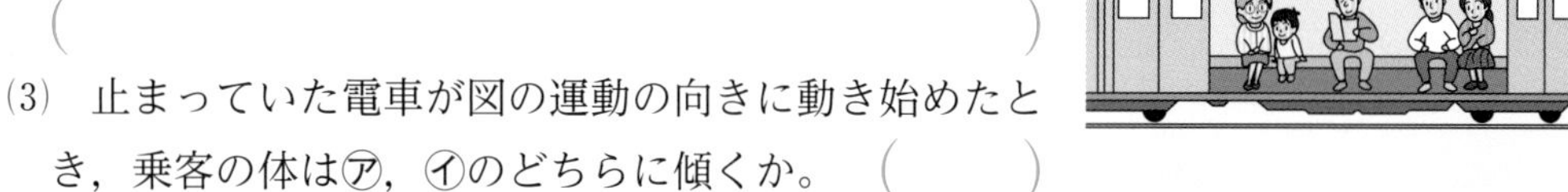

(3)　止まっていた電車が図の運動の向きに動き始めたとき，乗客の体は㋐，㋑のどちらに傾くか。(　　　)

記述 (4)　乗客の体が(3)のようになるのはなぜか。簡単に答えなさい。

(　　　　　　　　　　　　　　　　　　　　)

(5)　物体のもつ性質について，次の(　)にあてはまる言葉を答えなさい。ヒント

①(　　　　)　②(　　　　　　)

③(　　　　)　④(　　　　　　)

物体にはたらいている力の合力が０Ｎのとき，物体がもつ(①)という性質によって，動いている物体は(②)を続け，静止している物体は(③)し続ける。これを(④)という。

4 作用反作用の法則　右の図のように，ローラースケートをはいたＡさんがローラースケートをはいたＢさんをおした。次の問いに答えなさい。

(1)　ＡさんがＢさんをおしたとき，ＡさんとＢさんは，どのように動くか。次のア～ウからそれぞれ選びなさい。

Ａさん(　　　)　Ｂさん(　　　)

ア　右向きに動く。
イ　左向きに動く。
ウ　動かない。

(2)　ＡさんがＢさんをおすと，同時にＢさんからＡさんにも力がはたらく。この法則を何というか。(　　　　　　　　)

(3)　次のア～カのうち，作用と反作用の関係にある二つの力にあてはまるものをすべて選びなさい。ヒント (　　　　　　)

ア　二つの物体の間ではたらく。　　イ　一つの物体にはたらく。
ウ　二つの力の向きが逆である。　　エ　二つの力の向きが同じである。
オ　二つの力が一直線上にある。　　カ　二つの力の大きさが等しい。

(4)　(3)のア～カのうち，つりあっている二つの力にあてはまるものをすべて選びなさい。

(　　　　　　)

ヒントの森

❸(5)物体には，運動の状態や静止の状態を続けようとする性質がある。
❹(3)作用と反作用の二つの力は，同じ大きさだが，向きは逆である。

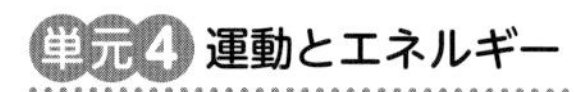

1 次の図は，50分の1秒ごとに打点をつける記録タイマーで，一直線上を進む台車の運動を記録したものである。あとの問いに答えなさい。 4点×7(28点)

a　b　c　d　e

1.3cm　2.3cm　3.0cm　3.0cm　3.0cm

(1) 図のaからeまでの区間を打点するのにかかった時間は何秒間か。

(2) 図のa，cの区間の台車の速さは，それぞれ何cm/sか。

(3) 図のaからeまでの区間の平均の速さは何cm/sか。

(4) 図のcからeまでの区間の台車の運動を何というか。

(5) 台車が(4)の運動をしているとき，時間と次の①，②の関係をグラフに表すとどのようになるか。下の㋐〜㋓からそれぞれ選びなさい。

① 台車の移動距離　② 台車の速さ

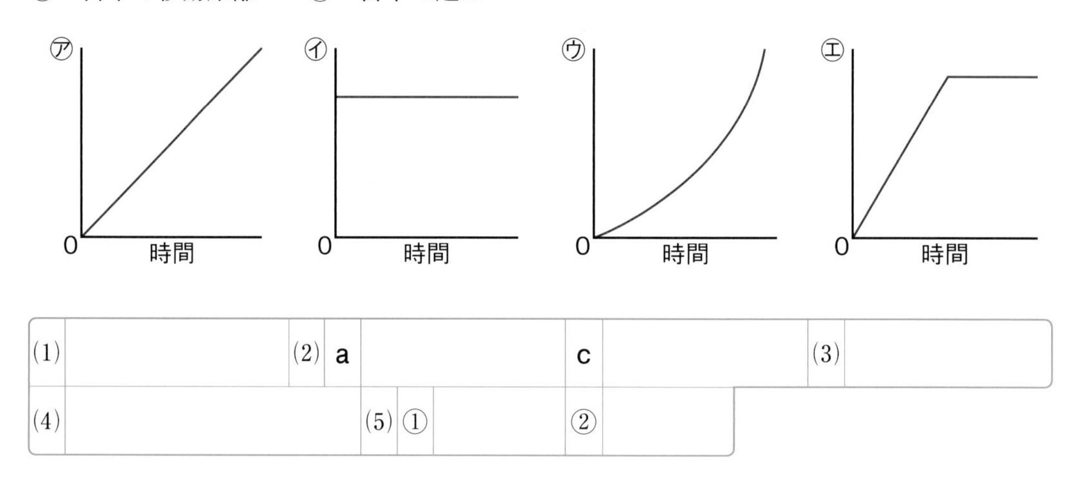

(1)		(2)	a		c		(3)	
(4)		(5)	①		②			

2 右の図は，斜面を下る台車の運動の様子を表したものである。次の問いに答えなさい。 4点×2(8点)

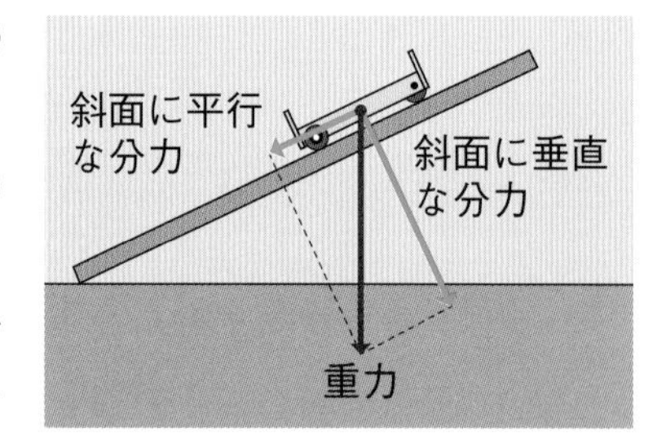

(1) 斜面の角度を右の図より小さくすると，台車の運動の向きにはたらく力はどのようになるか。

(2) 斜面の角度を右の図より大きくすると，速さの増し方は大きくなった。この理由を「分力」という言葉を使って答えなさい。

(1)		(2)	

3 図1のように，摩擦力のない斜面と水平面を使って，台車をA点から静かに放すと，台車はB点，C点を通ってD点まで達した。次の①～③の区間について，あとの問いに答えなさい。

4点×7（28点）

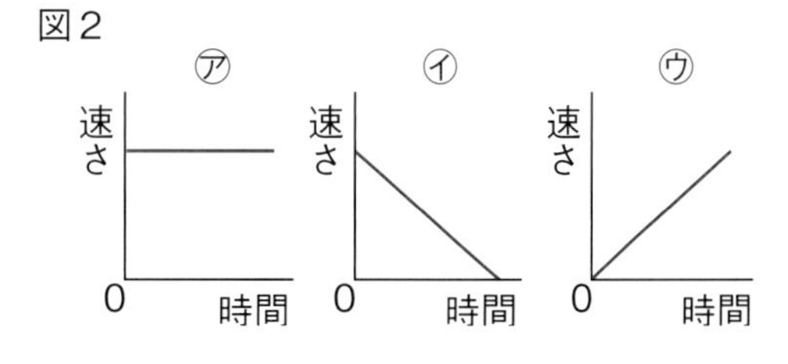

①ＡＢ間　②ＢＣ間　③ＣＤ間

図2

(1)　①～③の区間のそれぞれで，台車の速さの変化のグラフを図2の㋐～㋒から選びなさい。

(2)　①～③の区間の台車の速さが(1)のようになるのは台車にどのような力がはたらくからか。次の**ア**～**ウ**から選びなさい。

ア　運動と同じ向きの力　　**イ**　運動と反対の向きの力　　**ウ**　力の合力は0Ｎである。

(3)　図1のＢＣ間を粗い水平面に変えると，ＢＣ間で台車の速さはどのようになるか。

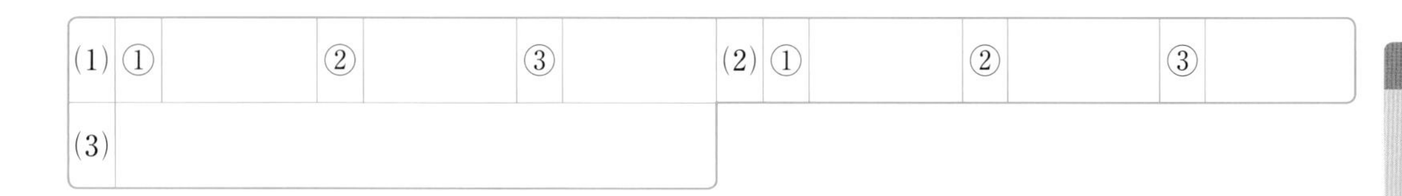

(1)	①		②		③		(2)	①		②		③	
(3)													

単元4

4 図1は，氷をける足と氷との間の力のはたらき合いを表したものである。図2は，机の上に置かれた物体が，静止している様子を表したものである。次の問いに答えなさい。

4点×9（36点）

(1)　次の力を表しているのは，それぞれ㋐，㋑のどちらか。

①　足が氷をける力　　②　氷が足をおし返す力

(2)　足と氷の間で同時にはたらく，㋐，㋑の力をそれぞれ何というか。

(3)　図1でスケート選手が図の運動の向きに進めるのは，㋐，㋑のどちらの力を受けるためか。

(4)　図2に，机が物体をおす力Aと物体が机をおす力Bを矢印で表しなさい。ただし，物体にはたらく重力の大きさは3Ｎとする。

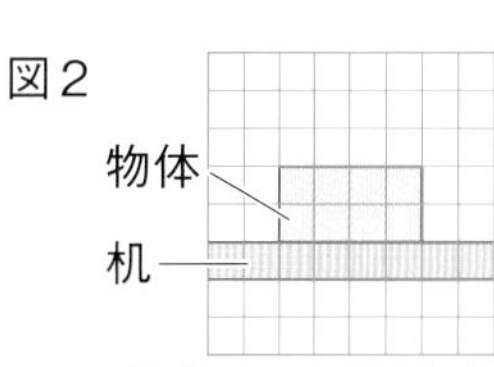

※1目盛りは1Nの力を表す。

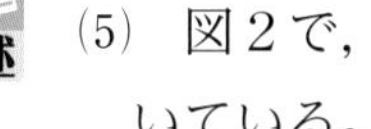

(5)　図2で，机が物体をおす力と物体が机をおす力は同時にはたらいている。このとき，二つの力にはどのような関係があるか。

(6)　図2で，物体にはたらいている力はつりあっている。何という二つの力がつりあっているか。

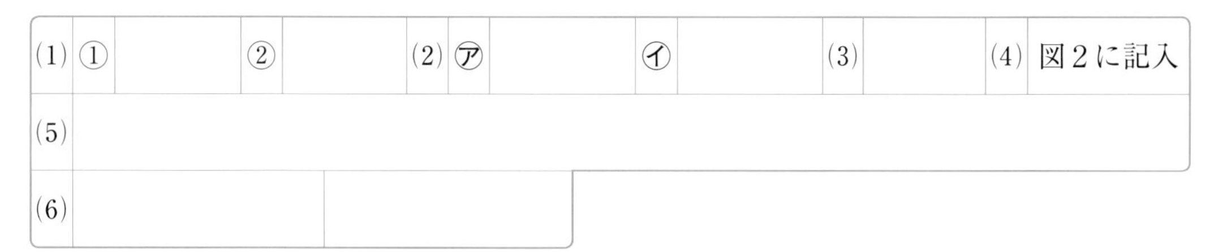

(1)	①		②		(2)	㋐		㋑		(3)		(4)	図2に記入
(5)													
(6)													

解答 p.22

確認のワーク ステージ1
3章 仕事とエネルギー
4章 エネルギーの移り変わり

同じ語句を何度使ってもかまいません。

教科書の要点 (　)にあてはまる語句を，下の語群から選んで答えよう。

1 仕事(しごと)

教 p.231～237

(1) 物体に力を加えて，力の向きに物体を動かしたときの，力の大きさと力の向きに動いた距離との積を(①★　　　　)という。**仕事の単位にはジュール**(記号：J)を使う。

電力量や熱量の単位と同じ。

(2) 道具を使って物体を動かすために加える力を小さくしても，その分物体を動かす距離が長くなるので**仕事の大きさは道具を使わないときと変わらない**。これを(②★　　　　)という。

(3) 1秒間当たりにする仕事を(③★　　　　)という。単位は**ワット**(記号：W)を使う。

$$仕事率(しごとりつ)〔W〕=\frac{仕事〔J〕}{仕事にかかった時間〔s〕}$$

2 エネルギー，エネルギーの移り変わり

教 p.238～257

(1) **物体の高さ**によって決まるエネルギーを(①★　　　　)といい，単位にはジュール(記号：J)を使う。物体の位置が高いほど大きく，質量が大きいほど大きい。

(2) **運動している物体**が他の物体に対して仕事をするはたらきの大きさを(②★　　　　)といい，単位にはジュール(記号：J)を使う。物体の速さが大きいほど大きく，質量が大きいほど大きい。

(3) 運動(うんどう)エネルギーと位置(いち)エネルギーの和を(③★　　　　)という。

(4) 運動エネルギーが大きくなると，位置エネルギーが小さくなり，運動エネルギーが小さくなると，位置エネルギーが大きくなる。このようにして，摩擦力や空気の抵抗(ていこう)が無視できる場合に**力学的(りきがくてき)エネルギーが一定**に保たれることを(④★　　　　)という。

(5) さまざまなエネルギーが互いに移り変わっても，エネルギーの総和は一定に保たれる。これを(⑤★　　　　)という。

(6) 熱の伝わり方には，高温の部分から低温の部分へ熱が直接触れた状態で移動する(⑥★　　　　)，温度差のある気体や液体が循環(じゅんかん)する(⑦★　　　　)，熱エネルギーが光エネルギーとして放出される(⑧★　　　　)がある。

まるごと暗記
仕事〔J〕
＝力の大きさ〔N〕×力の向きに動いた距離〔m〕
1Nは100gの物体にはたらく重力の大きさにほぼ等しい。

ワンポイント
運動エネルギー＋位置エネルギー＝力学的エネルギーとなる。
力学的エネルギーが一定に保たれることを，力学的エネルギー保存の法則という。

ワンポイント
さまざまなエネルギー
- 電気エネルギー
- 光エネルギー
- 音のエネルギー
- 化学エネルギー
- 弾性エネルギー　など

まるごと暗記
エネルギー保存の法則
エネルギーが移り変わっても，エネルギーの総和が常に一定に保たれること。

語群 1仕事／仕事(しごと)の原理(げんり)／仕事率　2力学的エネルギー／力学的エネルギー保存の法則／エネルギー保存の法則／運動エネルギー／位置エネルギー／伝導(でんどう)／対流(たいりゅう)／放射(ほうしゃ)

★の用語は，説明できるようになろう！

同じ語句を何度使ってもかまいません。

□にあてはまる語句を，下の語群から選んで答えよう。

1 仕事

教 p.235〜236

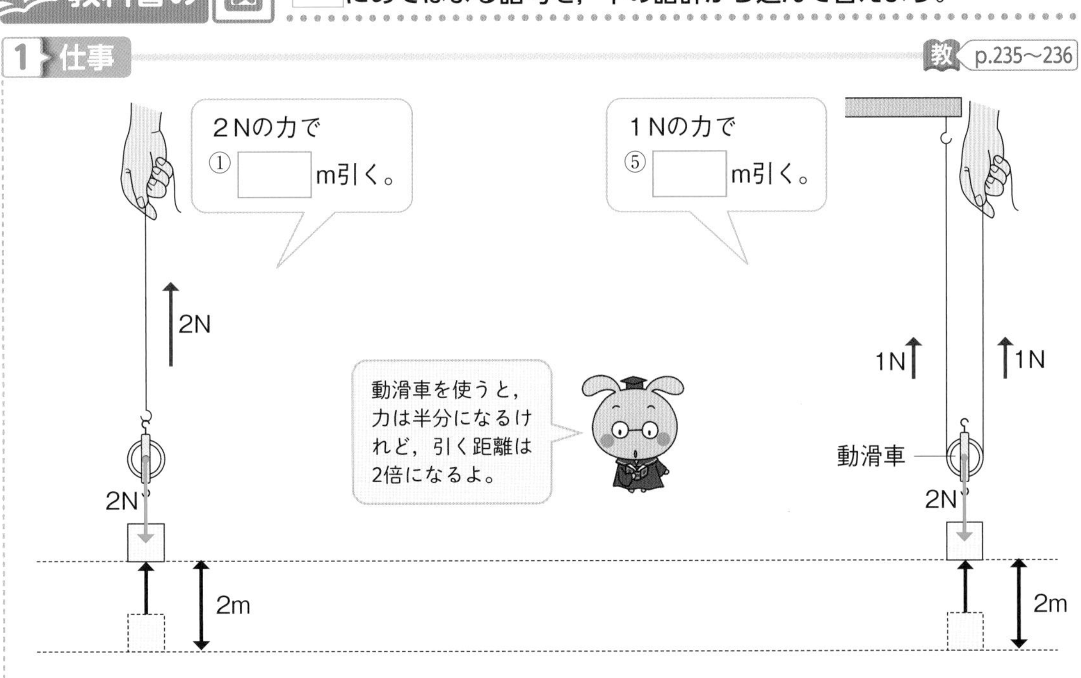

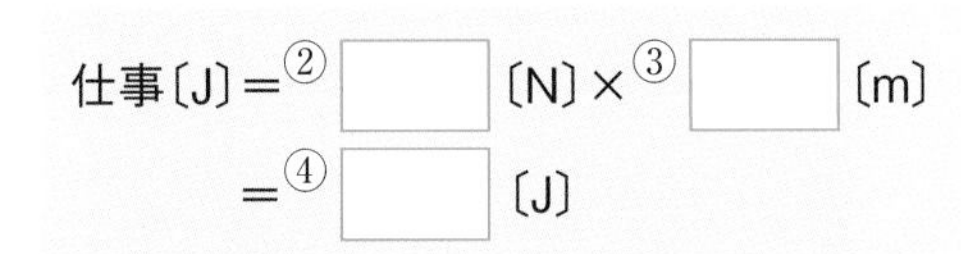

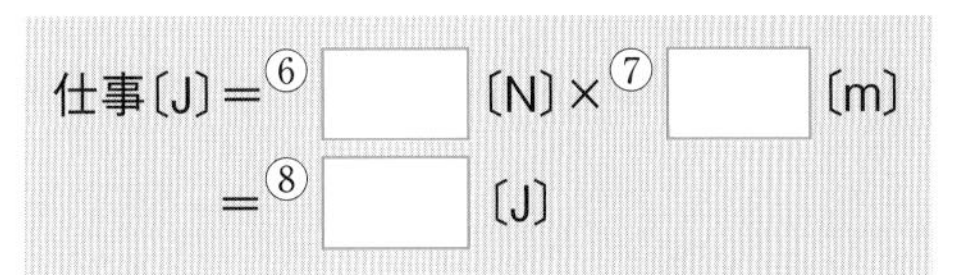

2 力学的エネルギー

教 p.245〜246

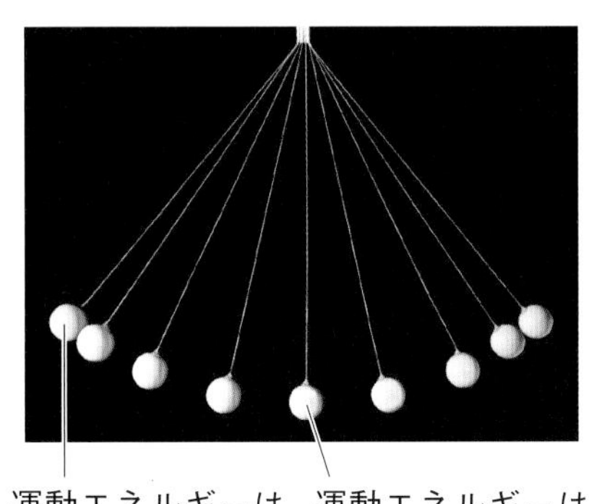

運動エネルギーは①□J。　運動エネルギーは②□になる。

力学的エネルギーの保存

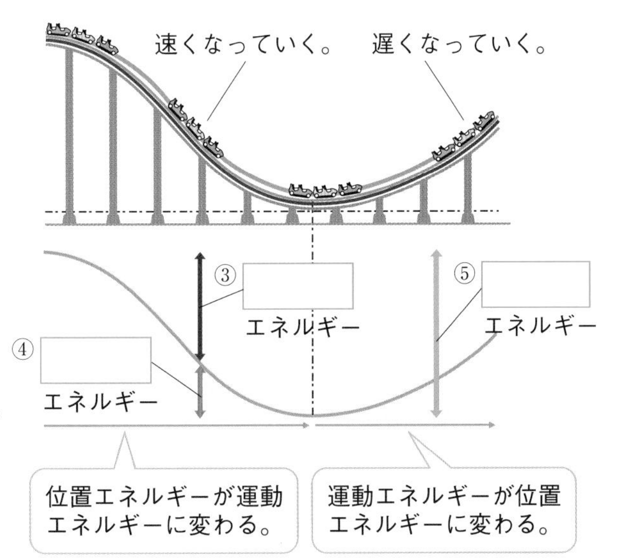

語群
1 1／2／4　2 運動／位置／力学的／0／最大

わからない用語は，教科書の要点の★で確認しよう！

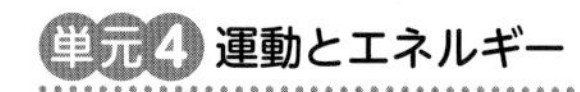

定着のワーク ステージ2
3章 仕事とエネルギー－①
4章 エネルギーの移り変わり－①

1 仕事 右の図のように，地面に置いた質量500gの物体を持ち上げる。質量100gの物体にはたらく重力の大きさを1Nとして，次の問いに答えなさい。

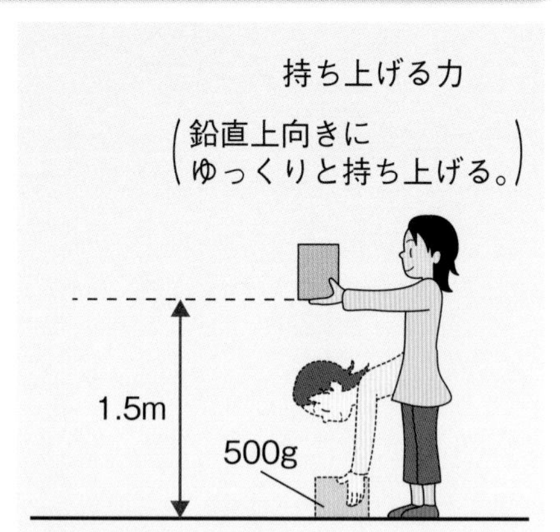

(1) この物体にはたらく重力の大きさは何Nか。 (　　　　)

(2) 鉛直上向きに物体を持ち上げるとき，手が加えた力の大きさは何Nか。 (　　　　)

(3) 物体を地面から1.5m持ち上げた。手が物体にした仕事の大きさは何Jか。 (　　　　)

(4) 物体を地面から1.5mの高さに持ち上げたまま，水平方向に50cm歩いた。このとき，手が物体にした仕事は何Jか。ヒント (　　　　)

2 教 p.235 実験4 **仕事の原理** 動滑車を使ったときの仕事を調べるために，次のような手順で実験を行った。おもりの質量は300gであり，100gの物体にはたらく重力の大きさを1Nとし，摩擦力，空気の抵抗，糸や滑車の質量は考えないものとする。あとの問いに答えなさい。

手順1 おもりと滑車を鉛直上向きに30cm引き上げたときの，糸を引く力の大きさを測定する。

手順2 動滑車を使っておもりを30cm引き上げたときの糸を引く力の大きさと糸を引いた距離を測定する。

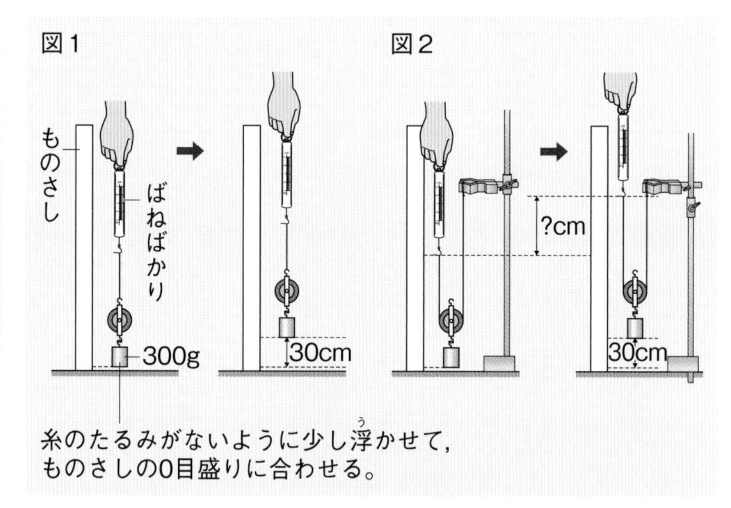

(1) 図1で，手が物体にした仕事の大きさは何Jか。 (　　　　)

(2) 図2で，糸を引く力の大きさは何Nか。ヒント (　　　　)

(3) 図2で，糸を引いた距離は何cmか。 (　　　　)

(4) 図2で，手が物体にした仕事の大きさは何Jか。 (　　　　)

(5) 糸を引く力の大きさが大きいのは，図1，図2のどちらか。 (　　　　)

(6) 道具を使わない場合と使った場合で，仕事の大きさが(1)，(4)のようになることを何というか。 (　　　　)

ヒントの森
1(4)物体を支えているとき，手が加えている力は鉛直上向きの力である。
2(2)動滑車を使うと，糸を引く力は半分になる。

3 仕事率　右の図のように，床(ゆか)に置いた質量10kgの物体を鉛直上向きに持ち上げたときの仕事率について，次の問いに答えなさい。ただし，質量100gの物体にはたらく重力の大きさを１Nとする。

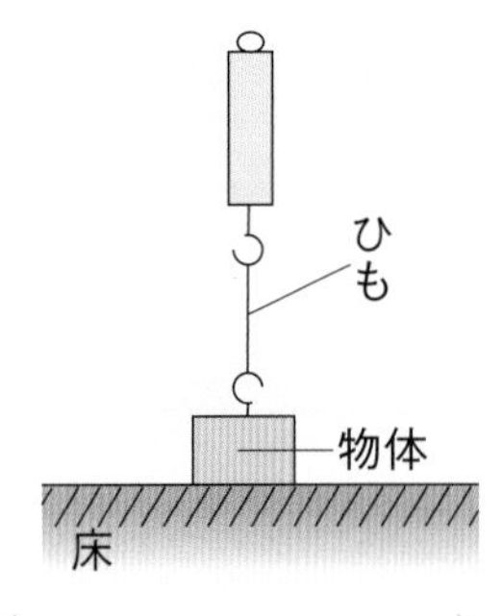

(1)　仕事率とは何か。簡単に答えなさい。

(　　　　　　　　　　)

(2)　物体を２m持ち上げたときの仕事の大きさを求めなさい。　(　　　　)

(3)　物体を５秒間で２m持ち上げたときの仕事率を求めなさい。ヒント(　　　　)

4 教 p.240 実験5 力学的エネルギー　位置エネルギーの大きさが何に関係するか調べるために，次のような実験をした。あとの問いに答えなさい。

手順１　質量20gの球を，さまざまな高さから転がして木片(もくへん)に当て，木片の移動距離を記録する。

手順２　異なる質量の球を，同じ高さから転がして木片に当て，木片の移動距離を記録する。

手順３　実験結果をそれぞれ表に記録する。

図１

球の高さ〔cm〕	2.0	4.0	6.0	8.0	10.0
木片の移動距離〔cm〕	4.0	8.5	12.0	15.5	20.0

球の質量〔g〕	10	20	30
木片の移動距離〔cm〕	5.5	12.5	18.0

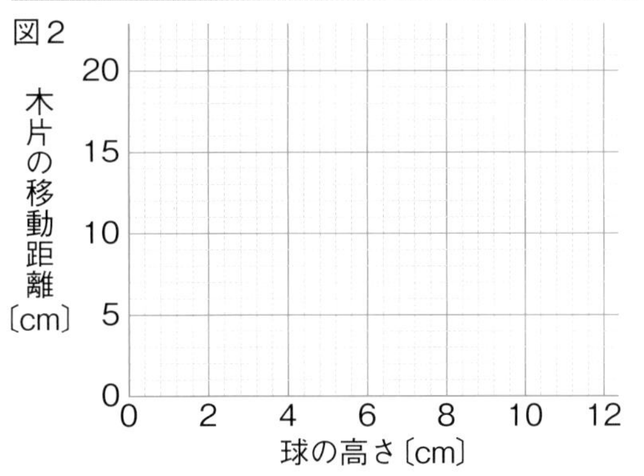

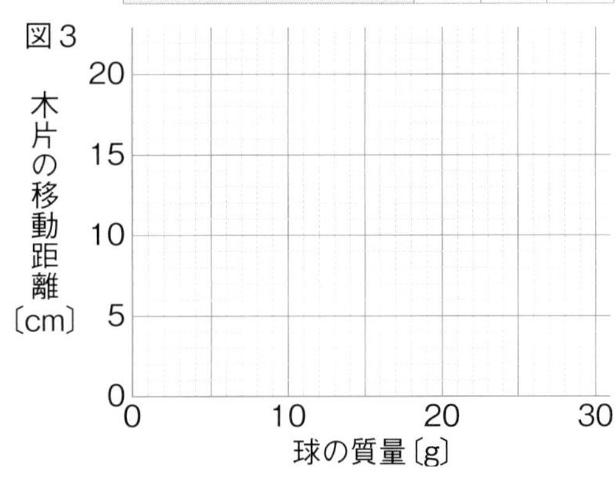

(1)　球の高さと木片の移動距離との関係を表すグラフを，図２にかきなさい。

(2)　球の質量と木片の移動距離との関係を表すグラフを，図３にかきなさい。

(3)　実験の結果より，物体のもつ位置エネルギーの大きさを大きくするためには，物体の高さや物体の質量をどのようにすればよいことがわかるか。ヒント

(　　　　　　　　　　)

(4)　位置エネルギーと運動エネルギーの和を何というか。　(　　　　)

3(3)仕事の大きさをかかった時間で割ったものが仕事率である。　4(3)物体の高さと質量が位置エネルギーとどのような関係にあるかを，実験結果より読み取る。

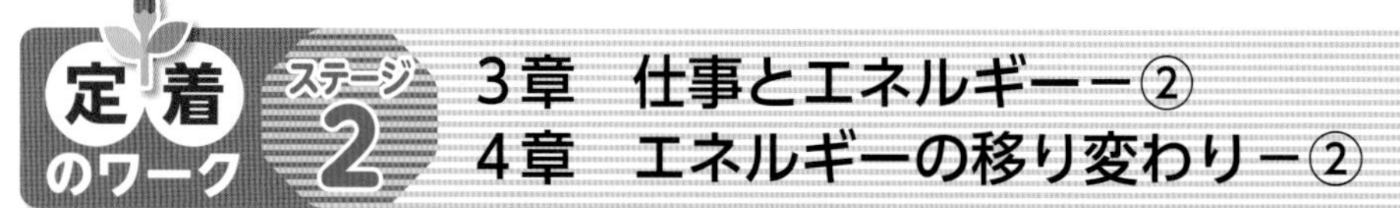

解答 p.23

定着のワーク ステージ2 3章 仕事とエネルギー－② 4章 エネルギーの移り変わり－②

1 仕事 次の①～⑥の仕事は何Ｊか，求めなさい。ただし，質量100 gの物体にはたらく重力の大きさを１Ｎとする。ヒント

①(　　　) ②(　　　) ③(　　　)
④(　　　) ⑤(　　　) ⑥(　　　)

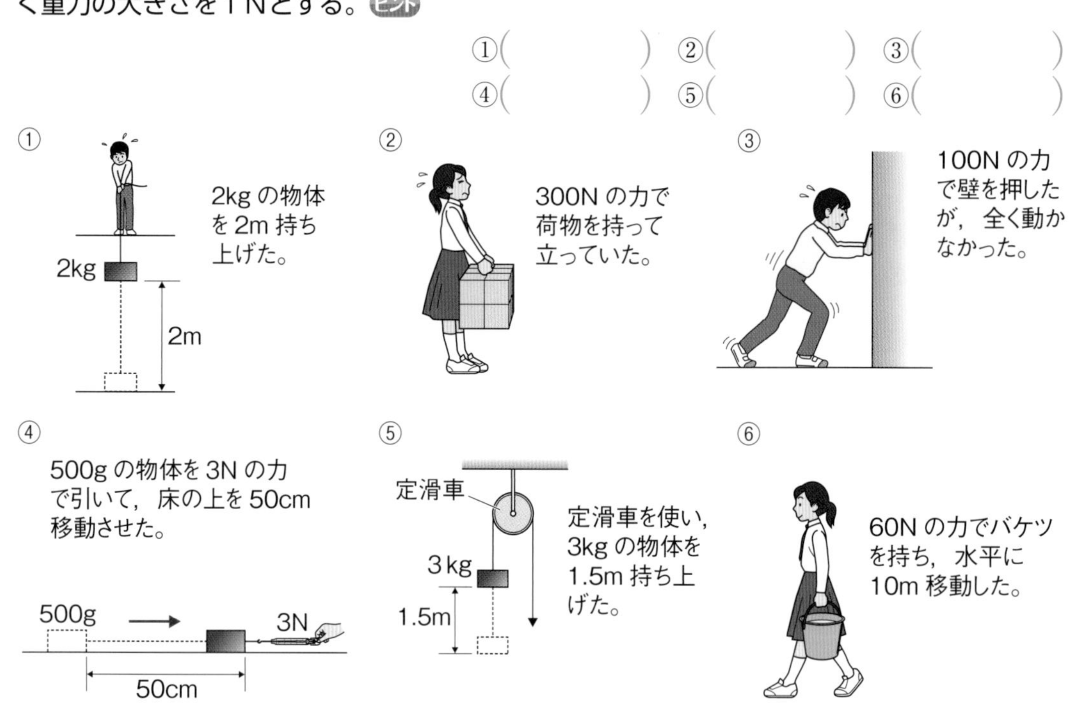

2 力学的エネルギーの移り変わり 下の図のようなジェットコースターの模型がある。点Ａで静かに手を放した台車が，Ａ→Ｂ→Ｃ→Ｄ→Ｅ→Ｆ→Ｇ→Ｈ…という順に進んでいく。摩擦や空気の抵抗はないものとして，次の問いに答えなさい。

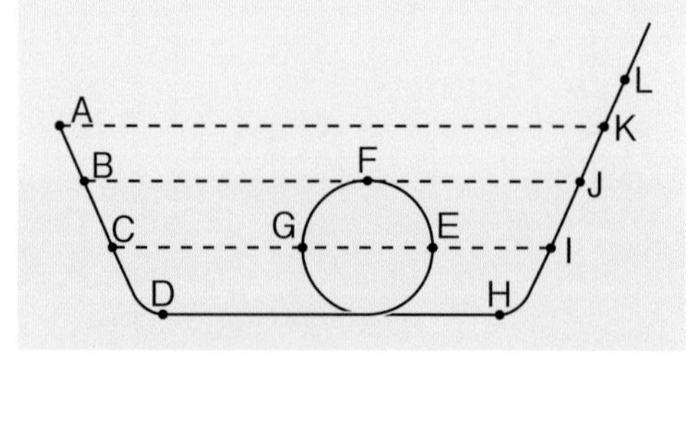

(1) 台車の運動エネルギーが最大となるのはどの点か。Ｂ～Ｌからすべて選びなさい。
(　　　)

(2) 台車の位置エネルギーが最大なのはどの点か。Ｂ～Ｌから１つ選びなさい。ヒント (　　　)

(3) 台車が一瞬停止する位置はどの点か。Ｉ～Ｌから１つ選びなさい。(　　　)

(4) 台車の速さが点Ｃと同じ点はどの点か。Ｂ～Ｌからすべて選びなさい。
(　　　)

(5) 点Ｄ，点Ｅ，点Ｆでの台車がもっている運動エネルギーの大きさをそれぞれE_D，E_E，E_Fとすると，E_D，E_E，E_Fの関係を不等号を用いた式で表しなさい。
(　　　)

ヒントの森
❶運動の向きに力が加わっていなければ仕事をしたことにはならない。
❷(2)台車は点Ｌの高さまでは上がらない。

3 エネルギーの移り変わり

手回し発電機Aにいろいろな器具をつないでエネルギーの移り変わりを調べた。次の問いに答えなさい。

(1) それぞれの器具につないだ場合における，エネルギーの移り変わりについて，次の(　)にあてはまるエネルギーの名称を答えなさい。

①(　　　　　　　　)
②(　　　　　　　　)
③(　　　　　　　　)
④(　　　　　　　　)

・豆電球
運動エネルギー→(①)→(②)
・ブザー
運動エネルギー→(①)→(③)
・電気分解装置
運動エネルギー→(①)→(④)

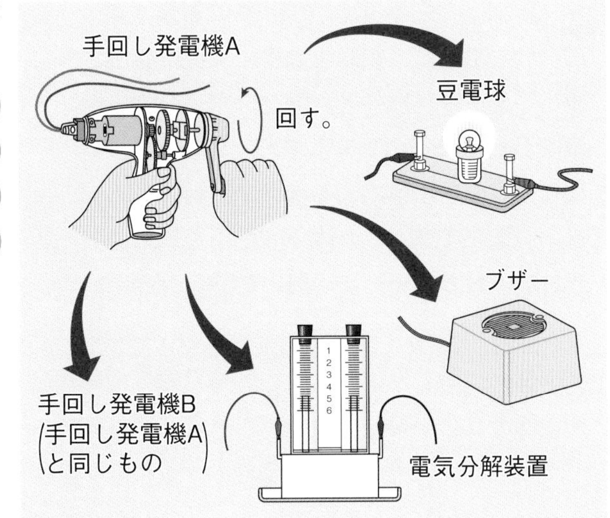

(2) 手回し発電機Aに手回し発電機BをつないでAのハンドルを回すと，Bのハンドルが回転する。このとき，Bの回転数はAの回転数に比べてどのようになるか。次のア～ウから選びなさい。ヒント　(　　)

ア　少なくなる。
イ　同じ。
ウ　多くなる。

(3) (2)のようになる理由として適切なものを，次のア～ウから選びなさい。　(　　)

ア　発電を行うときや，発電した電気が手回し発電機Bのハンドルを回すときに，エネルギーの一部が熱エネルギーなどとして放出されるから。
イ　エネルギーは他のエネルギーに移り変わるごとに大きくなるから。
ウ　エネルギーは他のエネルギーに移り変わっても減ったり増えたりしないから。

(4) 手回し発電機Aに発光ダイオードをつないだ。光エネルギーへの変換効率が高いのは，豆電球と発光ダイオードのどちらか。ヒント

(　　　　　　　　)

4 熱の伝わり方

次の熱の伝わり方は，伝導，対流，放射のどれにあてはまるか。それぞれ答えなさい。

(1) お湯を沸(わ)かすときの水の温まり方　(　　　　)
(2) 鉄板焼きをするときの鉄板の温まり方　(　　　　)
(3) 太陽の光が地面を温めるときの温まり方　(　　　　)
(4) ストーブに手をかざしたときの手の温まり方　(　　　　)

ヒントの森　3(2)運動エネルギー→電気エネルギー→運動エネルギーと移り変わる。(4)発光ダイオードは，電気を光に変換するとき，豆電球より熱の発生が少ない。

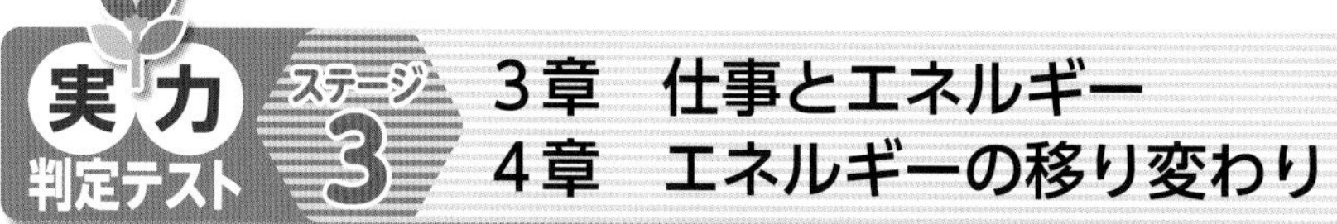

実力判定テスト ステージ3　3章　仕事とエネルギー　4章　エネルギーの移り変わり

30分　/100

解答 p.23

よく出る **1** 図１は，質量600gの台車に質量1.4kgの荷物をのせて，鉛直上向きに75cmの高さまで引き上げた様子を，図２は同じ荷物と台車を長さ125cmの斜面を75cmの高さまでゆっくり引き上げている様子を表したものである。質量100gの物体にはたらく重力の大きさを１Nとして，次の問いに答えなさい。

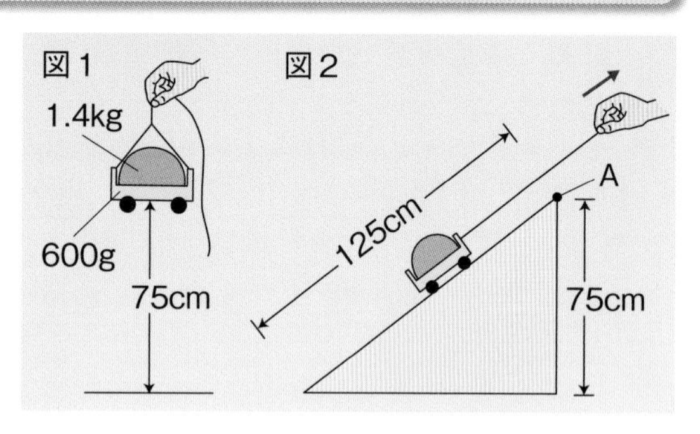

６点×５（30点）

記述 (1) 図１と図２の仕事には，仕事の原理が成り立っている。仕事の原理とは何か。

(2) 図１で，手がした仕事の大きさは何Ｊか。

(3) 図２で，台車と荷物を点Ａまで引き上げたとき，手がした仕事の大きさは何Ｊか。

(4) 図２で，台車と荷物を引き上げる力の大きさは何Ｎか。

(5) 図２の仕事を２秒間で行ったときの仕事率は何Ｗか。

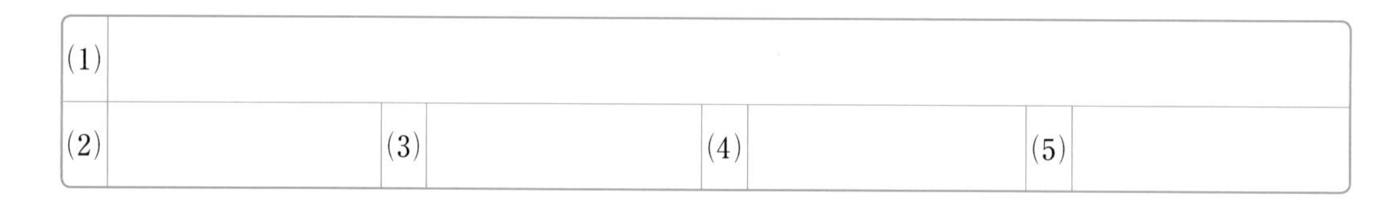

(1)							
(2)		(3)		(4)		(5)	

2 図１，図２は球を木片に当て，木片が移動した距離から球がもつエネルギーの大きさを調べる装置である。あとの問いに答えなさい。

３点×６（18点）

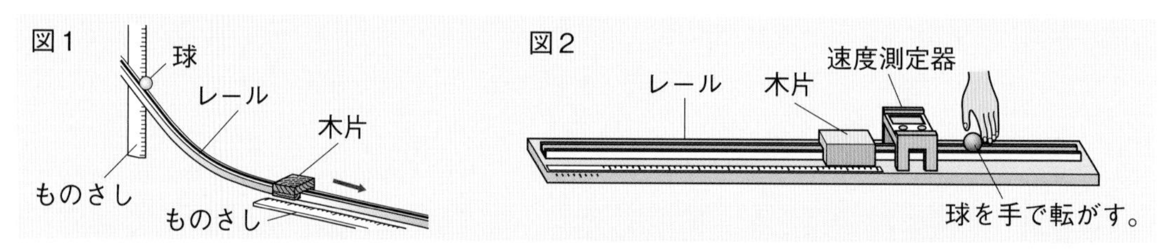

(1) 図１，図２はそれぞれ球がもつ何というエネルギーについて調べる装置か。

(2) 図１，図２で，次の①〜④の大きさと木片の移動距離との関係はどのようなグラフで表されるか。下の㋐〜㋓からそれぞれ選びなさい。ただし，横軸はそれぞれの大きさを表している。

図１：①球の高さ
　　　②球の質量
図２：③球の速さ
　　　④球の質量

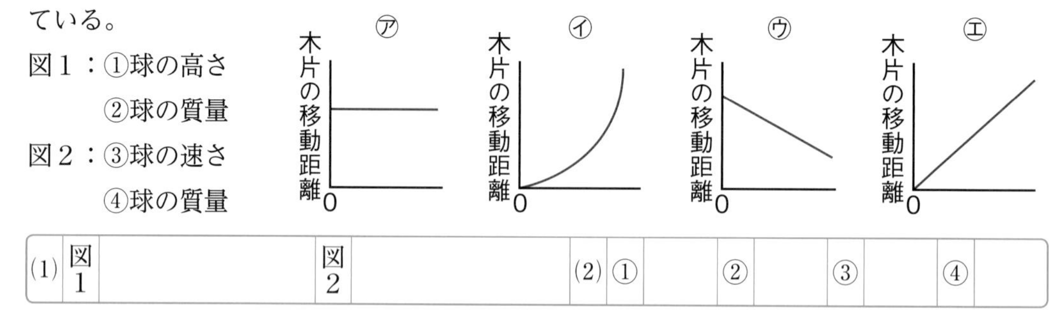

(1)	図1		図2		(2)	①		②		③		④	

3 右の図のような斜面の点Aから，球を静かに転がした。次の問いに答えなさい。ただし，摩擦力や空気の抵抗は考えないものとする。

4点×7（28点）

(1) 点Aから転がした球は，図のC～Eのどの点まで上がるか。

(2) 球は，(1)の点から再び転がって，図のA，F，Gのどの点まで上がるか。

(3) 球の速さが0m/sになるのはどの点か。A，B，Dからすべて選びなさい。

(4) 球の速さが最大になるのはどの点か。A，B，Dから選びなさい。

(5) 球のもつ運動エネルギーが最大になるのはどの点か。A，B，Dから選びなさい。

(6) 球のもつ位置エネルギーが最大になるのはどの点か。A，B，Dからすべて選びなさい。

(7) 運動エネルギーが小さくなり，位置エネルギーが大きくなる区間を，次のア～エからすべて選びなさい。

ア　AからB　　イ　BからD　　ウ　DからB　　エ　BからA

(1)		(2)		(3)		(4)		(5)		(6)		(7)	

4 右の図で，点Aから台車を静かに放した。点Aで台車のもつ位置エネルギーを1.5Jとし，DE間での位置エネルギーは0Jとする。また，位置エネルギーは高さに比例するものとする。このとき，次の問いに答えなさい。ただし，摩擦力や空気の抵抗は考えないものとする。

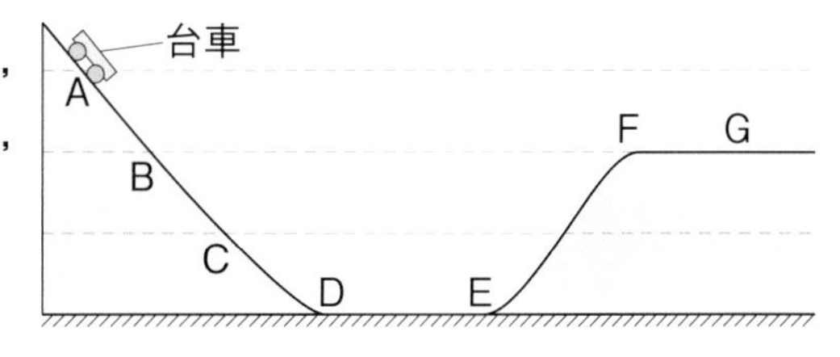

3点×8（24点）

(1) 点Aで台車のもつ力学的エネルギーは何Jか。

(2) DE間で台車のもつ運動エネルギーは何Jか。

(3) 点Cで台車のもつ①運動エネルギー，②位置エネルギー，③力学的エネルギーの大きさは，それぞれ点Aのときよりも大きいか，小さいか。次のア～ウから選びなさい。

ア　大きい。　　イ　小さい。　　ウ　変わらない。

(4) 点Aの台車がもつ力学的エネルギーとDE間を走る台車がもつ力学的エネルギーは等しい。このような法則を何というか。

(5) 台車がAからGまで移動するとき，EF間，FG間で運動エネルギーはどのように変化するか。それぞれ次のア～ウから選びなさい。

ア　大きくなる。　　イ　小さくなる。　　ウ　変わらない。

(1)		(2)		(3) ①		②		③	
(4)				(5)		EF		FG	

解答 p.24

単元末 総合問題 単元4 運動とエネルギー

40分 /100

1 斜面と水平面を滑らかにつなぎ，下の実験1，2を行った。空気の抵抗，記録タイマーと記録用テープの間や物体と面の間の摩擦はないものとして，あとの問いに答えなさい。

8点×6（48点）

〈実験1〉図1のように，50分の1秒ごとに打点する記録タイマーを固定し，記録用テープを付けた台車を斜面上に置いて静かに手を放した。台車は斜面を下り，水平面上を動き続けた。図2は，このときのテープを5打点ごとに区切った一部である。

図1

記録タイマー
台車
テープ
水平面

図2

（テープは左側から記録されたものである。）

P Q R

6.9cm 11.5cm 16.0cm 20.6cm 20.6cm

〈実験2〉図3のように，斜面の点Aに物体Mを置いて静かに手を放したところ，点B，C，G，Hを通過し，動き続けた。次に，斜面の角度を大きくし，点Dに物体Mを置いて静かに手を放したところ，点E，F，G，Hを通過し，動き続けた。AとD，BとE，CとFはそれぞれ水平面から同じ高さの位置にある。

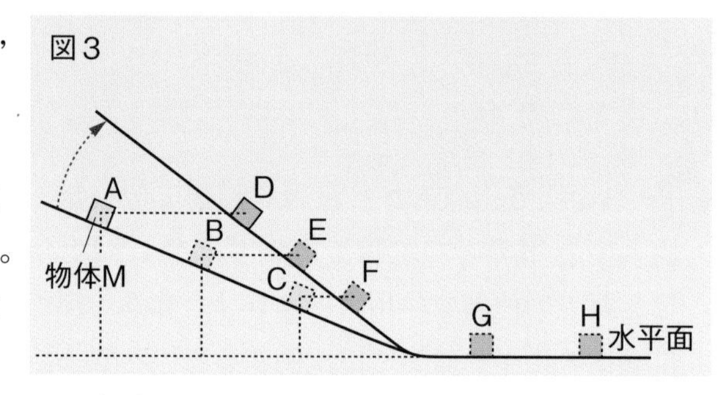

(1) **実験1**で，台車が斜面を下りているとき，台車にはたらく斜面に平行な向きの力について，次の**ア**〜**エ**から正しいものを選びなさい。

ア 力ははたらいていない。 **イ** 力は一定の大きさではたらいている。
ウ 力はしだいに大きくなる。 **エ** 力はしだいに小さくなる。

(2) 図2で，打点Pから打点Qの間の台車の平均の速さは何cm/sか。

(3) 図2で，打点Rが記録されてからの台車は，その運動の状態を保とうとする性質をもっている。この性質を何というか。

(4) **実験2**で，物体Mが点Bから点Cに運動しているときの位置エネルギーの大きさと，点Gから点Hに運動しているときの運動エネルギーの大きさはどのようになるか。それぞれ次の**ア**〜**ウ**から選びなさい。

ア 増加する。 **イ** 減少する。 **ウ** 変わらない。

(5) **実験2**で，物体Mが点B，E，Fを通過する瞬間の速さをそれぞれ b cm/s，e cm/s，f cm/sとすると，b，e，f の関係はどのようになるか。次の**ア**〜**エ**から選びなさい。

ア $b < e < f$ **イ** $e < b < f$
ウ $b < e = f$ **エ** $b = e < f$

1

(1)	
(2)	
(3)	
(4)	B→C
	G→H
(5)	

目標 力と運動の関係を理解し，さらにエネルギー保存の法則の理解から，物体の運動を考えられるようにしよう。

自分の得点まで色をぬろう!
がんばろう! もう一歩 合格!
0 60 80 100点

2》 質量40kgのAさんと質量60kgのBさんが，水平な床の上で，それぞれスケートボードに乗って同じ向きを向いて立ち，AさんがBさんの背中をおした。右の図は，この様子を模式的に表したものである。次の問いに答えなさい。

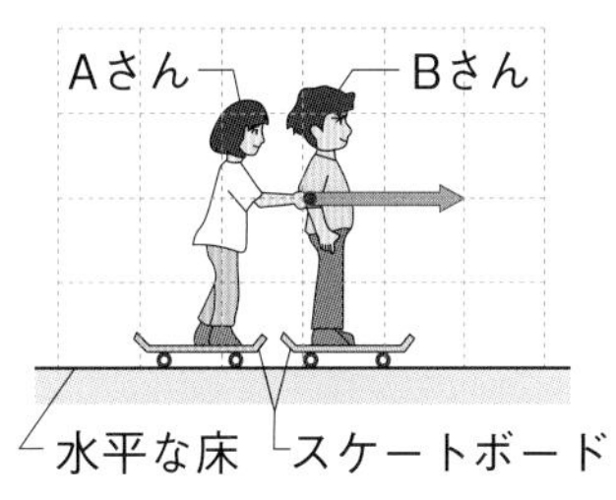

8点×3（24点）

(1) 図の矢印は，AさんがBさんをおした力を表している。このとき，AさんがBさんから受けた力を，図に矢印で表しなさい。

(2) 図の1目盛りを1Nとするとき，次の力の大きさは何Nになるか。

① AさんがBさんをおした力

② AさんがBさんから受けた力

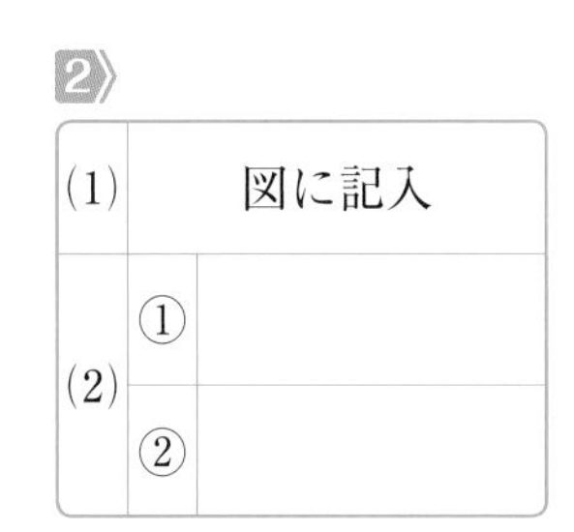

3》 図1と図2の物体と動滑車は同じものである。滑車を使った仕事について，あとの問いに答えなさい。ただし，100gの物体にはたらく重力の大きさを1Nとする。　7点×4（28点）

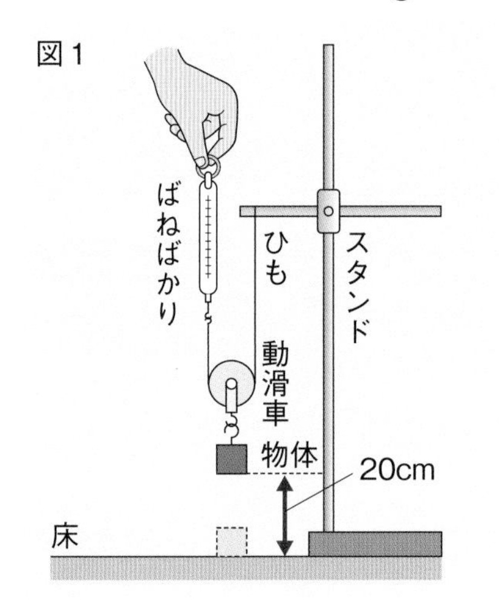

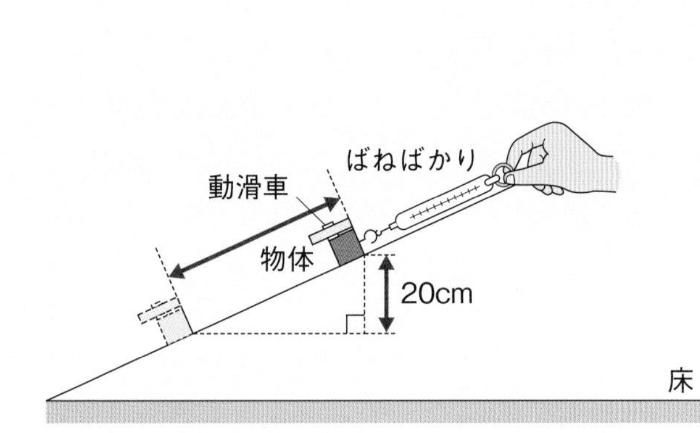

(1) 図1のように，動滑車を使い，質量200gの物体を床から真上にゆっくりと20cm引き上げた。このとき，ばねばかりが示した値は1.2Nであった。

① 動滑車の質量は何gか。

② 物体を20cm引き上げるとき，物体と動滑車を引き上げる力のする仕事は何Jか。

(2) 図2のように，摩擦のない斜面で物体と動滑車をばねばかりで20cmの高さに引き上げたとき，ばねばかりは1Nを示した。

① 物体と動滑車を引き上げる力がする仕事は何Jか。

② このとき斜面に沿って引いた距離は何cmか。

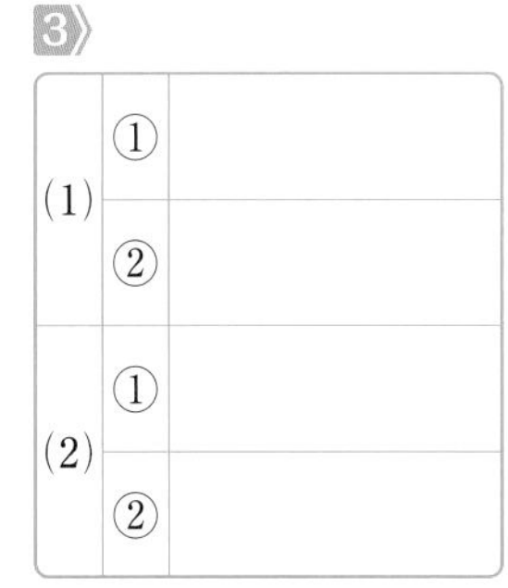

終わったら後ろの3，4，5，8をやろう。

解答 p.25

確認のワーク ステージ1 1章 生物と環境との関わり 2章 自然環境と私たち 3章 自然災害と私たち

教科書の要点

（　）にあてはまる語句を，下の語群から選んで答えよう。 同じ語句を何度使ってもかまいません。

1 生物と環境

教 p.265〜275

(1) 大気，水，土壌など生物が影響を受ける外界の全てをその生物にとっての（①★　　　）といい，生物と環境を一つのまとまりとしてとらえたものを（②★　　　）という。

(2) 生態系（せいたいけい）の中の，生物どうしが食べたり食べられたりする関係のつながりを（③★　　　）という。実際には生態系の食物連鎖（しょくもつれんさ）は網（あみ）の目のように複雑につながっていて，これを★食物網（しょくもつもう）という。

(3) 生態系において，無機物から栄養分となる有機物を自分でつくり出す生物を（④★　　　），生産者（せいさんしゃ）が光合成でつくり出した有機物や有機物を食べた生物を食べることで有機物を取り入れている生物を（⑤★　　　）という。

(4) 生物の死骸（しがい）や排出物（はいしゅつぶつ）に含まれている有機物を分解することに関係している生物を（⑥★　　　）という。分解者（ぶんかいしゃ）は生態系における消費者（しょうひしゃ）でもある。土壌中の分解者には小動物や，カビやキノコなどの（⑦★　　　），乳酸菌などの★細菌類（さいきんるい）などがある。

まるごと暗記

食物連鎖

生物どうしの食べる・食べられるのつながり。生態系では，生産者，消費者，分解者がそれぞれのはたらきをしている。

2 人間と環境，自然の恵みと災害

教 p.276〜297

(1) 近年，（①★　　　）のある二酸化炭素やメタンなどの大気中の濃度が増加しており，これらの気体が（②★　　　）と深く関係していると考えられている。地球温暖化（ちきゅうおんだんか）が進むことで，大雨や干ばつなどの（③★　　　）が増加すると予想される。

(2) 化石燃料などの燃焼によって，硫黄（いおう）酸化物や窒素（ちっそ）酸化物が大気中に排出されると，これらが雨にとけ込んで，（④★　　　）が降ることがある。

(3) 川や湖，海に大量の有機物を含む排水が流れ込むと，（⑤　　　）が大量に発生し，赤潮やアオコとよばれる現象が発生することがある。

(4) 冬の大雪や，夏から秋にかけての大雨や強風を伴った（⑥　　　），火山災害，地震（じしん）災害など，さまざまな自然災害が私たちの身近な地域で起こっており，それぞれについての対策をとらなければならない。

ワンポイント

人間の活動によって，地球温暖化や酸性雨（さんせいう）など，さまざまな環境問題が起こっている。

プラスα

自然はさまざまな災害を起こすが，同時に多くの恩恵を人間にもたらしている。

語群

1 生産者／消費者／分解者／食物連鎖／環境／菌類／生態系

2 酸性雨／気候変動（きこうへんどう）／プランクトン／温室効果（おんしつこうか）／地球温暖化／台風

★の用語は，説明できるようになろう！

同じ語句を何度使ってもかまいません。

□にあてはまる語句を，下の語群から選んで答えよう。

1 生態系における生物の数量的な関係

教 p.268

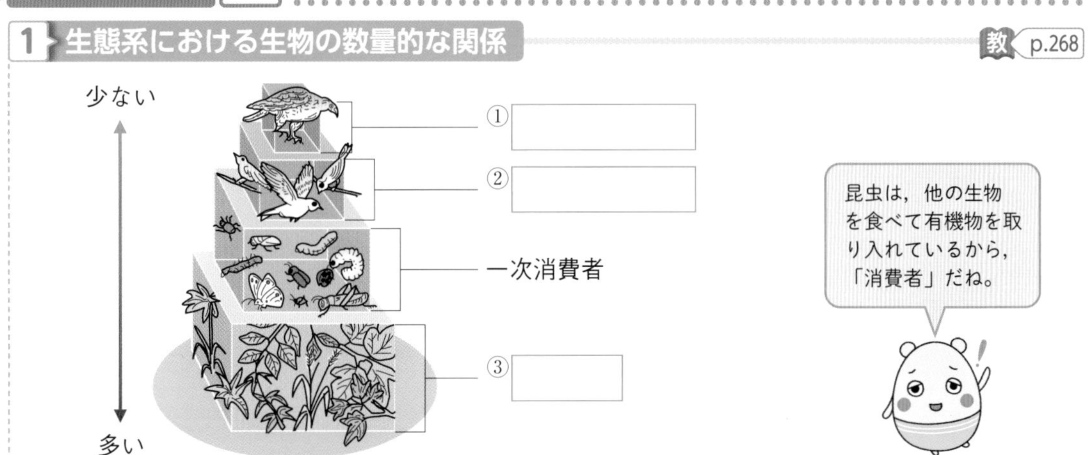

2 生物どうしのつりあい

教 p.268〜269

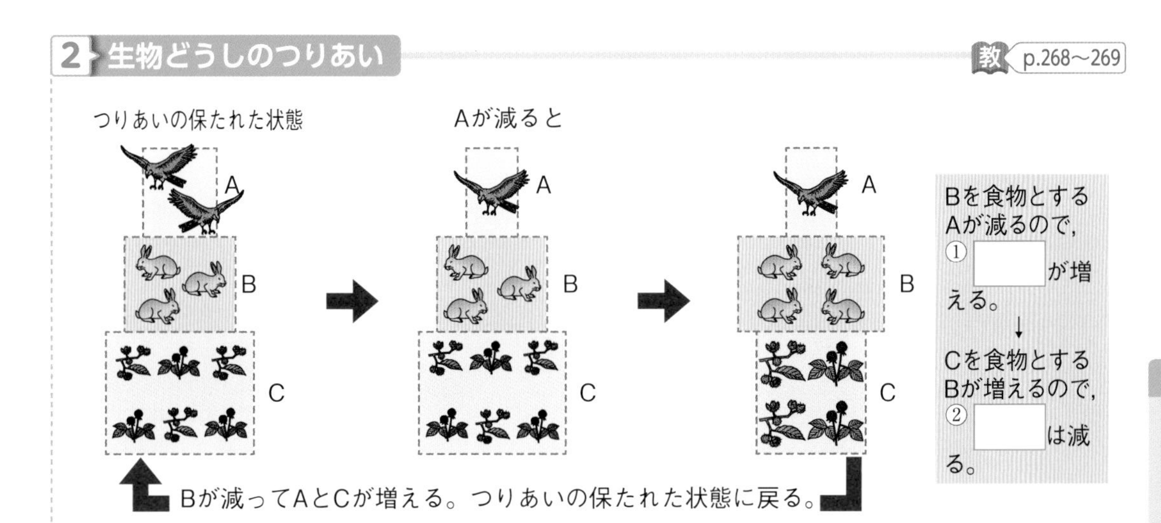

3 生態系における物質の循環

教 p.274

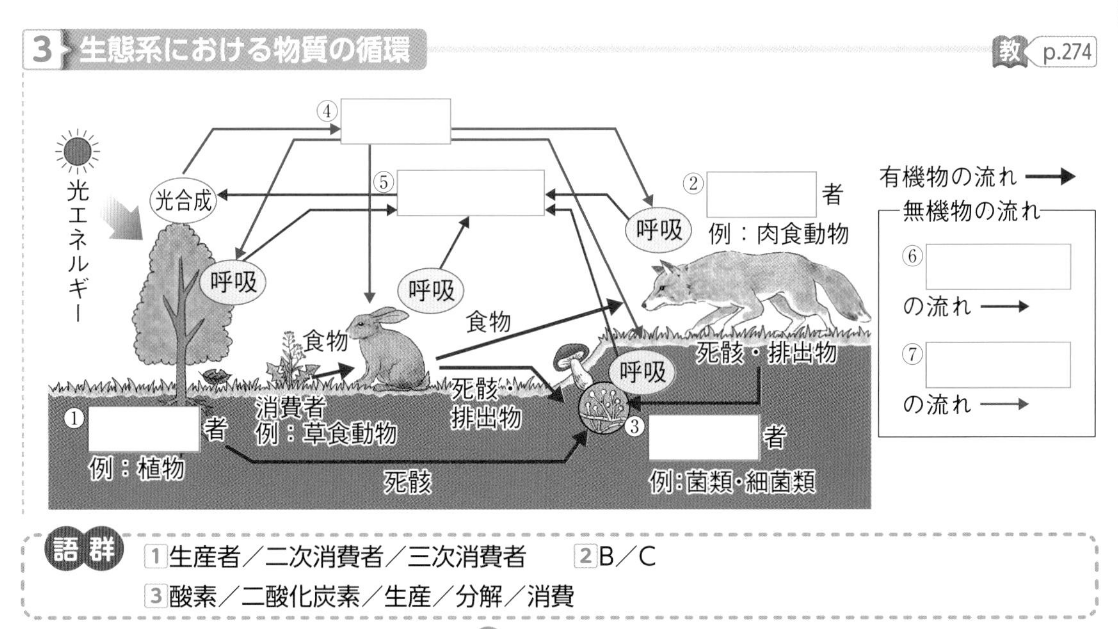

語群
1 生産者／二次消費者／三次消費者　2 B／C
3 酸素／二酸化炭素／生産／分解／消費

わからない用語は，教科書の要点の★で確認しよう！

解答 p.25

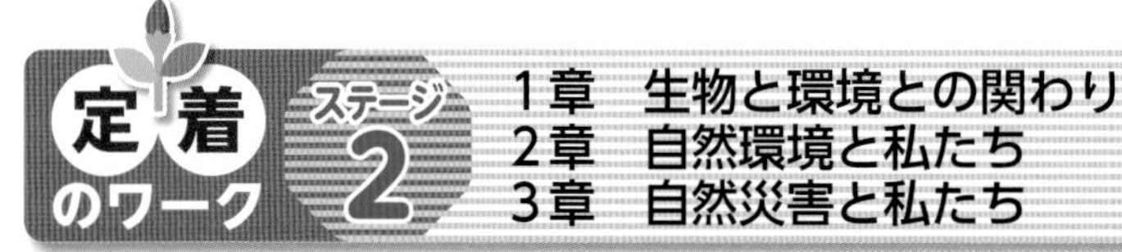

定着のワーク ステージ2
1章 生物と環境との関わり
2章 自然環境と私たち
3章 自然災害と私たち

1 教 p.271 実験1 **土壌中の微生物のはたらき** 土壌中の微生物（びせいぶつ）のはたらきを調べるため，次のような実験をした。あとの問いに答えなさい。

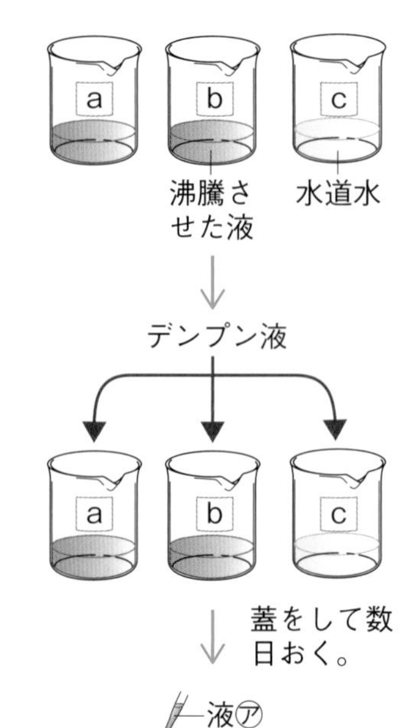

手順1　土を入れたビーカーに水を加え，ろ過したろ液をビーカーa，ろ液を数秒間沸騰（ふっとう）させた液をビーカーb，水道水をビーカーcに入れた。
手順2　それぞれのビーカーに同じ量のデンプン液を加え，アルミニウムはくで蓋（ふた）をして数日置いた。
手順3　数日後，ビーカーa，b，cからとった上澄み（うわず）液をそれぞれ試験管a，b，cに入れ，液㋐を加えた。

(1) 手順3で使った液㋐は何か。（　　　）
(2) 液㋐を加えたとき，変化が見られなかったのは，どの試験管か。記号で答えなさい。ヒント（　　　）
記述 (3) この実験から，微生物はどのようなはたらきをしたことがわかるか。（　　　）
(4) 生態系における消費者のうち，この実験での微生物のようなはたらきをする生物のことを何というか。（　　　）
(5) (4)の生物は有機物を何に分解するか。（　　　）

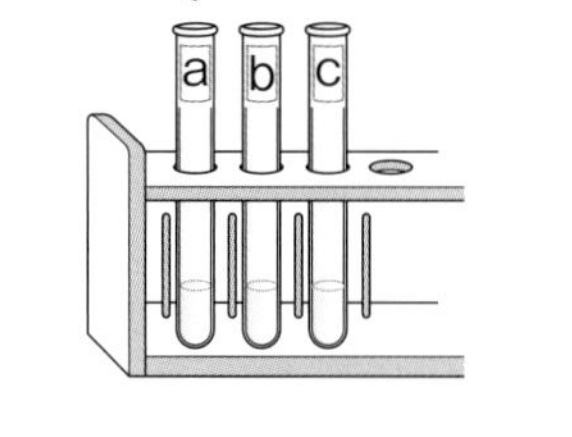

2 **生態系における物質の循環** 下の図は，生態系における炭素の循環についてまとめたものである。あとの問いに答えなさい。

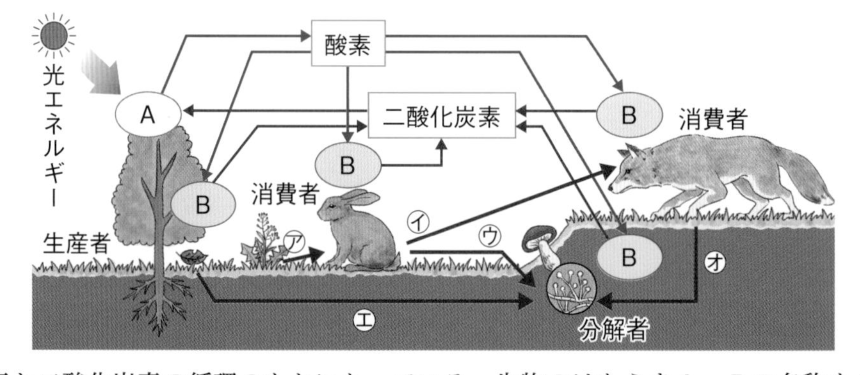

(1) 酸素と二酸化炭素の循環のもとになっている，生物のはたらきA，Bの名称をそれぞれ答えなさい。ヒント　A（　　　）　B（　　　）
(2) 図の㋐〜㋔の矢印は，何の流れを表しているか。（　　　）

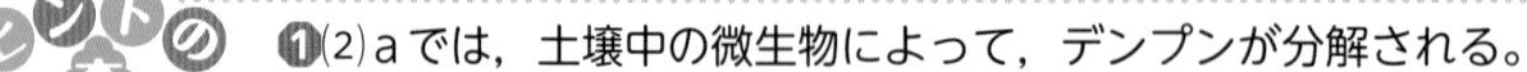

ヒントの森
❶(2) aでは，土壌中の微生物によって，デンプンが分解される。
❷(1) 生産者は，Aのはたらきによって無機物から有機物をつくり出す。

3 教 p.279 観察 1 **自然環境の調査** 身近な環境がどのような状態になっているかを調べるために，次のような調査をした。あとの問いに答えなさい。

手順1 一つの川の上流と下流で，水深が30cm程度の流れがある地点を選び，川底の石を持ち上げる。
手順2 石を持ち上げたあとの川底を移植ごてで掘(ほ)り，流されてきた水生生物をネットで採集する。
手順3 持ち上げた石の表面やネットで採集した水生生物を，ピンセットでペトリ皿に移す。
手順4 採集した水生生物について調べ，水質の指標となる生物を探す。

図1

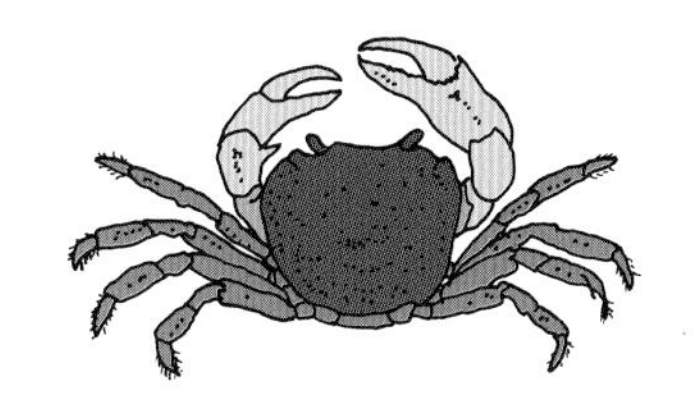

図2

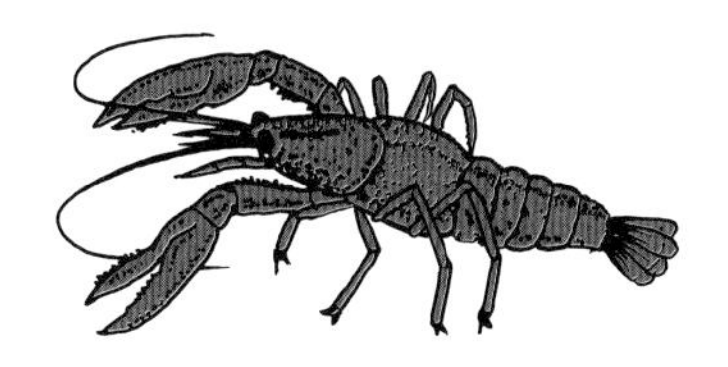

(1) 図1，図2はそれぞれ上流と下流で採集した水生生物である。それぞれの名称を答えなさい。
図1(　　　　　)　図2(　　　　　)

(2) 図1，図2の水生生物は，どのような水質に生息しているか。次の**ア**～**エ**からそれぞれ選びなさい。　図1(　　)　図2(　　)
ア きれいな水　**イ** 少し汚(よご)れた水
ウ 汚れた水　**エ** たいへん汚れた水

(3) (2)より，同じ川でも，上流と下流では水の様子にちがいがあるといえるか。ヒント
(　　　　　)

4 **人間の活動と環境** 図は地球の上空と太陽の様子である。次の問いに答えなさい。

(1) 太陽から放射されている，生物にとって有害な電磁波㋐を何というか。(　　　　　)

(2) 地球上空にある，地表に達する㋐を減少させる㋑の層を何というか。(　　　　　)

(3) HCFCなどの物質(フロン類)が上空に達すると，オゾン層のオゾンの濃度はどうなるか。
(　　　　　)

図

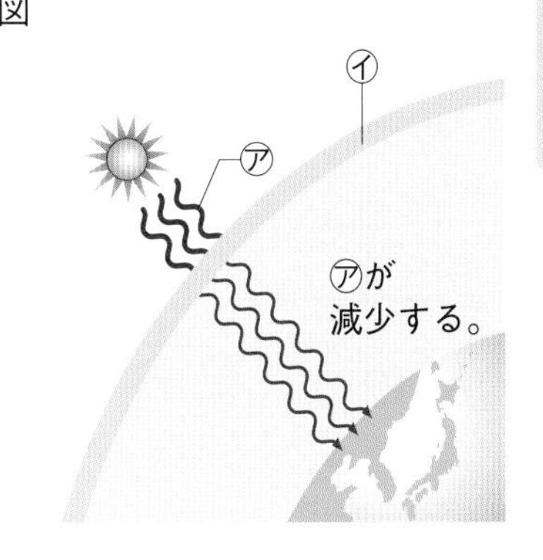

(4) 家庭などの排水が川などに流されて，有機物が多くなりすぎると，プランクトンが大量に発生することがある。このとき，水面が赤くなる現象を何というか。
(　　　　　)

(5) (4)のとき，湖の湖面などが緑色に見える現象を何というか。(　　　　　)

(6) 化石燃料などの燃焼によって発生する硫黄酸化物や窒素酸化物がとけ込んで，地上に降る雨を何というか。ヒント
(　　　　　)

ヒントの森
❸(3)上流に住宅や工場がなく，下流に住宅や工場が多数あると，排水等で下流のみ汚れることがある。　❹(6)強い酸性雨は，生物に悪影響を与える。

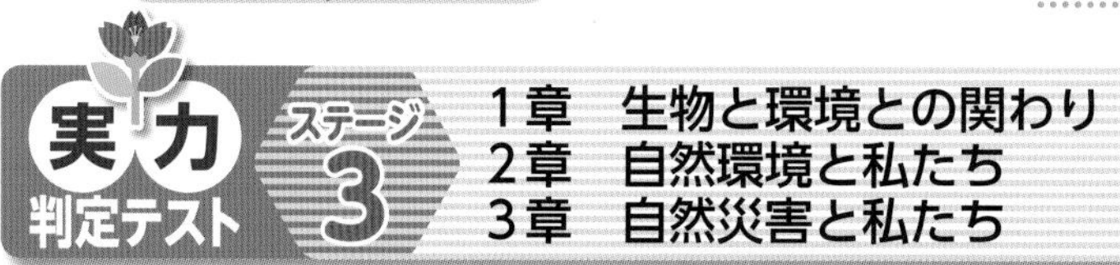

よく出る **1** 右の図は，草原における生物の数量的な関係を表したものである。次の問いに答えなさい。 1点×10(10点)

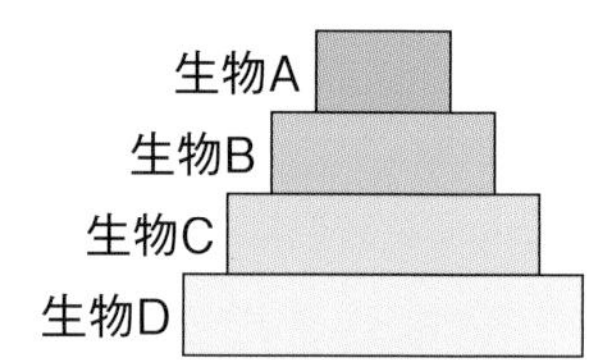

(1) 生物の食べたり食べられたりするという関係によるつながりを何というか。

(2) 次の文で，下線を引いた生物①～④は，それぞれ図の生物A～Dのどれにあてはまるか。

> 陸上の①植物の葉は，②バッタに食べられ，バッタは③カエルなどの小型の肉食動物に食べられる。さらに，カエルは④タカなどの大型の肉食動物に食べられる。

(3) 自分で有機物をつくり出すことができるのは，生物A～Dのどれか。

(4) 生態系において，(3)のような生物を何というか。

(5) 生態系において，(4)の生物がつくった有機物を取り入れている生物を何というか。

(6) 生物Bの数量が増加すると，生物A，Cの数量は一時的にどのように変化するか。次のア～ウからそれぞれ選びなさい。

ア 増加する。　イ 減少する。　ウ 変わらない。

(1)		(2)	①		②		③		④		(3)	
(4)			(5)				(6)	A		C		

よく出る **2** 右の図は，ある地域に生活する生物どうしのつながりと炭素の流れを表している。次の問いに答えなさい。 5点×9(45点)

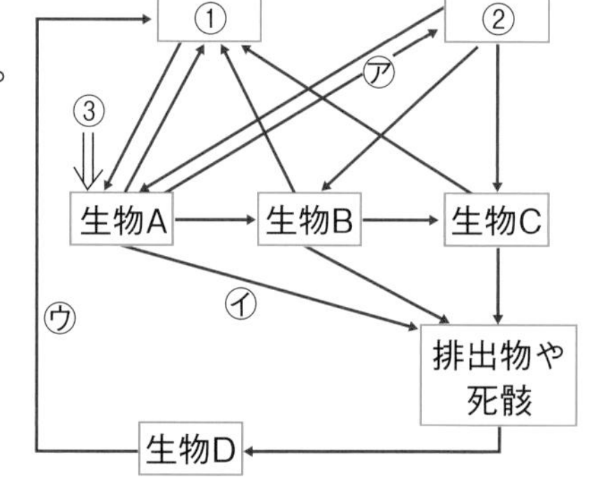

(1) 図の①，②は気体を表している。それぞれの気体は何か。

(2) 図の㋐の矢印は，生物Aの何というはたらきによる気体の移動を表しているか。

(3) 図の③は，(2)のはたらきのエネルギー源である。エネルギーの名称を答えなさい。

(4) 図の㋑，㋒の矢印のうち，無機物の流れを表しているのはどちらか。

(5) 生物A～Dを，生産者，消費者，分解者のうち，最も適切なものに分類しなさい。

(1)	①		②		(2)		(3)		(4)	
(5)	A		B		C		D			

よく出る **3** 次のA～Hの文は，いろいろな環境問題や自然災害について説明したものである。これについて，あとの問いに答えなさい。

3点×15（45点）

A　大気中の二酸化炭素が増加し，地球の平均気温が上昇する。

B　有機物を多く含んだ生活排水が海に流れ込み，プランクトンが大量に発生して，海面が赤く見える。

C　冷却剤や洗浄剤として使われていた物質などが原因で，上空の紫外線を吸収する物質の濃度を減少させる。

D　大雨や干ばつなど，国境を越えた影響を生じる気候の変化が増加し，食糧問題，健康問題，気象災害などに影響する。

E　他の地域から移入して定着した生物が，その地域にもとから生息している生物の種や個体数を減らし，生態系のつりあいをくずすことがある。

F　生物が取り込んで体に蓄積された有害物質が，食物連鎖の中で食べる側の生物に濃縮される。

G　大気中に放出された窒素酸化物や硫黄酸化物が硝酸や硫酸に変化し，それが雨にとけ込んで降る。

H　自然災害による被害を最小限にするために，さまざまな対策がとられている。

(1)　A～Hの文の説明に関係が深いものを，次のア～クから選びなさい。

ア　赤潮　　イ　外来種

ウ　オゾン層のオゾン量減少　　エ　酸性雨

オ　気候変動　　カ　地球温暖化

キ　生物濃縮　　ク　情報共有と避難訓練

(2)　Aが起こる原因の一つとしては，石油や石炭などの燃料の大量消費があげられる。これらの燃料を一般に何というか。

(3)　大気中の二酸化炭素などが，地表から宇宙に放出される熱の一部を地表に戻す効果を何というか。

(4)　Bが発生すると水中の酸素濃度は上がるか，下がるか。

(5)　Bと似た現象で，水が緑色に見える現象を何というか。

(6)　Cの原因となる物質を一つ答えなさい。

記述 (7)　Cの問題によって，どのような影響があるか。簡単に答えなさい。

(8)　Eの問題は，日本の固有の生物が海外で引き起こすことがあるか。

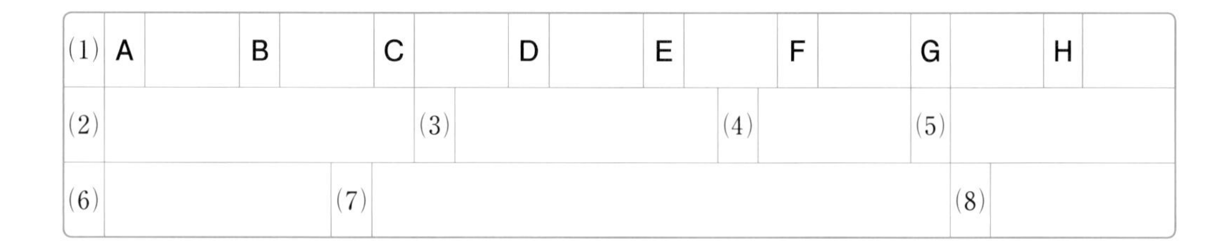

(1)	A		B		C		D		E		F		G		H	
(2)		(3)		(4)		(5)										
(6)		(7)		(8)												

解答 p.26

確認のワーク ステージ1
4章 エネルギー資源の利用と私たち
5章 科学技術の発展と私たち
終章 科学技術の利用と自然環境の保全

同じ語句を何度使ってもかまいません。

教科書の要点 (　)にあてはまる語句を，下の語群から選んで答えよう。

1 エネルギー資源の利用

教 p.299～307

(1) **電気エネルギー**は，**遠くへの供給が可能**であり，**他のエネルギーへ簡単に変換できる**ので，私たちの生活に欠かせない。

(2) 現在，日本の発電方法には，火力発電，原子力発電，水力発電などがある。火力発電は(①　　　　)を使用しており，発電に伴い二酸化炭素や大気を汚染する排出ガスが出る。原子力発電はきわめて有害な核廃棄物の扱いに高度な技術が必要である。

(3) 放射線には，アルファ線(α線)，ベータ線(β線)，ガンマ線(γ線)などがあり，物質を通り抜ける(②　　　　)がある。

(4) 放射線の透過性や電離作用などは医療，工業，農業などで利用されている。

(5) 水力発電は発電時に汚染物質を生じないが，建設に適した地形が限られているうえ，ダムによって周辺の環境が大きく変化する。

(6) (③★　　　　)を利用した発電には，太陽光発電，風力発電，地熱発電，バイオマス発電などがある。

(7) 火力発電の(④　　　　)のように，エネルギーを有効に活用する仕組みが開発されている。

2 資源の有効な利用，持続可能な社会

教 p.308～325

(1) **プラスチック**には，丈夫で軽い，腐食しにくい，加工しやすいなどの優れた特徴がある。また，耐熱性や高い強度をもつ炭素繊維などの新素材も開発されている。

(2) Reduce(リデュース)，Reuse(リユース)，Recycle(リサイクル)は単語の頭文字をとって(①　　　　)とよばれ，資源を節約し，環境への負荷を減らす考え方として導入されている。

(3) 科学技術は18世紀後半以降，人々の生活を飛躍的に豊かにしてきた。私たちは，科学技術によるさまざまな恩恵を，交通，医療，農業，工業などあらゆる面で受けている。

(4) 将来にわたって人類の活動を維持するため，資源を無駄にせず，繰り返して何度も使う(②　　　　)が構築できれば環境への負荷も低減され，★**持続可能な社会**が実現されるであろう。

まるごと暗記
新しいエネルギーによる発電
- 太陽光発電
- 風力発電
- 地熱発電
- バイオマス発電などの再生可能エネルギー。

プラスα
地球の急激な自然環境の変化は，人間の活動による影響が大きい。

プラスα
プラスチックの特徴
- 酸性やアルカリ性の薬品に強い。
- 密度が比較的小さい。
- 腐食しにくい。
- 普通，電気を通さない。
- 加工しやすい。

プラスα
将来，**循環型社会**が達成され，**持続可能な社会**へ進んでいくことが重要である。
→資源の効率的な利用，環境への負荷を減らす，エネルギー消費の少ない製品の開発や資源の節約を目指した取り組みが行われている。

語群
1 再生可能エネルギー／透過性／化石燃料／コージェネレーションシステム
2 3R／循環型社会

★の用語は，説明できるようになろう！

同じ語句を何度使ってもかまいません。

□にあてはまる語句を，下の語群から選んで答えよう。

1 火力発電のしくみ

教 p.300

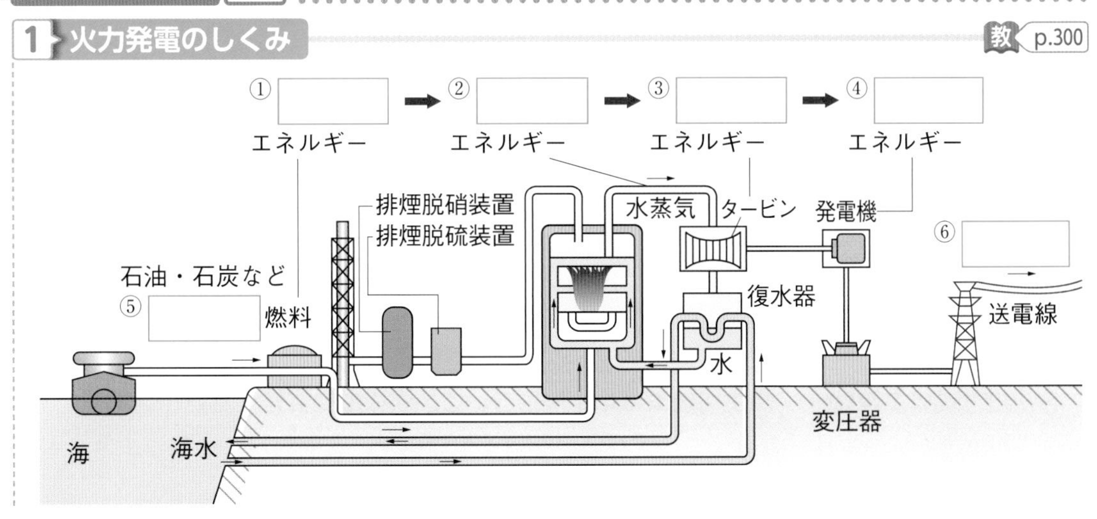

2 新素材の利用

教 p.313〜314

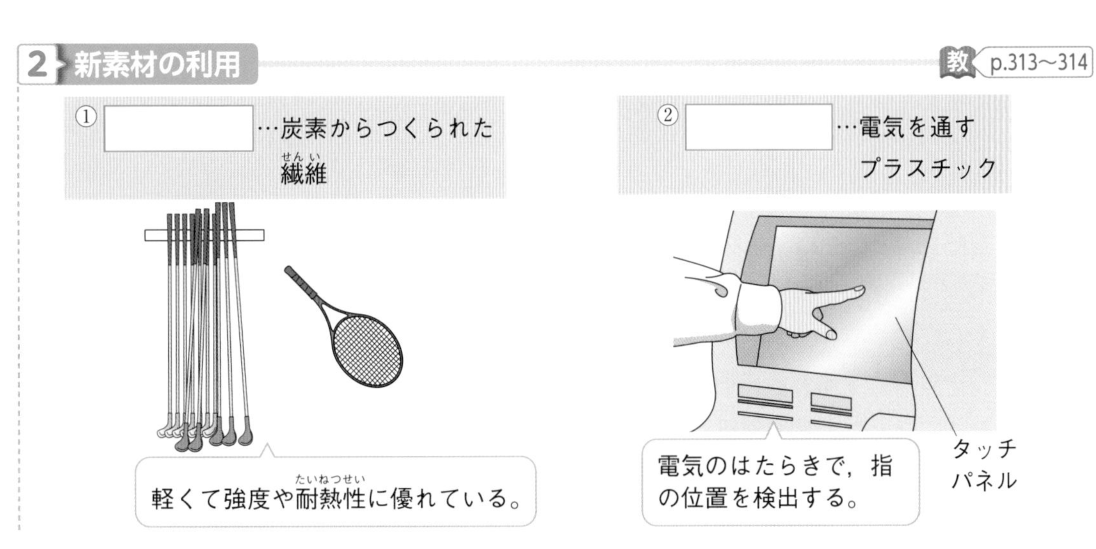

3 3R（スリーアール）

教 p.315

語群
1 化石／電気／熱／運動／化学　2 導電性高分子／炭素繊維
3 リユース／リサイクル／リデュース

わからない用語は，教科書の要点の★で確認しよう！

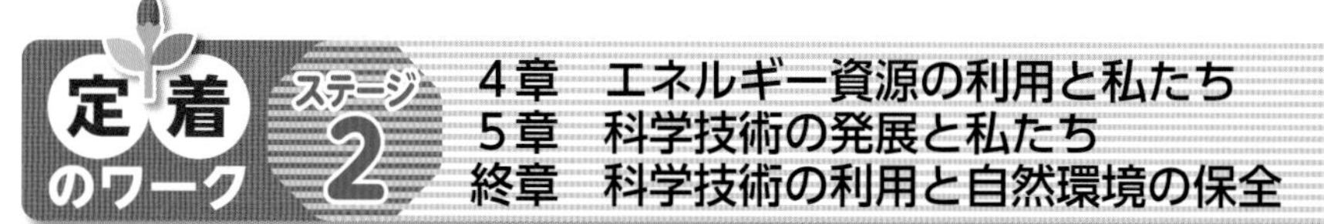

解答 p.26

定着のワーク ステージ2
4章　エネルギー資源の利用と私たち
5章　科学技術の発展と私たち
終章　科学技術の利用と自然環境の保全

1 火力発電　右の図のように，火力発電では，燃料の燃焼によって水を高温・高圧の水蒸気に変え，タービンを回して発電する。火力発電でのエネルギーの移り変わりの順番がわかるように次のア～エを並べなさい。

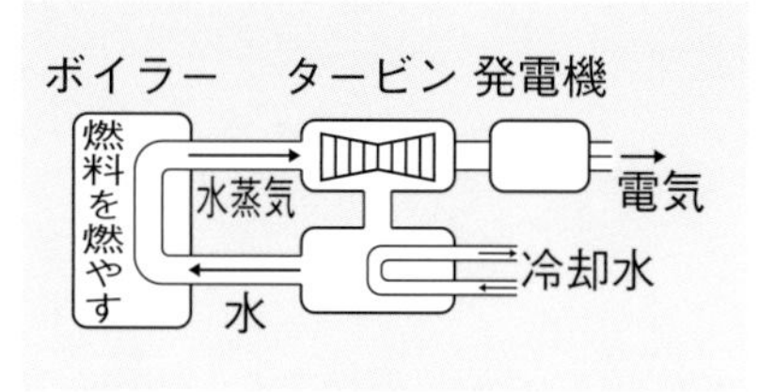

（　　　→　　　→　　　→　　　）

ア　運動エネルギー　　イ　熱エネルギー　　ウ　電気エネルギー　　エ　化学エネルギー

2 再生可能エネルギー　再生可能エネルギーについて，次の問いに答えなさい。 ヒント

(1)　再生可能エネルギーの一つで，化石燃料を除く生物由来の有機物がもつ化学エネルギーを利用して行う発電のことを何というか。（　　　）

(2)　右の図のような風車を使った発電を何というか。（　　　）

(3)　再生可能エネルギーを利用した発電を，次のア～エからすべて選びなさい。（　　　）

ア　原子力発電　　イ　太陽光発電
ウ　地熱発電　　エ　火力発電

3 プラスチックと新素材の利用　プラスチックと新素材について，次の問いに答えなさい。

(1)　プラスチックの主な原料は何か。（　　　）

(2)　一般的なプラスチックは木材や金属と比べてどのような性質をもっているか。次のア～オから正しいものをすべて選びなさい。（　　　）

ア　比較的軽い。
イ　加工がしやすい。
ウ　腐食しやすい。
エ　熱を加えると変形しやすくなる。
オ　電気をよく通す。

(3)　①～③の新素材の説明について，あてはまるものを次のア～ウから選びなさい。

ア　導電性高分子　　イ　炭素繊維　　ウ　生分解性プラスチック

①　航空機の機体や人工衛星などに利用され，比較的軽く，熱に強い性質をもつ。（　　）

②　タッチパネルや有機ＥＬディスプレイなどに利用されている。 ヒント（　　）

③　土の中の微生物によって分解されるので，環境に対する負荷が小さい。（　　）

ヒントの森
❷再生可能エネルギーは，いつまでも利用でき，環境を汚すおそれが少ない。
❸(3)②プラスチックは一般には電気を通さない。

ステージ3　4章　エネルギー資源の利用と私たち　5章　科学技術の発展と私たち　終章　科学技術の利用と自然環境の保全

解答 p.26

/100

1 科学・技術について，次の問いに答えなさい。

16点×4（64点）

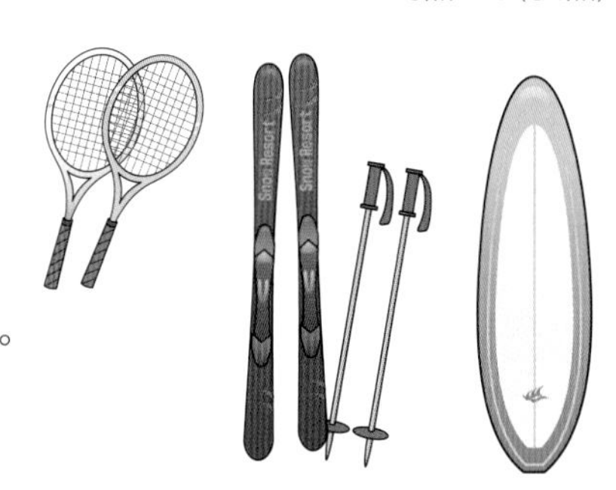

(1) 科学・技術の発達により，それまで天然素材でつくられていた製品を，石油の成分を利用することで人工的につくることが可能になった。このとき発展した工業を何というか。

(2) 右の図は，新素材を利用してつくられた製品である。この製品に共通して使用されている新素材は何か。漢字4文字で答えなさい。

(3) コンピュータどうしをつなぐネットワーク接続サービスの普及(ふきゅう)により，自宅からでも宿泊施設の予約やショッピング，SNSなどを利用した情報共有などが可能となった。このネットワーク接続サービスを何というか。

(4) 工場の生産現場では，人間のかわりに活躍する産業用ロボットが導入されている。このロボットはあらかじめ設定された何に従って作業をしているか。

(1)		(2)		(3)	
(4)					

2 環境への負荷を減らす取り組みについて，次の文章を読んで，あとの問いに答えなさい。

12点×3（36点）

資源を節約することを目的として，「リデュース」，「リユース」，「リサイクル」とよばれる三つの取り組みが進められている。

(1) この三つの取り組みをまとめて何というか。

(2) リデュースにあてはまるものを，次の**ア**～**ウ**から選びなさい。

ア　製品などの再使用

イ　廃棄物の再資源化

ウ　買い物袋の持参

(3) フリーマーケットなどで，使われなくなった服や古本を購入した。この行為はリデュース，リユース，リサイクルのどれにあてはまるか。

(1)		(2)	
(3)			

単元5 自然環境や科学技術と私たちの未来

解答 p.26

/100

1 右の図は，ある地域における生物の数量的な関係をピラミッド形に表したものである。次の問いに答えなさい。 4点×2（8点）

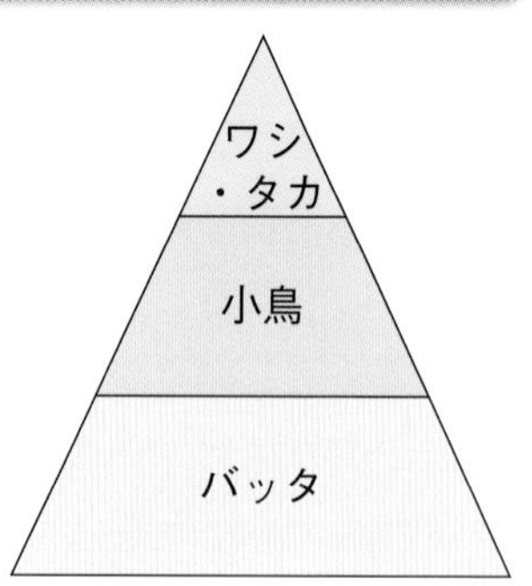

(1) 何らかの原因でバッタの数量が増加したことが確認できた。この増加の原因として考えられることは何か。適切なものを次の**ア**～**オ**からすべて選びなさい。

ア 新たに外部からワシが侵入し，ワシの数量が増加した。
イ この地域の小鳥の産卵数が増加した。
ウ 水不足のため，この地域の植物があまり育たなかった。
エ 人間が，この地域に生息していたワシやタカを排除した。
オ 気候の影響で，この地域の植物の生育がよかった。

(2) 図のピラミッドは，全て消費者を表している。このピラミッドのもう一段下に存在する植物は何とよばれるか。

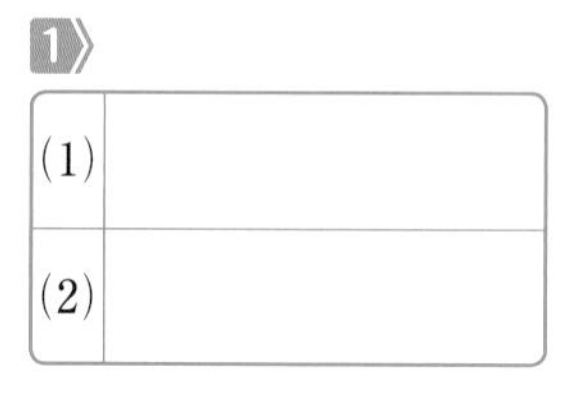

1

(1)	
(2)	

2 右の図は，水中における食物網と物質の循環の一部を模式的に表したものである。次の問いに答えなさい。 6点×7（42点）

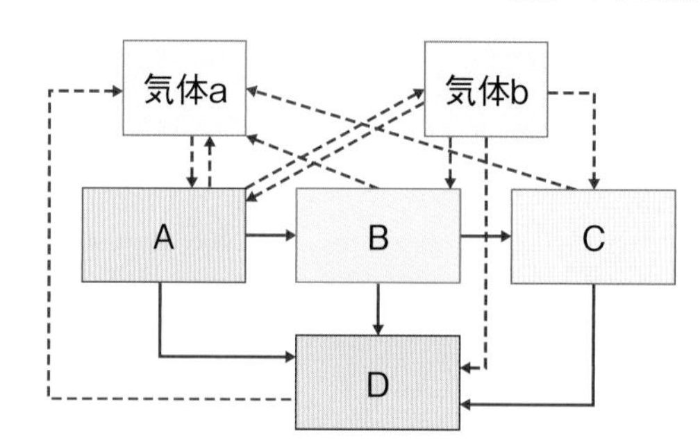

(1) BとDにあてはまる生物を，次の**ア**～**エ**からそれぞれ選びなさい。

ア ケイソウ
イ メダカ
ウ ミズカビ
エ ミジンコ

(2) 大気中の気体a，気体bは何か。それぞれ化学式で表しなさい。

(3) 生物Aが無機物から有機物をつくり出すはたらきを何というか。

(4) 生物が気体bを取り入れて気体aを放出するのは，何というはたらきによるか。

(5) 図で，死骸や排出物による有機物の流れを表す矢印はどれか。最も適当なものを，次の**ア**～**オ**から選びなさい。

ア A→B，A→D，B→C，B→D，C→D
イ A→D，B→D，C→D
ウ A→B，B→C，C→D
エ A→D，B→D
オ B→D，C→D

2

(1)	B	
	D	
(2)	a	
	b	
(3)		
(4)		
(5)		

目標 自然界の物質(炭素や酸素)の循環を理解しよう。科学・技術の発展の歴史と情報・通信の発展を理解しよう。

自分の得点まで色をぬろう!
がんばろう! もう一歩 合格!
0 60 80 100点

3》 右のグラフは，世界のエネルギー総使用量の変化を表したものである。次の問いに答えなさい。

5点×4(20点)

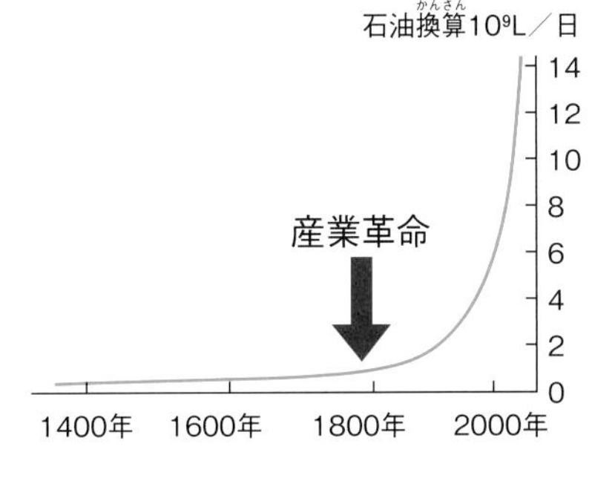

(1) 産業革命の頃に発達した機関は何か。漢字4文字で答えなさい。

(2) (1)の機関が発達することで，繊維工業ではどのような変化が起こったか。次の**ア**～**エ**から選びなさい。

ア 精密(せいみつ)な作業が可能となった。

イ 大量生産が可能となった。

ウ 合成繊維がつくられるようになった。

エ 繊維工場の小規模化が起こった。

(3) ポリエチレンテレフタラートやポリエチレンなどの石油を原料とした人工の物質の総称は何か。

(4) 将来の世代の利益を損なわない範囲で環境を利用し，将来にわたって人類の活動を維持(いじ)できるような社会のことを何というか。

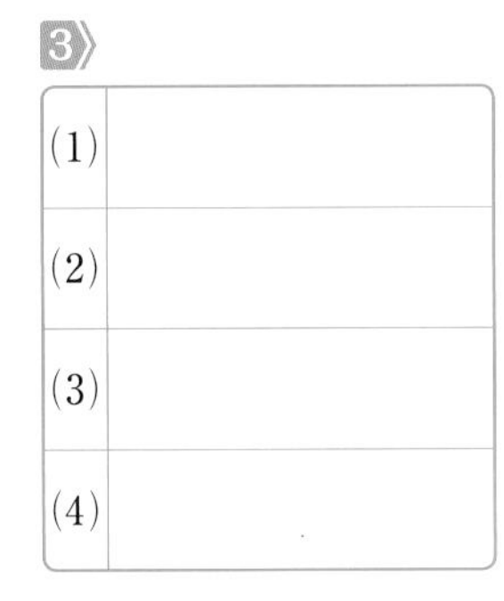

4》 次の(1)～(6)は現在使われている，あるいは実用化されつつある科学技術である。これらの科学技術についての説明にあてはまるものを，下のア～キからそれぞれ選びなさい。

5点×6(30点)

(1) 世界中のコンピュータどうしをつなげて情報をやりとりすることができるようにしたもの。

(2) ソーシャル・ネットワーキング・サービスの略で，情報共有などが容易にできるが，情報を受け取る側の立場を考えて発信する必要がある。

(3) 新しい輸送手段として急速に発展し，実用化されつつある技術。

(4) 遺伝子の検査により病気の診断が可能となっている。診断のための遺伝子の解析(かいせき)に用いられる機器。

(5) これまで長い時間をかけて行っていた品種改良を早期に確実にできるようにした技術。

(6) 工場などで，人間が行っていた様々な作業を，人間に代わって行うようになったもの。

ア インターネット　**イ** 産業用ロボット
ウ SNS　**エ** ネットショッピング
オ DNAシークエンサー　**カ** 自動運転
キ 遺伝子組み換え技術

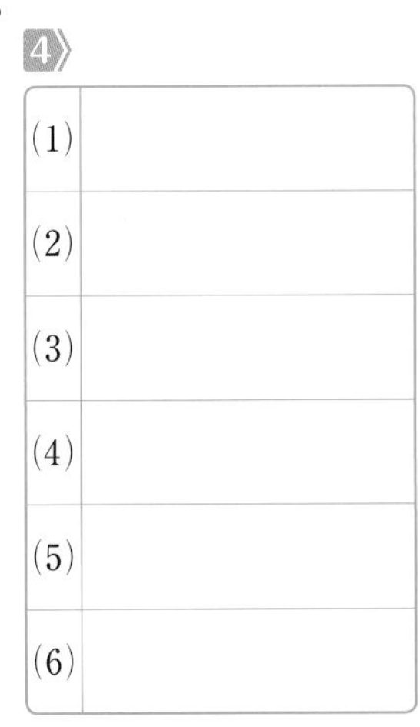

解答 p.27

プラスワーク 理科の力をのばそう

計算力UP 注意して計算してみよう！

1 **太陽の動き** 右の図は，よく晴れた夏至の日に太陽の観測を行った記録である。9時の・印から10時の・印の間の曲線の長さを測定すると，3.6cmであった。また，9時の印からX点の間の曲線の長さをはかると16.2cmであった。この記録から，この日の日の出の時刻は何時何分か求めなさい。

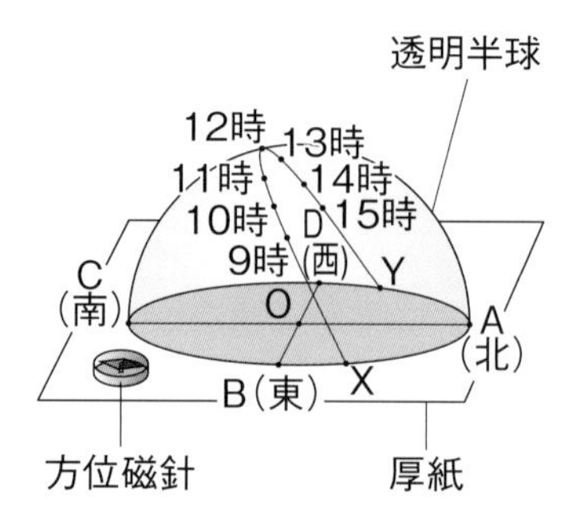

単元③ 1章
太陽が1時間で移動する距離を計算し，移動距離から，日の出までの時間を計算する。

(　　　　　　)

2 **天体の動き** 右の図は，日本のある地点で，ある日の午後9時に，北の空に見えた星Aをスケッチしたものである。これについて，次の問いに答えなさい。

単元③ 1・2章
星は，1時間で15°ずつ1か月で30°ずつ動いて見えることから計算。

(1) この日，星AがPの位置に見えたのは，午後何時頃か。

(　　　　　　)

(2) 同じ地点で，星Aが午後9時にPの位置に見えるのは，およそ何か月後か。

(　　　　　　)

(3) 同じ地点で，星Aが午後9時に，北極星の真上のQの位置に見えるのは，およそ何か月後か。

(　　　　　　)

Q
A
30°
P
北極星

3 **平均の速さ** 新幹線を利用して，675kmを3時間で移動した。次の問いに答えなさい。

単元④ 2章
移動距離÷移動にかかった時間を計算すると速さが求まる。速さ×時間を計算すると移動距離が求まる。

(1) 新幹線の走った平均の速さは，何km/hか。

(　　　　　　)

(2) 新幹線の走った平均の速さは，何cm/sか。

(　　　　　　)

(3) (1)の速さで走る新幹線が東京を出発して1時間30分である駅に到着した。東京からこの駅までの距離は何kmか。

(　　　　　　)

4 **運動の記録** 力学台車の運動の様子を記録タイマーを使って調べた。右の図は，このときの記録テープを0.1秒ごとに切り離し，左から順に貼りつけたものである。これについて，次の問いに答えなさい。

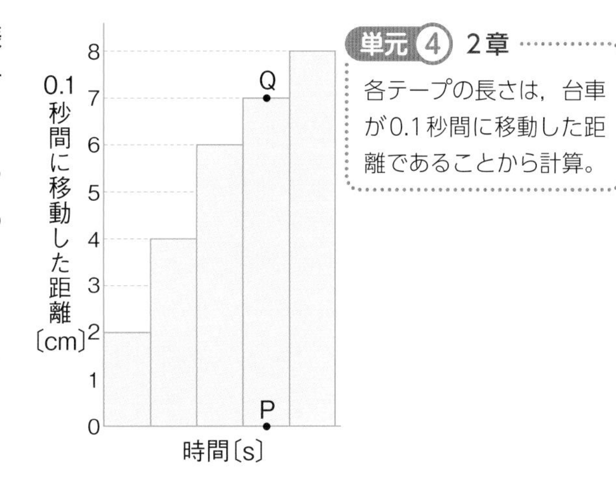

単元④ 2章
各テープの長さは，台車が0.1秒間に移動した距離であることから計算。

(1) PQ間の平均の速さは何cm/sか。

(　　　　　)

(2) 台車が動き始めてから0.3秒後までの平均の速さは何cm/sか。

(　　　　　)

(3) 台車が動き始めて0.3秒後から0.5秒後までの平均の速さは何cm/sか。

(　　　　　)

(4) 台車が動き始めてから0.5秒後までの平均の速さは何cm/sか。

(　　　　　)

5 **仕事** 下の図のように，40 Nの重力がはたらいている荷物を持ち上げた。あとの問いに答えなさい。ただし，滑車とロープの重さや摩擦は考えないものとする。

単元④ 3章
物体に加えた力(N)とそれにより物体が移動した距離(m)の積を計算すると仕事(J)が求められる。1秒間当たりにする仕事を仕事率(W)という。

図1

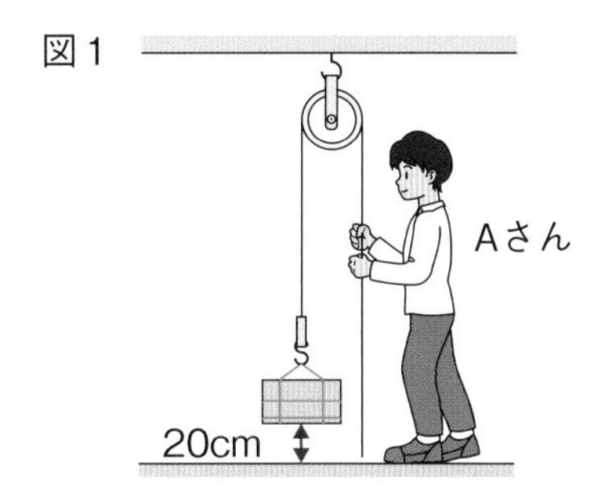

図2

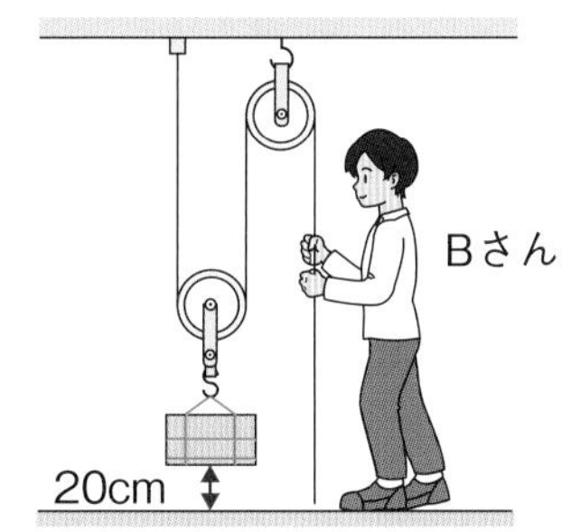

(1) 図1のように，滑車を使ってロープを真下に引き，荷物をゆっくり一定の速さで20cm引き上げた。このとき，Aさんがロープを引いた力の大きさは何Nか。

(　　　　　)

(2) (1)で，Aさんがした仕事の大きさは何Jか。

(　　　　　)

(3) 図2のように，滑車を使ってロープを真下に引き，荷物をゆっくりと一定の速さで20cm引き上げた。このとき，Bさんがした仕事は何Jか。

(　　　　　)

(4) Bさんが(3)の仕事を行うのに5秒かかった。このときの仕事率は何Wか。

(　　　　　)

(5) Aさんがした仕事は，Bさんがした仕事の何倍か。

(　　　　　)

作図力UP よく考えてかいてみよう！

6 **中和** うすい水酸化ナトリウム水溶液10cm³をビーカーに入れて，BTB液を数滴加えて青色にした。そのあと，ガラス棒でかき混ぜながら，ビーカーにうすい塩酸をこまごめピペットで少しずつ加えた。次の問いに答えなさい。

> 単元①　2章
> 水素イオンと水酸化物イオンが結びつくと水分子ができる。

(1) 図１は，水溶液の色が緑色になったときの水溶液中の水分子とイオンの状態を表したものである。図中の Na^+ はナトリウムイオンを， H_2O は中和によって生じた水分子を表している。図１の状態のとき，ナトリウムイオンの数に注目して，水溶液中に存在する塩化物イオンの数を，塩化物イオンの記号 Cl^- を用いて図１の□にかきなさい。

(2) 図２は，うすい塩酸を加えていったときの塩化物イオンの数の変化を┈┈で示したグラフである。うすい塩酸を10cm³加えたとき，水溶液の色が緑色に変化した。さらにうすい塩酸を加えると，水溶液の色は黄色になった。このとき，ビーカー内に含まれている，水素イオンの数の変化を表すグラフを図２にかきなさい。

(3) (2)の操作を行ったとき，ビーカー内に含まれる水酸化物イオンの数の変化を表すグラフを図３にかきなさい。

図１

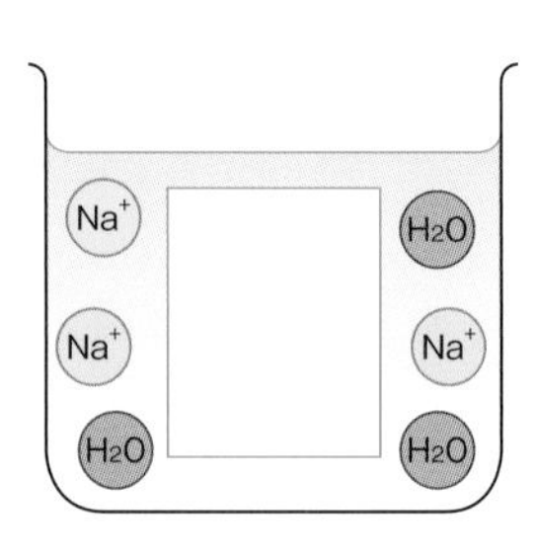

図２

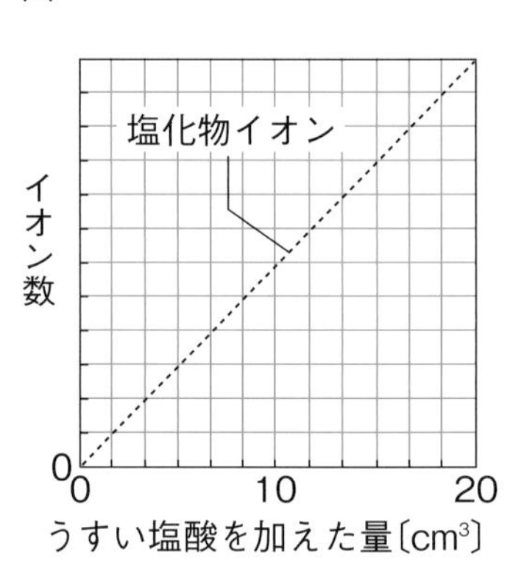

図３

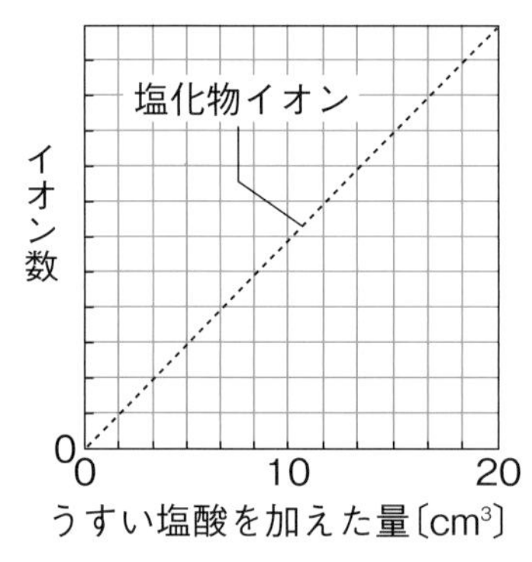

7 **相同器官** 図１は，コウモリ，クジラ，ヒトの前あしの骨格をスケッチしたもので，同じ部位どうしがわかるように黒くぬり，点線でつないだ。図２はイヌの前あしの骨格をスケッチしたものである。図１で黒くぬられた部分と同じつくりにあたる部分をぬりなさい。

図１

コウモリ　クジラ　ヒト

図２

イヌ

> 単元②　4章
> 図１で黒くぬられているのは相同器官で，基本的なつくりが同じになっている。

8 力の矢印 次の力を表す矢印を図にかきなさい。

(1) 質量1kgの金属球を斜面に置いたとき，金属球にはたらく重力を図1にかきなさい。ただし，100gの物体にはたらく重力の大きさを1Nとして，図の1目盛りを2Nとする。図の•は力の作用点を示している。

(2) 図2のような装置を組み，三つの力のつりあいの関係を調べた。二つの力F_1，F_2とつりあう力F_3を，図2に矢印で表しなさい。

単元④ 1・2章
異なる二つの力の合力は，二つの力を表す矢印を隣り合う2辺とする平行四辺形の対角線で求める。作用点に注目し，力の向きに矢印をかく。

図1

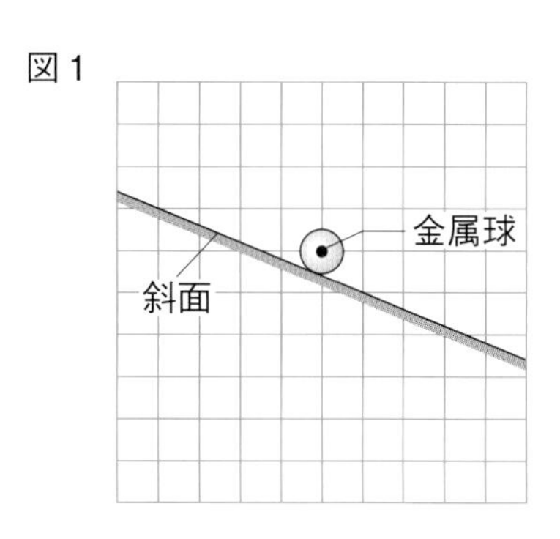

図2

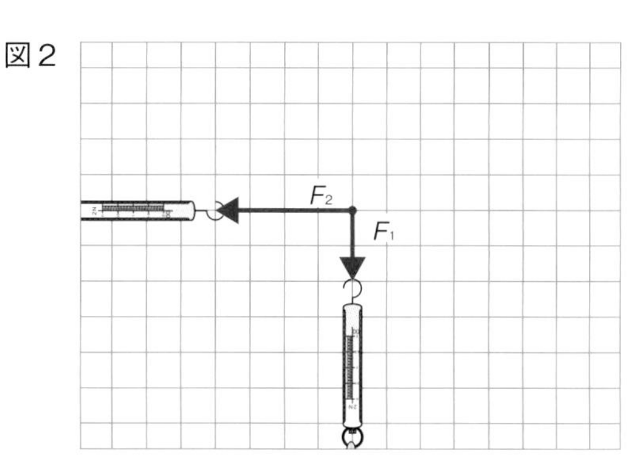

(3) 図3は，斜面上の物体にはたらく重力の矢印を表したものである。物体にはたらく重力を，斜面に平行な分力と斜面に垂直な分力に分解し，図3に力の矢印を使って表しなさい。

(4) Aさんが壁をおす力を図4のような矢印で表すとき，Aさんが壁から受ける力を，図4に矢印を使って表しなさい。

図3

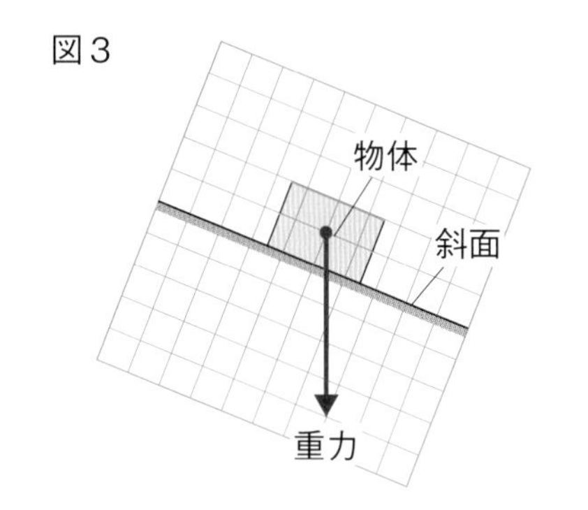

図4

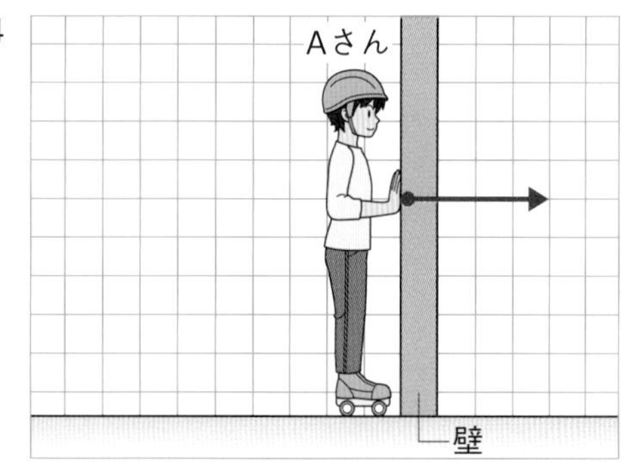

記述力UP 自分の言葉で表現してみよう！

9 生物の成長 根の細胞分裂の様子を観察するために，根の先端を切り取り，塩酸の入った試験管に入れ約60℃の湯で数分間温めた後，顕微鏡で観察した。塩酸で処理を行うと，細胞分裂の様子が観察しやすくなる理由を答えなさい。

単元② 1章
「～から。」という形で答える。

（　　　　　　　　　　　　　　　　　　　　）

プラスワーク

10 **生殖** 有性生殖と無性生殖では，親から子への遺伝子や形質の受け継がれ方にちがいがある。有性生殖と無性生殖のそれぞれの特徴を，「遺伝子」，「形質」という言葉を使って簡単に答えなさい。

単元② 2章
無性生殖では，受精によらず子をつくることに着目。

有性生殖（　　　　　　　　　　　　　　　　　　　　　　　）

無性生殖（　　　　　　　　　　　　　　　　　　　　　　　）

11 **遺伝の規則性** エンドウの種子には，丸い種子としわの種子がある。純系の丸い種子がもつ遺伝子の組み合わせをAA，純系のしわの種子がもつ遺伝子の組み合わせをaaとする。純系の丸い種子と純系のしわの種子がつくるエンドウを他家受粉させると，遺伝子Aaの組み合わせをもつ丸い種子だけができた。そのあと，できた種子をまいて育てたエンドウを自家受粉させたところ，丸い種子としわの種子ができた。この実験で，しわの種子ができた理由を，生殖細胞とできた種子の遺伝子の組み合わせに注目し，簡単に答えなさい。

単元② 3章
他家受粉してできた種子の遺伝子の組み合わせに着目。

（　　　　　　　　　　　　　　　　　　　　　　　）

12 **天体の動き** 地球の運動と天体の動きについて，次の問いに答えなさい。

単元③ 1・2・3章
(4)地球－太陽－金星の位置関係や距離に着目。

(1) 太陽や星などの天体が，東から西へ向かって１日に１回転して見える理由を，「地軸」という言葉を使って簡単に答えなさい。

（　　　　　　　　　　　　　　　　　　　　　　　）

(2) 日本の冬の夜でさそり座を観測しようとしたが，見ることができなかった。その理由を，「地球から見て」という言葉を使って簡単に答えなさい。

（　　　　　　　　　　　　　　　　　　　　　　　）

(3) 日本では，昼の長さや太陽の南中高度の変化により四季が生じる。季節によって昼の長さや太陽の南中高度が変化する理由を，「公転」という言葉を使って簡単に答えなさい。

（　　　　　　　　　　　　　　　　　　　　　　　）

(4) 金星の１日の動きを観測したが，金星を真夜中に見ることができなかった。その理由を簡単に答えなさい。

（　　　　　　　　　　　　　　　　　　　　　　　）

運動のようす

●運動の向きに力がはたらく

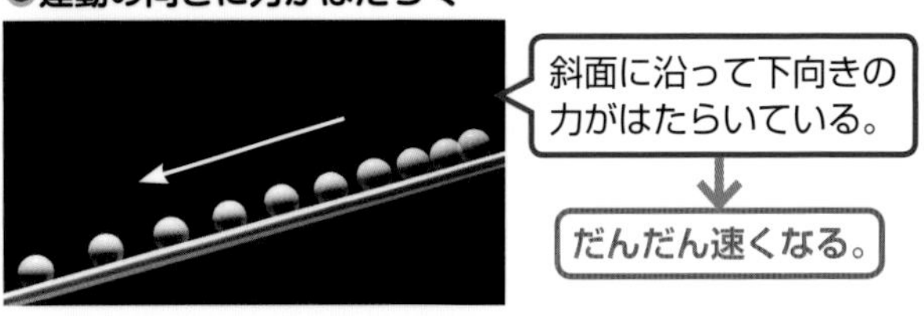

●運動の向きと逆向きに力がはたらく

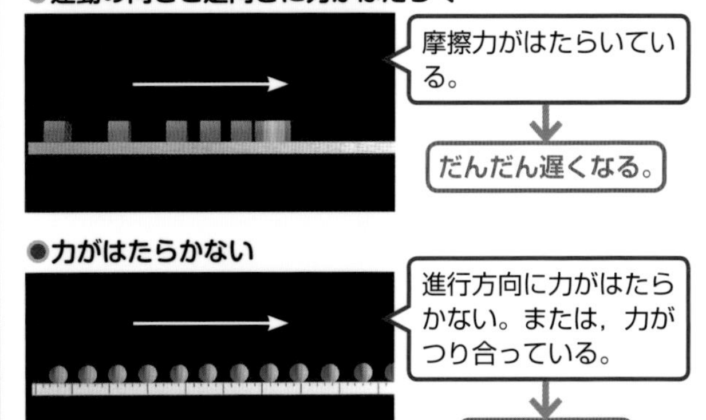

●力がはたらかない

力学的エネルギーの保存

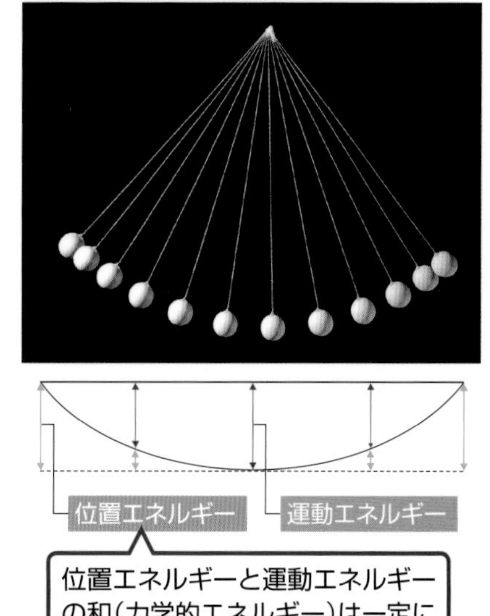

塩化銅水溶液の電気分解

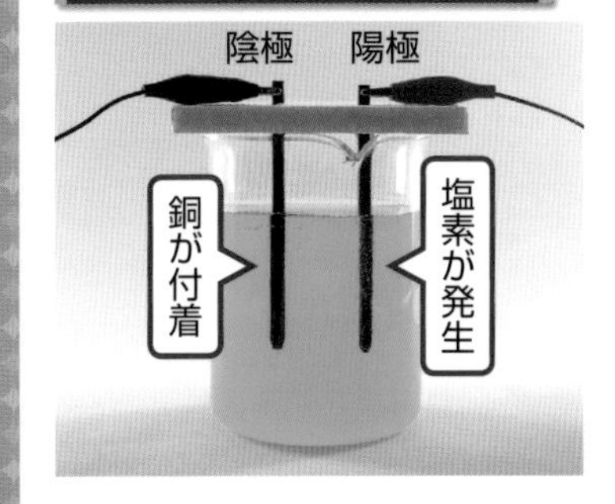

塩酸の電気分解

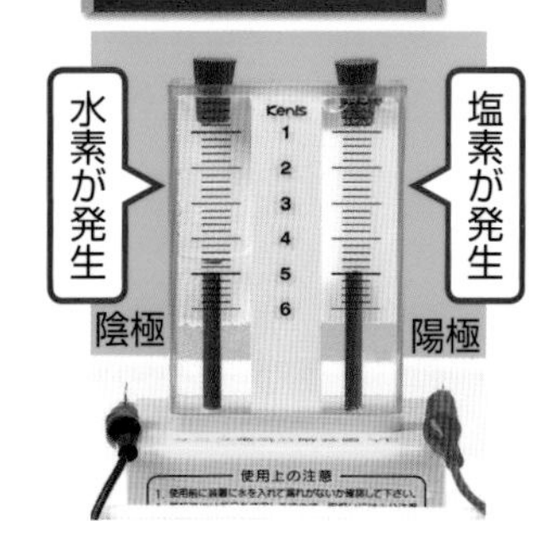

ダニエル電池

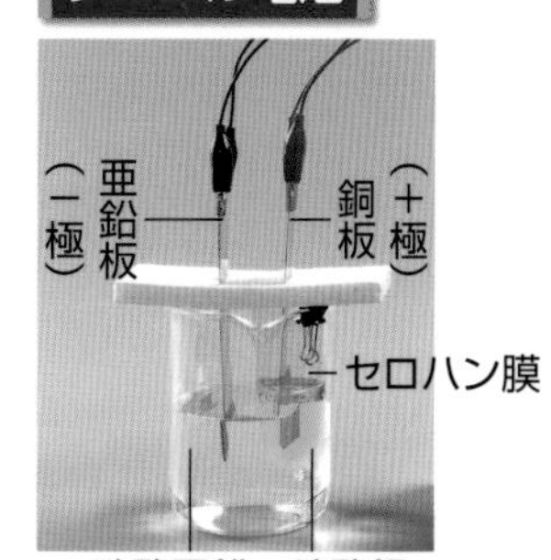

酸性・中性・アルカリ性の水溶液の性質

	リトマス紙	BTB 溶液	フェノールフタレイン溶液
酸　性	変化なし 青→赤	黄	変化なし
中　性	変化なし 変化なし	緑	変化なし
アルカリ性	赤→青 変化なし	青	赤

タマネギの根の細胞

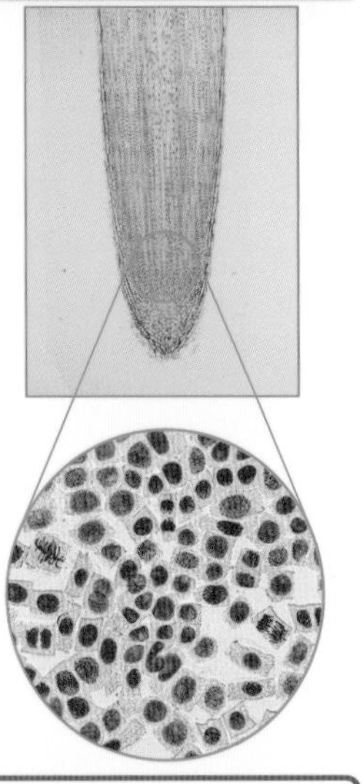

根の先端付近で細胞分裂がさかんに行われる。

ホウセンカの花粉管

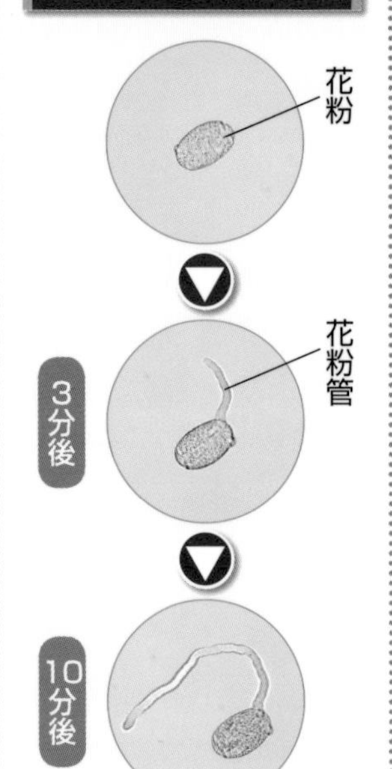

無性生殖

●ミカヅキモ

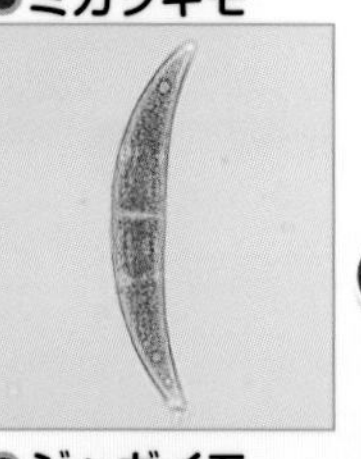

体細胞分裂によって新しい個体ができる。

●ジャガイモ

いもから芽と根が出て，親と同じ形質をもつ個体ができる。

太陽の表面

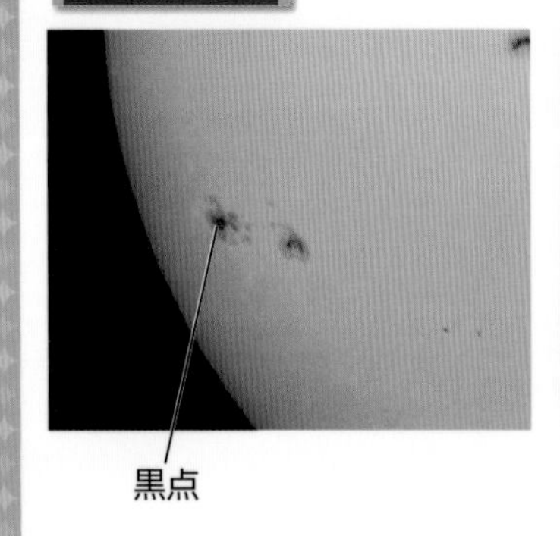

黒点

コロナ
（皆既日食のときに観測できる。）

銀河

アンドロメダ銀河

銀河は，数億～数千億個の恒星などの集まり。

星の日周運動

東の空

右ななめ上に移動する。

北の空

北極星を中心に反時計回りに回る。

西の空

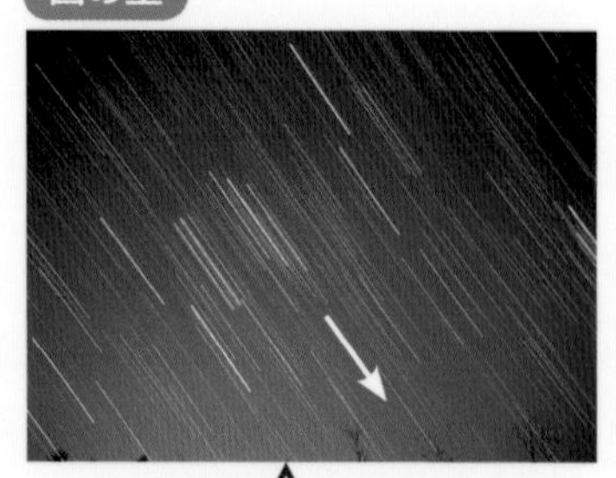

右ななめ下に移動する。

南の空

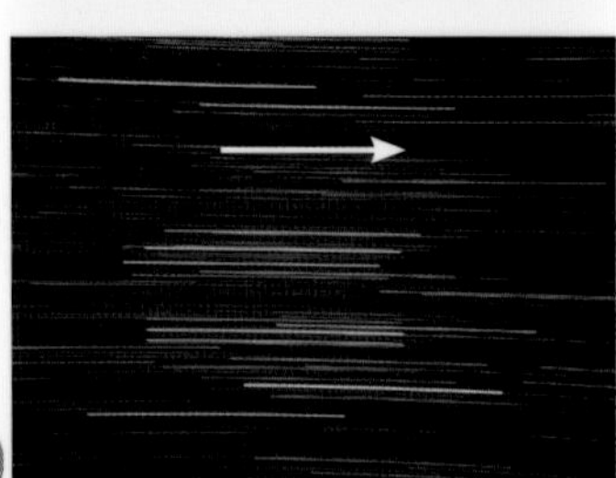

東から西へ移動する。

星は，地球の自転により，1日に1回地軸を中心に地球のまわりを回って見える。

定期テスト対策

得点アップ！予想問題

1 この「**予想問題**」で実力を確かめよう！

2 「**解答と解説**」で答え合わせをしよう！

3 わからなかった問題は戻って復習しよう！

この本での学習ページ

スキマ時間でポイントを確認！
別冊「**スピードチェック**」も使おう

●予想問題の構成

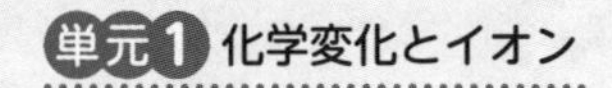

第1回 予想問題

1章 水溶液とイオン
2章 酸・アルカリとイオン(1)

1 右の図のような装置で，塩化銅水溶液に電流を流したところ，陽極付近から気体が発生し，陰極には固体が付着した。これについて，次の問いに答えなさい。 4点×5（20点）

(1) 塩化銅のように，水にとけたとき，その水溶液に電流が流れる物質を何というか。

(2) 陽極付近から発生した気体は何か。気体の化学式を答えなさい。

(3) (2)の気体の性質を，次のア～エから選びなさい。

ア 水にとけにくい。

イ 脱色作用がある。

ウ 石灰水を白くにごらせる。

エ 特有の腐卵臭(ふらんしゅう)がする。

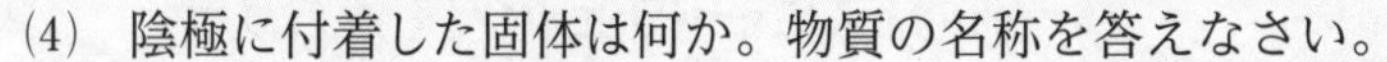
(4) 陰極に付着した固体は何か。物質の名称を答えなさい。

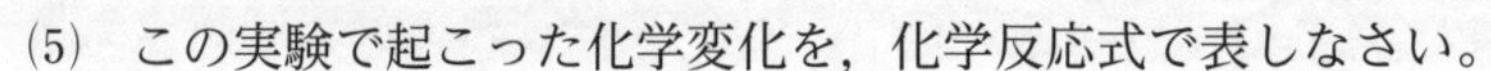
(5) この実験で起こった化学変化を，化学反応式で表しなさい。

電源装置 / 発泡ポリスチレンの板 / 陰極 / 陽極 / 塩化銅水溶液 / 電極（炭素棒）

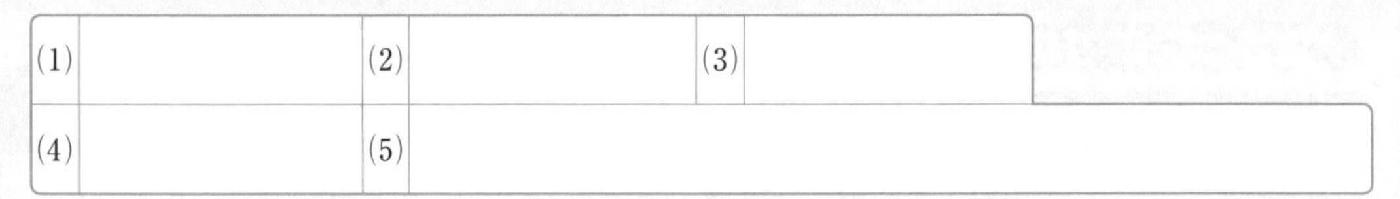

(1)		(2)		(3)	
(4)		(5)			

2 図1は，ヘリウム原子の構造を，図2は，塩化ナトリウムが水にとけたときの様子を模式的に表したものである。これについて，次の問いに答えなさい。 3点×8（24点）

(1) 図1の㋐～㋓の名称をそれぞれ答えなさい。

(2) 図1の㋐を失ったり受け取ったりして，電気を帯びるようになった原子を何というか。

(3) 図2のNa^+やCl^-は，塩化ナトリウムが水にとけたときに分かれてできたものである。水にとけたときに，このような物質に分かれることを何というか。

(4) Na^+とCl^-を何というか。それぞれ名称を答えなさい。

図1

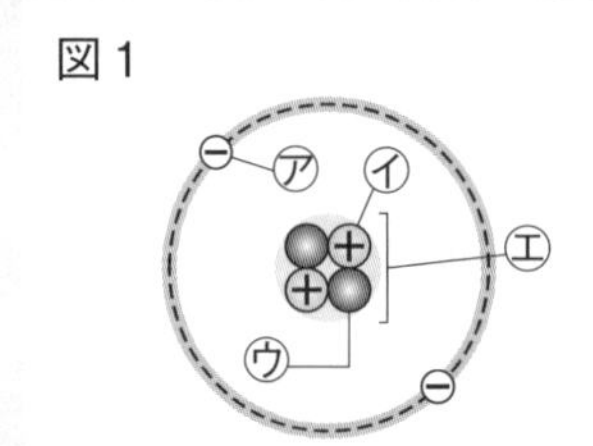

図2

(1)	㋐		㋑		㋒		㋓	
(2)		(3)		(4)	Na^+		Cl^-	

3 いろいろな水溶液の性質を調べた。次の問いに答えなさい。

5点×4（20点）

(1) 青色リトマス紙が赤色になる水溶液を，次のア～エからすべて選びなさい。

ア うすい塩酸　**イ** 酢酸　**ウ** 水酸化ナトリウム水溶液　**エ** アンモニア水

(2) (1)で選んだ水溶液にマグネシウムリボンを入れると，どのようになるか。

(3) (1)で選んだ水溶液に電流は流れるか。

(4) 水溶液をpHメーターを使って調べたとき，pHの値が7より大きくなるのはどの水溶液か。(1)のア～エからすべて選びなさい。

(1)		(2)	
(3)		(4)	

4 硫酸ナトリウム水溶液をしみ込ませたろ紙をスライドガラスにのせ，その上に図1では青色リトマス紙を，図2では赤色リトマス紙をのせた。次に，図1ではうすい塩酸，図2では水酸化ナトリウム水溶液で湿らせたろ紙をのせ，10～15V程度の電圧を加えた。次の問いに答えなさい。

4点×9（36点）

(1) 図1で，㋐，㋑のように引き寄せられたイオンはそれぞれ何イオンか。

(2) 図1で，青色リトスマ紙の色が変化したのは陰極側か，陽極側か。

(3) (2)より，酸性を示すのは何イオンによるといえるか。

(4) 図2で，㋒，㋓のように引き寄せられたイオンはそれぞれ何イオンか。

(5) 図2で，赤色リトスマ紙の色が変化したのは陰極側か，陽極側か。

(6) (5)より，アルカリ性を示すのは何イオンによるといえるか。

(7) うすい塩酸中で塩化水素が電離している様子を，イオンの化学式を使って表しなさい。

図1

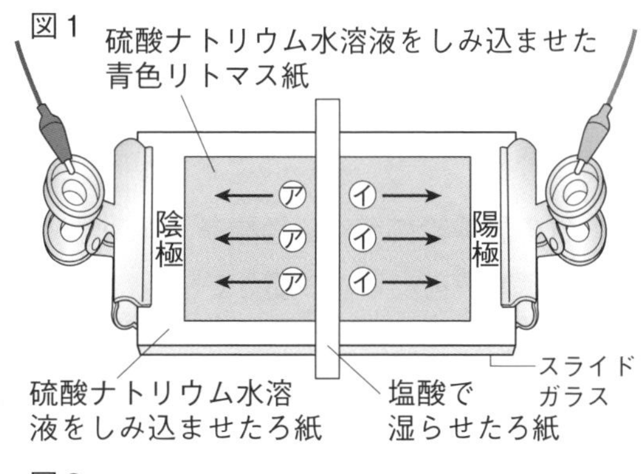

図2

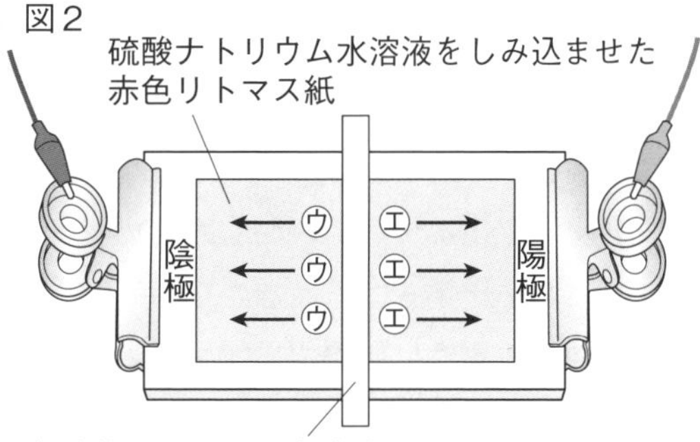

(1)	㋐		㋑		(2)		(3)	
(4)	㋒		㋓		(5)		(6)	
(7)								

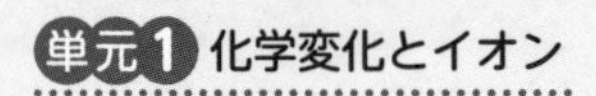

第2回 予想問題　2章　酸・アルカリとイオン(2)　3章　電池とイオン

1 リトマス紙，BTB液およびフェノールフタレイン液を用いると，水溶液の酸性，中性，アルカリ性を調べることができる。次の問いに答えなさい。　5点×7(35点)

(1)　リトマス紙やBTB液のように，酸性やアルカリ性を調べる薬品を何というか。

(2)　㋐～㋕のリトマス紙のうち，水溶液をつけたときに色が変わらないものをすべて選びなさい。

(3)　㋖，㋗の水溶液は，それぞれ何色になるか。

(4)　㋘，㋙の水溶液は，それぞれ何色になるか。

(5)　酸性が強いほどpHの値は大きくなるか，小さくなるか。

	酸性	中性	アルカリ性
青色リトマス紙	㋐	㋑	㋒
赤色リトマス紙	㋓	㋔	㋕
BTB液	㋖	緑色	㋗
フェノールフタレイン液	㋘	無色	㋙

(1)		(2)		(3) ㋖		㋗	
(4) ㋘		㋙		(5)			

2 Aの試験管にうすい塩酸を$10cm^3$加え，BTB液を数滴加えたあと，うすい水酸化ナトリウム水溶液を少しずつ加えていったところ，水溶液の色が図1のB，Cのように変化した。次の問いに答えなさい。　6点×5(30点)

(1)　Bの水溶液をスライドガラスに数滴取り，水を蒸発させたところ，白い結晶が残った。この物質は何か。

(2)　(1)のように，酸の陰イオンとアルカリの陽イオンが結びついてできた物質を何というか。

(3)　図2は，塩酸と水酸化ナトリウム水溶液を混ぜたときの化学変化について説明したものである。㋐にあてはまる物質を化学式で答えなさい。

(4)　図2のように酸の水素イオンとアルカリの水酸化物イオンが結びつく化学変化を何というか。

(5)　Bの水溶液にうすい水酸化ナトリウム水溶液を加えてCの水溶液ができるとき，(4)の化学変化は起こるか。

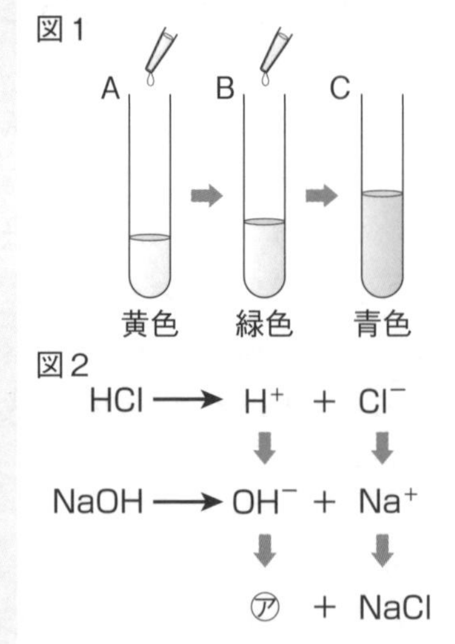

(1)		(2)		(3)	
(4)		(5)			

3 右の図のように，うすい硫酸亜鉛水溶液に亜鉛板，素焼きの容器に入れた硫酸銅水溶液に銅板を入れ，プロペラつき光電池用モーターにつないだところ，モーターが回った。これについて，次の問いに答えなさい。

5点×4（20点）

(1) この実験で，モーターが回ったことから，物質のもつ化学エネルギーを変換して電気エネルギーを取り出せたことがわかる。このような装置を，一般に何というか。

(2) モーターが回っているとき，亜鉛板はどのようになっているか。次のア～エから選びなさい。

ア 色が赤色に変化していく。

イ 硫酸亜鉛水溶液にとけていく。

ウ 表面に固体が付着する。　　**エ** 表面から気体が発生している。

亜鉛板　銅板

硫酸亜鉛水溶液　素焼きの容器（中に硫酸銅水溶液を入れる。）　プロペラつき光電池用モーター

(3) モーターが回っているとき，銅板はどのようになっているか。(2)の**ア**～**エ**から選びなさい。

(4) モーターが回っているときの，銅板で起こっている化学変化を化学反応式で表しなさい。ただし，電子1個は⊖と表す。

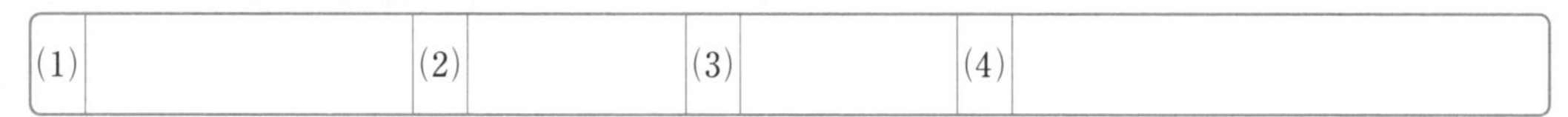

4 右の図のように簡易型電気分解装置で水を電気分解し，しばらくしてから電源を外して電極に電子オルゴールをつないだところ，電子オルゴールが鳴った。これについて，次の問いに答えなさい。

5点×3（15点）

(1) 電子オルゴールが鳴ったことから，水の電気分解とは逆の化学変化によって電気エネルギーを取り出せたことがわかる。このような装置を何というか。

(2) 電子オルゴールが鳴っているときに，簡易型電気分解装置の中で起こっている化学変化を，化学反応式で表しなさい。

(3) (1)の装置の特徴としてまちがっているものを，次の**ア**～**エ**から選びなさい。

ア 水素を供給すると，続けて使うことができる。

イ 有害な排出ガスが出ない。

ウ 自動車の動力源として実用化されている。

エ 一般家庭での実用化は全く進んでいない。

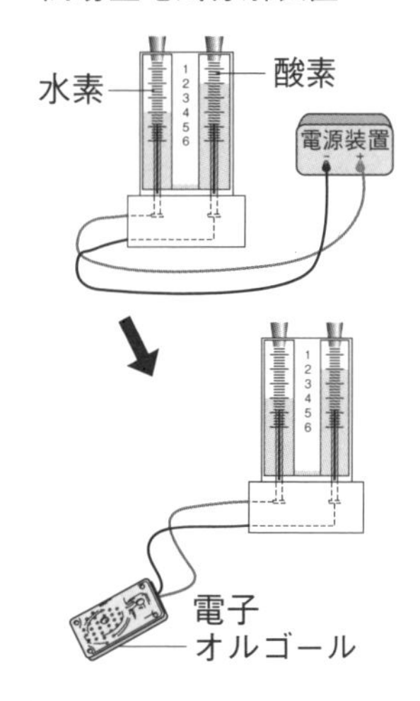

(1)		(2)		(3)	

1章　生物の成長
2章　生物の殖え方
3章　遺伝の規則性
4章　生物の種類の多様性と進化

1 右の図1のように，ソラマメの根に等間隔に印をつけ，水を含ませたスポンジの上で成長させた。図2は，図1のある部分を顕微鏡で見たスケッチである。次の問いに答えなさい。

4点×5（20点）

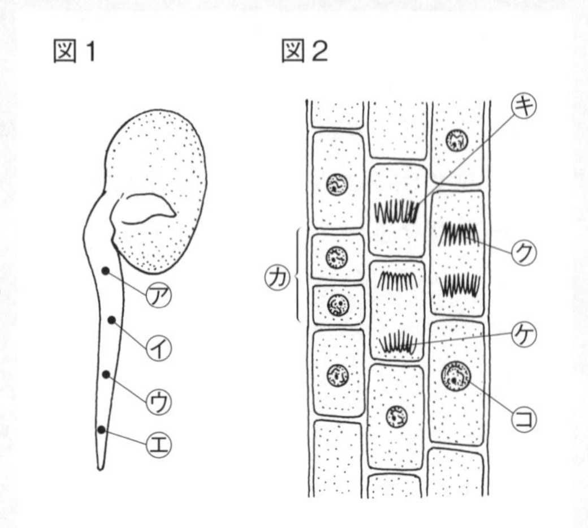

(1) 図2は，図1のどの部分をスケッチしたものか。㋐〜㋓から選びなさい。

(2) 図2の細胞には，㋖，㋗，㋘のようなひも状のものが見られる。これを何というか。

(3) (2)を見やすくするために加える染色液として適切なものを，次のア〜ウから選びなさい。

ア　うすい塩酸

イ　フェノールフタレイン液

ウ　酢酸オルセイン液

(4) 図2の㋕〜㋙のような細胞の様子は，細胞の何という変化を表すか。

(5) 根が全体として伸びていくのは，(4)の変化によって細胞の数が増えることに加えて，新しくできた細胞がどのようになるからか。

(1)		(2)		(3)		(4)		(5)	

2 右の図は，ある植物の細胞を顕微鏡で観察したものの模式図である。これについて，次の問いに答えなさい。

4点×5（20点）

A　B　C　D　E　F

(1) 図の㋐は何か。

(2) 図の㋑は，細胞が二つに分かれるのに先立って，数が2倍に増え，二つの細胞に分かれて入る。㋑の数がこのようになる細胞の分裂を何というか。

(3) 細胞が分裂する前後で，染色体の数はどうなるか。

(4) 図のA〜Fを変化の順になるように，Aを最初として，正しく並べなさい。

(5) 生物の形や性質を決めるもととなる遺伝子の本体は，何という物質か。

(1)		(2)		(3)	
(4)	A→　→　→　→　→			(5)	

3 右の図は，ヒキガエルの卵が成長していく様子を観察したものである。これについて，次の問いに答えなさい。　4点×8（32点）

(1) 雄雌の区別があり，精子の核と卵の核が合体することで新しい個体をつくる生殖を何というか。その名称を答えなさい。

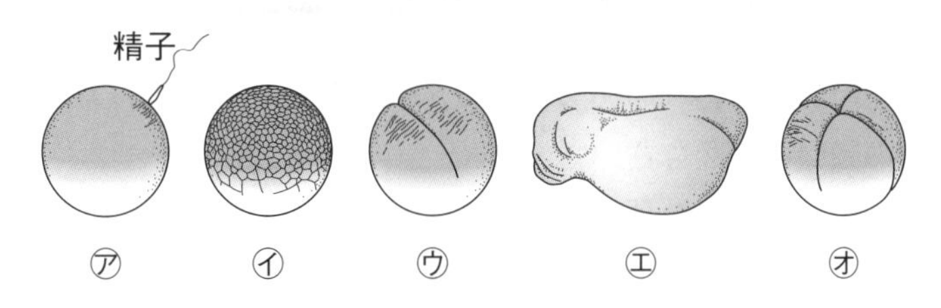

(2) (1)に対して，親の体の一部から新しい個体ができたり，分裂によって個体ができたりする生殖を何というか。その名称を答えなさい。

(3) 図の㋐のように，卵の核と精子の核とが合体する過程を何というか。

(4) (3)の結果，卵は何になるか。

(5) 卵や精子のような，生殖のためにつくられる細胞をまとめて何というか。

(6) (5)の細胞がつくられるとき，染色体の数が半分になる細胞分裂が起こる。このような細胞分裂を何というか。

(7) ㋐〜㋔の過程を正しい順序に並べたとき，㋔の次にくるのはどれか。記号で答えなさい。

(8) ㋐のあと，成体になるまでの過程を何というか。

(1)		(2)		(3)		(4)	
(5)		(6)		(7)		(8)	

4 エンドウの丈が高くなる（「高い」）遺伝子をA，低くなる（「低い」）遺伝子をaとして，親から子へ遺伝子がどのように伝わるかを右の図のように表した。これについて，次の問いに答えなさい。　7点×4（28点）

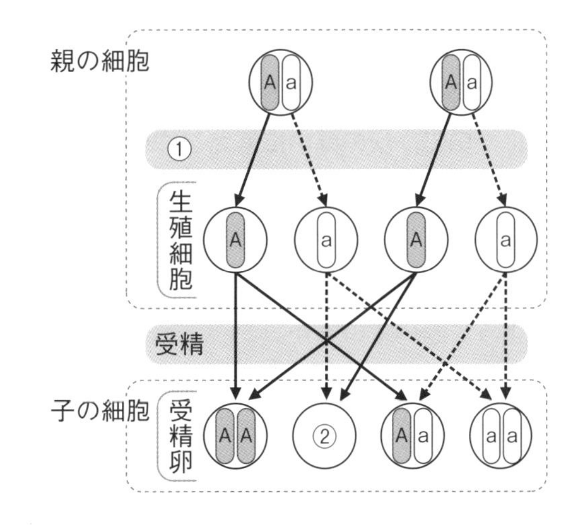

(1) 図の①のように，減数分裂のときに，対になっていた遺伝子Ａａが細胞分裂して，Ａとａに分かれて別々の生殖細胞に入ることを何というか。

(2) 図の②で現れる形質は，「高い」と「低い」のどちらか。

(3) 図の②にあてはまる遺伝子の組み合わせを，右の㋐〜㋒から選びなさい。

(4) 子の代で，「高い」と「低い」の形質は，どのような割合で現れるか。最も簡単な整数比で表しなさい。

(1)		(2)		(3)		(4)	「高い」：「低い」＝

第4回 予想問題　1章　天体の1日の動き　2章　天体の1年の動き

1 右の図は，日本のある地点で，太陽の1日の動きを記録したものである。これについて，次の問いに答えなさい。　　　3点×9（27点）

(1)　太陽が真南の位置にくるのはいつか。次のア〜ウから選びなさい。

ア　真夜中　　イ　正午頃　　ウ　夕方

(2)　実際には存在しないが，天体の運動をモデルとして表すときなどに用いられる，図の丸い天井㋐を何というか。

(3)　図のCの角度は何を表すか。

(4)　日の出，日の入りの位置は，それぞれ図のA，Bのどちらか。

(5)　太陽の動きとして正しいものは，図のa，bのどちらか。

(6)　(5)のような太陽の動きを太陽の何というか。

(7)　太陽が(5)のような運動をするのは，地球が何という運動をしているためか。

(8)　図の太陽は，一定時間ごとにその位置を調べたものである。それぞれの間隔はどのようになっているか。次のア〜ウから選びなさい。

ア　午前のほうが短い。　　イ　1日中変わらない。　　ウ　午後のほうが短い。

(1)		(2)		(3)		(4)	日の出		日の入り	
(5)		(6)		(7)		(8)				

2 右の図は，日本のある地点で，それぞれ異なる方位の星の動きを記録したものである。これについて，次の問いに答えなさい。　　　4点×6（24点）

(1)　東の空における星の動きを表しているのは，A〜Dのどれか。

(2)　Aで，何という星を中心に回るように動いているか。

(3)　Aで，それぞれの星は中心から角度にして，45°動いていた。この図は何時間の星の動きを表しているか。

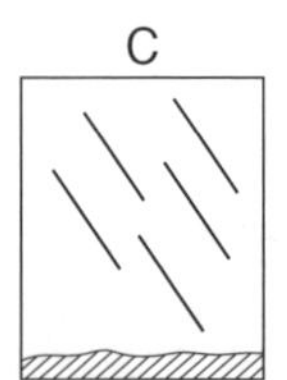

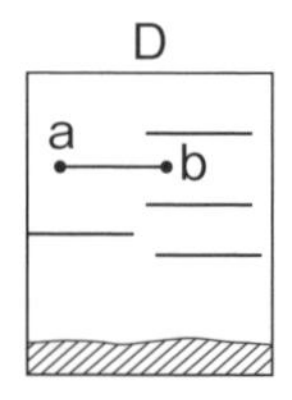

(4)　Dで，星の動きは，a→b，b→aのどちらか。

(5)　星が，1日のうちで東から西へ1回転しているように見える動きを星の何というか。

(6)　(5)の運動の原因は何か。次のア〜ウから選びなさい。

ア　恒星の動き　　イ　地球の自転　　ウ　地軸の傾き

(1)		(2)		(3)		(4)		(5)		(6)	

3 右の図は，季節による星座の移り変わりと太陽の位置を表した図である。次の問いに答えなさい。 4点×4（16点）

(1) 太陽は図の------上を動き，星座の間を動いて見える。この太陽の通り道を何というか。

(2) (1)で答えた太陽の通り道にある12個の星座をまとめて何というか。

(3) 太陽が星座に対して動く向きは，次のア，イのどちらか。

ア 東から西　　イ 西から東

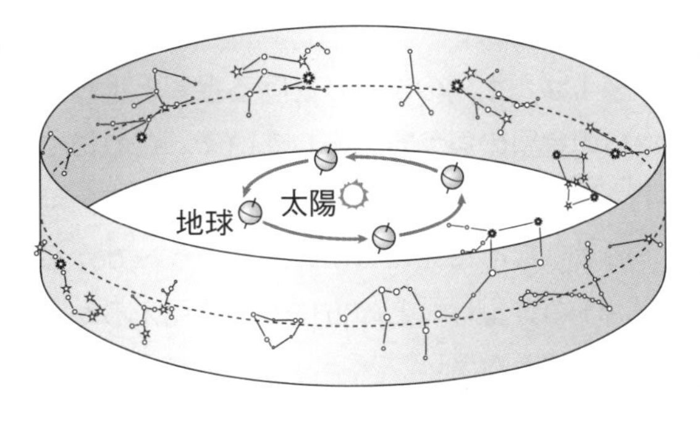

(4) (3)のように，太陽が星座の中を動いて見える原因は何か。次のア～ウから選びなさい。

ア 地球の公転　　イ 地球の自転　　ウ 地軸の傾き

(1)		(2)		(3)		(4)	

4 図1は，太陽と，そのまわりを回る地球との位置関係を表したものである。これについて，次の問いに答えなさい。 3点×11（33点）

(1) 地球がAの位置にあるときの日本における季節は，春，夏，秋，冬のいつか。

(2) 図1で，地球の自転の向きは，㋐，㋑のどちらか。

(3) 日本において，太陽の南中高度が最も高くなるのは，地球がA～Dのどの位置にあるときか。

(4) 日本において，昼の長さが最も短くなるのは，地球がA～Dのどの位置にあるときか。

(5) 地軸は，太陽のまわりを回転する面に垂直な方向から何度傾いているか。

(6) 図1のように，太陽のまわりを地球が1年間かけて1回転することを地球の何というか。

図1

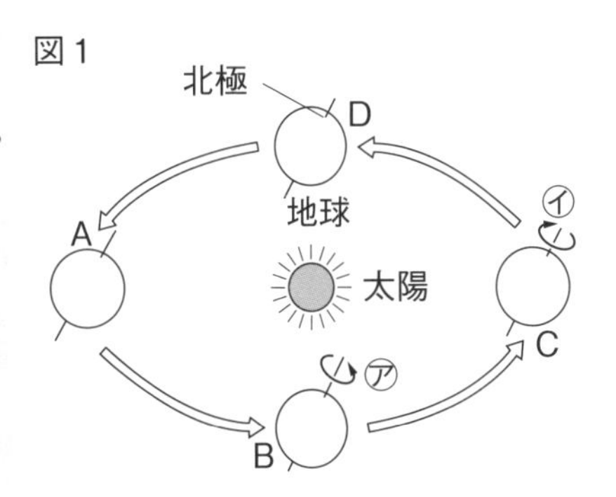

(7) 図2で，㋐～㋒は太陽の1日の動きを表している。春分，夏至，秋分，冬至の日の太陽の動きを，㋐～㋒からそれぞれ選びなさい。

(8) 図2のように，太陽の高度が変化するのはなぜか。簡単に答えなさい。

図2

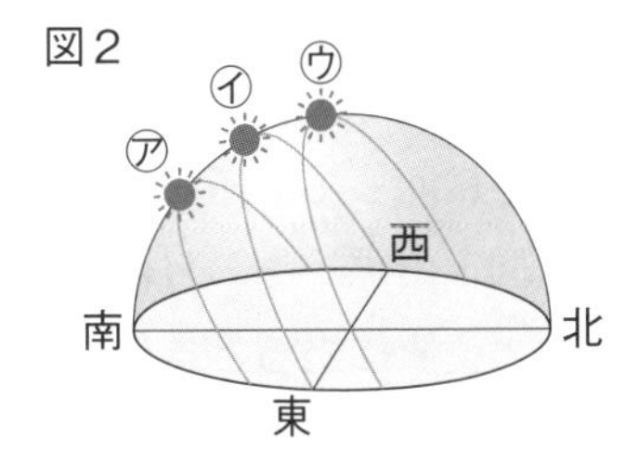

(1)		(2)		(3)		(4)		(5)		(6)	
(7)	春分		夏至		秋分		冬至		(8)		

第5回 予想問題 3章 月や惑星の動きと見え方 4章 太陽系と恒星

1 図1は，太陽のまわりを回る金星と地球の関係を表したものである。また，図2は，地球からの金星の見え方を表している。これについて，次の問いに答えなさい。 2点×6（12点）

⑴ 図1で，金星がㇱの位置にあるとき，地球からはどのような形に見えるか。図2のa〜dから選びなさい。

⑵ ⑴の金星は，どの方位の空に見えるか。東，西，南，北で答えなさい。

⑶ ⑴の金星は，その見える時刻から何とよばれるか。

⑷ 図1のㇰ〜㋓のうち，最も小さく見える金星の位置を選びなさい。

⑸ 図1のㇰ〜㋓のうち，「宵の明星」として見える金星を選びなさい。

⑹ 金星は真夜中に見ることができない。これは金星の公転軌道がどのようになっているからか。

図1

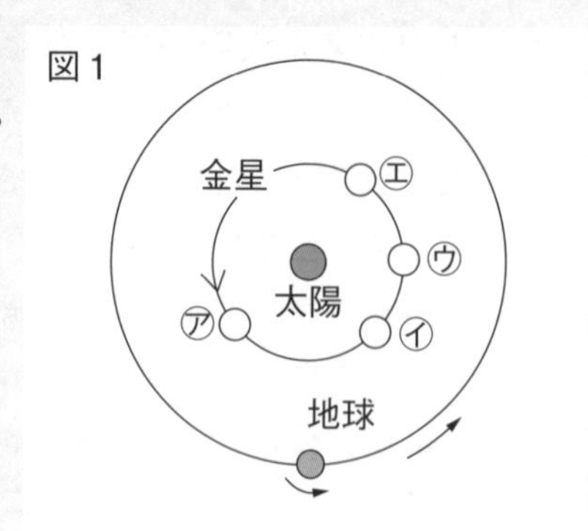

図2

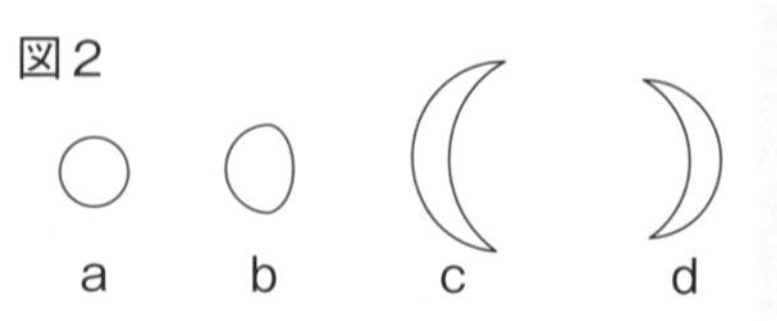

⑴		⑵		⑶		⑷		⑸		⑹	

2 下の図1は，月の満ち欠けの様子を，図2は，地球の北半球側から見たときの地球，太陽，月の位置関係を表したものである。あとの問いに答えなさい。 3点×12（36点）

図1

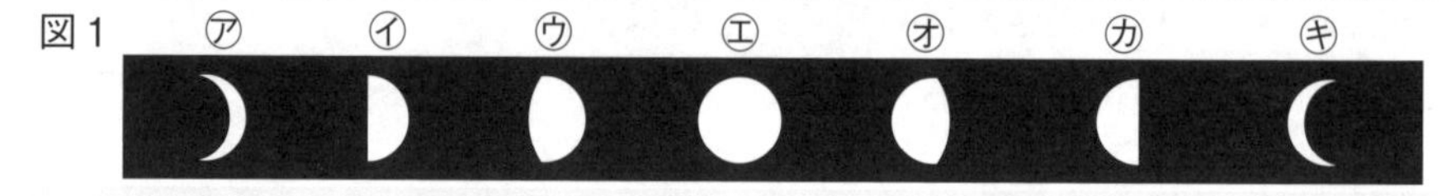

⑴ 下弦の月は，図1の㋐〜㋖のどれか。

⑵ 18時頃，南の空に見える月は，図1の㋐〜㋖のどれか。

⑶ 月は地球のまわりを，図2のあ，いのどちらの向きに回っているか。

⑷ 図1の㋐〜㋖の月は，それぞれ図2のa〜hのどの位置にあるときに見られるか。

図2

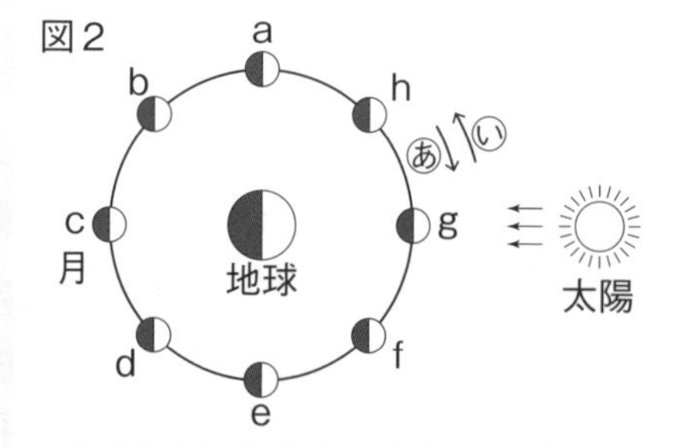

⑸ 日食と月食が起こるときの月の位置を，a〜hからそれぞれ選びなさい。（完全解答）

⑹ 月が満ち欠けする理由を簡単に答えなさい。

⑴		⑵		⑶		⑷㋐		㋑		㋒		㋓		㋔		㋕	
㋖		⑸	日食		月食		⑹										

3 右の図は，太陽を天体望遠鏡を使って観測している様子である。これについて，次の問いに答えなさい。 5点×5（25点）

(1) 太陽投影板に映した太陽の像には，黒いしみのような点が見られる。この点を何というか。

(2) 毎日同じ時刻に観測すると，(1)は日がたつにつれて，太陽の表面を動いていく。このことから，太陽はどのような運動をしていることがわかるか。

(3) (2)で，太陽の表面を動いていく(1)は，周辺部に向かうにつれて，形が縦に細長くなる。このことから，太陽はどのような形をしていることがわかるか。

(4) 太陽の表面に見られる炎のようなものを何というか。

(5) 日食とは，太陽，月，地球がどのような順で，一直線で並んだときに起こる現象か。次のア～ウから選びなさい。

ア 月－太陽－地球　　イ 太陽－地球－月　　ウ 太陽－月－地球

(1)		(2)		(3)		(4)		(5)	

4 右の図は，太陽系が属している銀河系を表したものである。これについて，次の問いに答えなさい。 3点×9（27点）

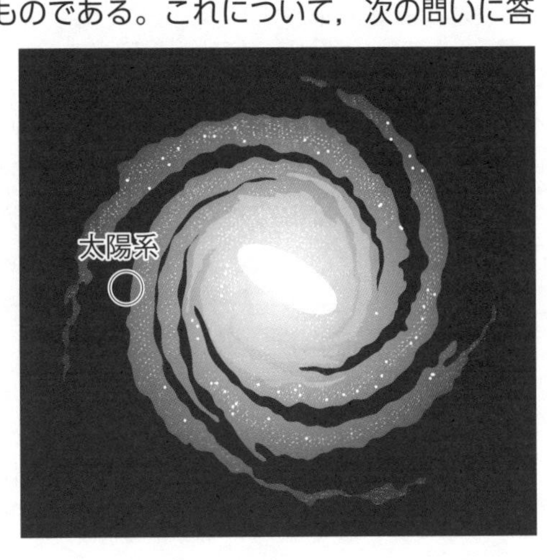

(1) 太陽系の惑星は全部で何個あるか。

(2) 地球の外側を公転している，地球型惑星を答えなさい。

(3) 木星型惑星とはどのような惑星か。大きさと密度に着目して答えなさい。

(4) 太陽系の惑星が輝いて見えるのはなぜか。その理由を簡単に答えなさい。

(5) 主に火星と木星の公転軌道の間にある，多数の小さな天体を何というか。

(6) 海王星よりも遠方にある天体を何というか。

(7) 細長い楕円軌道で太陽のまわりを回る天体を何というか。

(8) 衛星とはどのような天体か。

(9) 銀河系と同じような恒星の大集団を何というか。

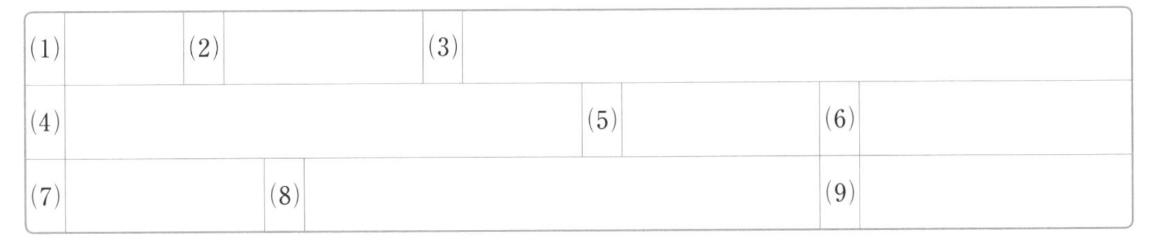

(1)		(2)		(3)	
(4)		(5)		(6)	
(7)		(8)		(9)	

第6回 予想問題
1章　力の規則性
2章　力と運動

1 空気中で3.0 Nの重力がはたらく直方体の物体がある。この物体をばねばかりにつるし，右の図のように水中に入れたところ，ばねばかりは2.1 Nを示した。これについて，次の問いに答えなさい。　6点×6（36点）

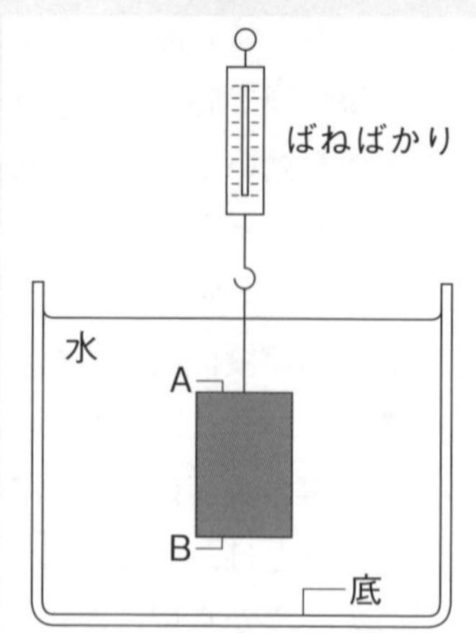

(1) 図のAの上面，Bの下面のうち，より大きな水圧がはたらいているのはどちらか。記号で答えなさい。

(2) 次の文は，水中にある物体にはたらく水圧についてまとめたものである。(　)にあてはまる言葉を答えなさい。

> 水中にある物体にはたらく水圧は，水の深さが深くなるほど(①)くなり，(②)向きからはたらく。

(3) 図のとき，物体にはたらく浮力は何Nか。

(4) 図の物体を，下面が底につかないようにさらに深く沈めると，浮力の大きさはどうなるか。次のア～ウから選びなさい。

ア　大きくなっていく。　イ　小さくなっていく。　ウ　変化しない。

(5) 物体が水に沈む条件として適当なものを，次のア～エから選びなさい。

ア　物体にはたらく重力や浮力に関係せず，質量が大きい物体は水に沈む。
イ　物体にはたらく重力や浮力に関係せず，質量が小さい物体は水に沈む。
ウ　物体にはたらく重力よりも浮力が大きいとき，物体は水に沈む。
エ　物体にはたらく浮力よりも重力が大きいとき，物体は水に沈む。

(1)		(2)	①		②		(3)		(4)		(5)	

2 右の図のように，斜面上に物体を置いたとき，物体にはたらく重力Fは，斜面に平行な分力Pと斜面に垂直な分力Qに分解される。次の問いに答えなさい。　5点×4（20点）

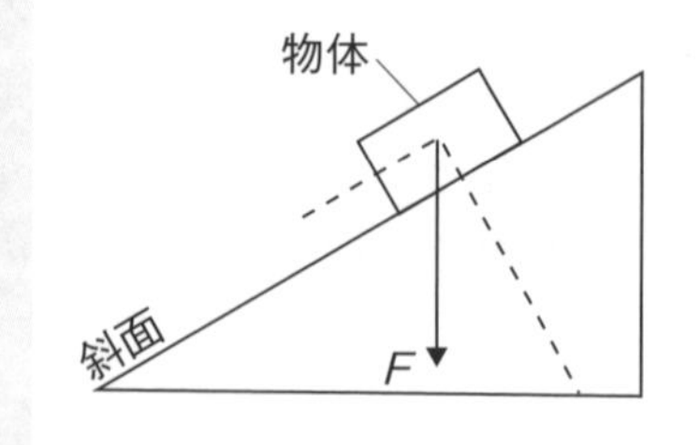

(1) 重力Fの分力Pと分力Qを示す矢印を，右の図にかき入れなさい。このとき，矢印の先に，P，Qとかいておきなさい。

(2) 斜面の傾きを大きくしたとき，重力F，分力P，分力Qの大きさはどのようになるか。それぞれ次のア～ウから選びなさい。

ア　大きくなる。　イ　小さくなる。　ウ　変わらない。

(1)	図に記入	(2)	重力F		分力P		分力Q	

3 右の図のように，斜面上の台車から静かに手を放し，斜面を下る台車の運動を１秒間に50打点を打つ記録タイマーで記録した。下の表は，５打点ごとの記録用テープの長さを順に表したものである。次の問いに答えなさい。 4点×11（44点）

記録用テープ
台車
A
記録タイマー
B
C

	a	b	c	d	e	f
５打点ごとの長さ〔cm〕	1	3	5	7	7	7

⑴ ある打点から次の打点をつけるまでの時間は何秒か。

⑵ ５打点つけるのにかかる時間は何秒か。

⑶ 表のa～dのテープを記録したとき，台車はどのような運動をしていたか。次のア～ウから選びなさい。

ア 速さがしだいに増していく運動

イ 速さがしだいに減っていく運動

ウ 速さが一定である運動

⑷ 表のd～fのテープを記録したとき，台車はどのような運動をしていたか。⑶の**ア**～**ウ**から選びなさい。

⑸ ⑷の運動のことを何というか。

⑹ ⑸に移るのは，台車が斜面を下り始めてから何秒後からか。最も近いものを次の**ア**～**エ**から選びなさい。

ア 0.1秒後　**イ** 0.3秒後

ウ 0.7秒後　**エ** 1.0秒後

⑺ 台車がBC間を移動しているときの速さは何cm/sか。

⑻ この実験で，時間と速さの関係をグラフに表すと，どのようになるか。右の㋐～㋒から選びなさい。

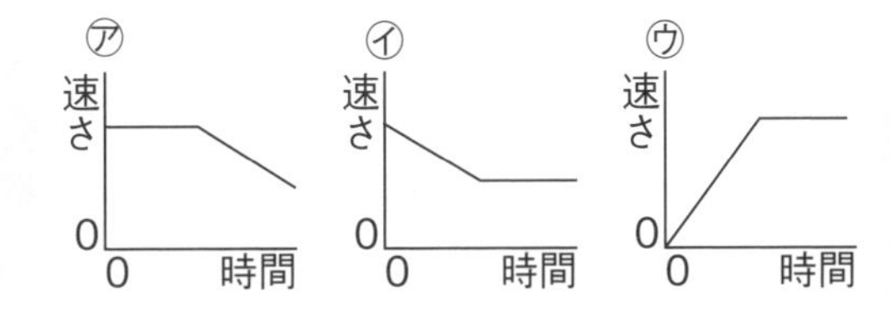

⑼ BC間がざらざらしているとき，台車はどのような運動をするか。次の**ア**～**エ**から選びなさい。

ア 止まることなく同じ速さで運動し続ける。

イ 速くなったり遅くなったりする。

ウ しだいに速くなっていく。

エ しだいに遅くなり，やがて止まる。

⑽ ⑼で選んだ運動となるのは，そこに何という力がはたらいているからか。

⑾ ⑽の力がはたらかないときは，何という法則が成り立つか。

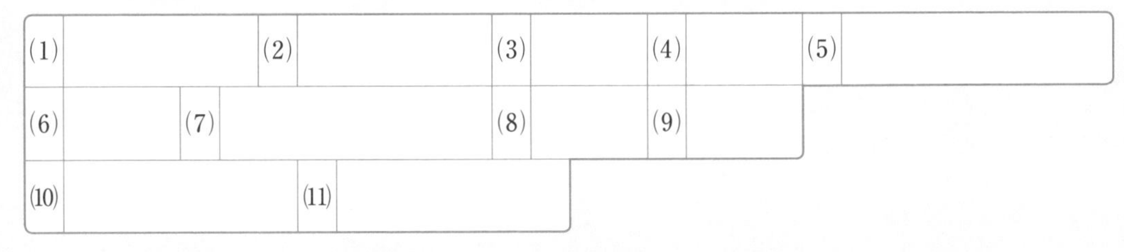

第7回 予想問題 3章 仕事とエネルギー 4章 エネルギーの移り変わり

1 右の図のように，滑車と摩擦のない斜面を使って，質量6kgの物体を75cm持ち上げる仕事を行った。滑車とひもの質量は考えなくてよいものとして，次の問いに答えなさい。ただし，100gの物体にはたらく重力の大きさを1Nとする。

4点×5 (20点)

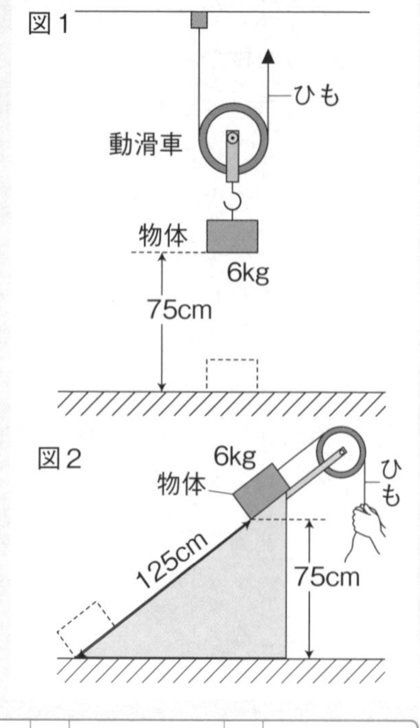

(1) 図1で，ひもを引く力の大きさとひもを引いた長さを答えなさい。

(2) 図1で行った仕事を求めなさい。

(3) 図2では，斜面に沿って引き上げた距離は125cmであった。ひもを引いた力の大きさを求めなさい。

(4) 図1と図2のどちらも，仕事率は同じ9Wであった。ひもを引く速さは図1と図2のどちらが大きいか。

(1)	力		長さ		(2)		(3)		(4)	

2 振り子の運動とおもりのもつエネルギーについて，次の問いに答えなさい。ただし，摩擦や空気の抵抗は考えないものとする。

5点×6 (30点)

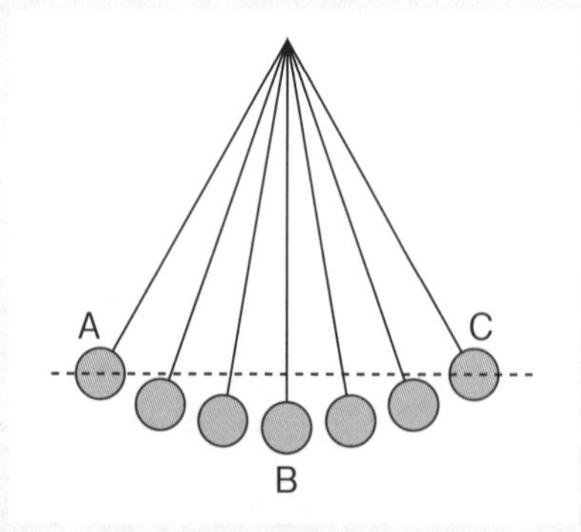

(1) おもりをB点からA点まで持ち上げたとき，大きくなったエネルギーは何か。

(2) おもりはA点からB点へ動いた。このとき大きくなったエネルギーは何か。

(3) (2)のとき，小さくなったエネルギーは何か。

(4) おもりはB点からC点へ動いた。このとき大きくなったエネルギーは何か。

(5) (4)のとき，小さくなったエネルギーは何か。

(6) A点における運動エネルギーと位置エネルギーの和を a，B点における運動エネルギーと位置エネルギーの和を b，C点における運動エネルギーと位置エネルギーの和を c とするとき，a，b，c の関係を等号または不等号を使って表しなさい。

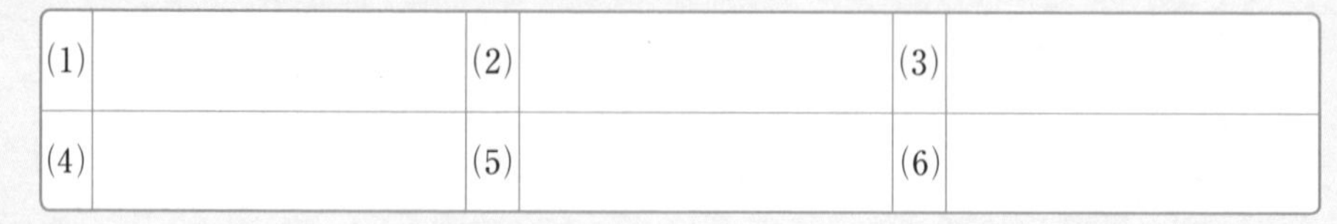

(1)		(2)		(3)	
(4)		(5)		(6)	

3 右の図1において，Aの位置から小球を転がした。このときのエネルギーの変化について，次の問いに答えなさい。 5点×6（30点）

(1) 図1のA～Eのうち，小球が最も大きな位置エネルギーをもつのはどこか。

(2) 図1のA～Eのうち，小球が最も大きな運動エネルギーをもつのはどこか。

図1

A B C D E
30 cm 20 cm 10 cm

(3) 図2は，斜面と小球の間に摩擦力がはたらかないと考えたときの位置エネルギーと運動エネルギーの移り変わりを表したものである。ただし，Aの位置で小球のもつ位置エネルギーは30，運動エネルギーは0であるとする。

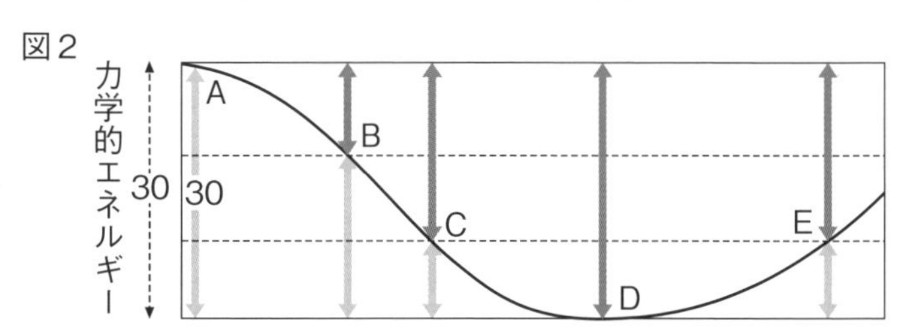

① 右の表は，A～Eの各地点でのエネルギーの大きさを表そうとしたものである。㋐，㋑にあてはまる大きさは，それぞれいくつか。

	A	B	C	D	E
位置エネルギー	30	㋐	10		
運動エネルギー	0	10	㋑		

② A～Eの各位置で，位置エネルギーと運動エネルギーの和は変化するか。

③ ②のようになることを何というか。

(1)		(2)		(3)	①	㋐		㋑		②		③	

4 熱の伝わり方について，次の問いに答えなさい。 4点×5（20点）

(1) 次の①～④のうち，伝導に関係するものにはア，対流に関係するものにはイ，放射に関係するものにはウと答えなさい。

① 冷房は，部屋の天井付近に取り付けたほうが部屋全体が冷えやすい。

② たき火の前に立つと，たき火に向かっている側が温かくなる。

③ 沸騰している湯の中にカツオ節（ぶし）を入れると，カツオ節が湯の中でグルグル回っていた。

④ 冬に運動場の鉄棒につかまると，とても冷たい。

(2) 右の図は，火にかけたフライパンの温まり方を表したものである。このような熱の伝わり方を何というか。(1)のア～ウから選びなさい。

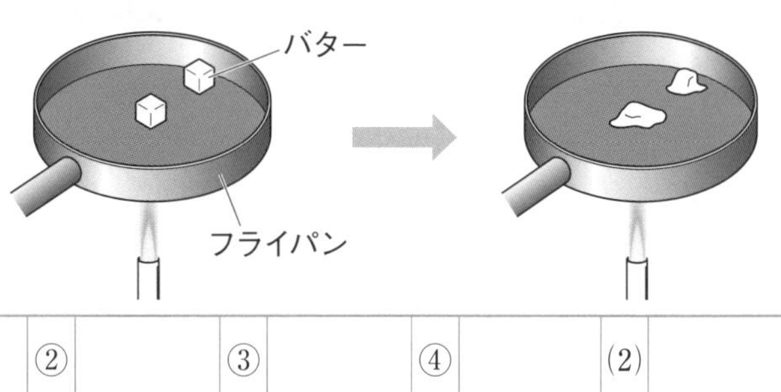

(1)	①		②		③		④		(2)	

解答 p.32

第8回 予想問題 自然環境や科学技術と私たちの未来

40分　/100

1 下の図は，自然界の炭素の流れを表したものである。あとの問いに答えなさい。

12点×5（60点）

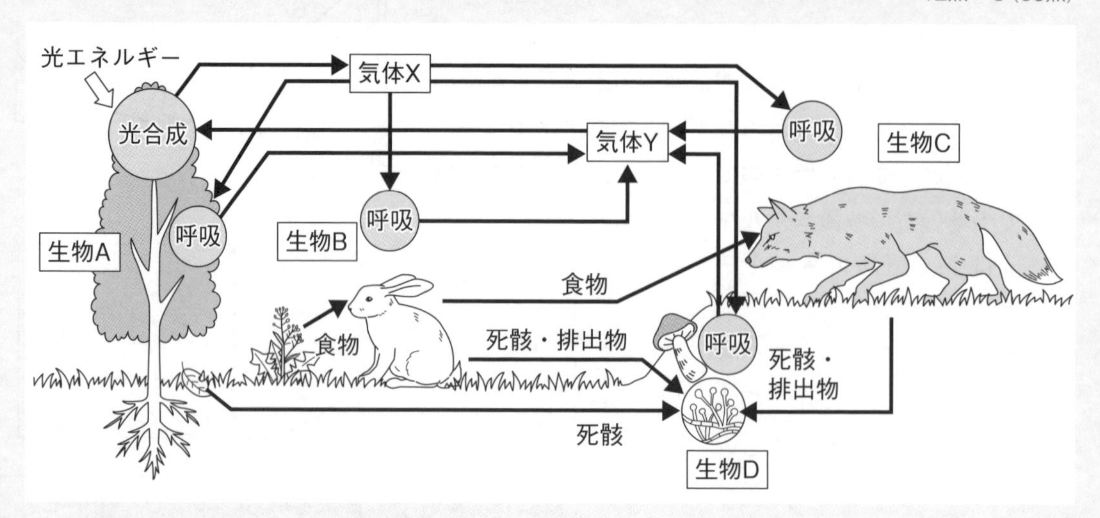

(1) 気体X，気体Yはそれぞれ何を表しているか。

(2) 生物A～Dのうち，分解者はどれか。

(3) 生物A～Dのうち，無機物から有機物をつくり出すことができる生物はどれか。

(4) 自然界の生物Aの数量をa，生物Bの数量をb，生物Cの数量をcとしたとき，数量的な関係は，どのようになっているか。次のア～ウから選びなさい。

ア　a＜b＜c　　イ　a＞b＞c　　ウ　a＝b＝c

(1)	X		Y		(2)		(3)		(4)	

2 さまざまな科学・技術について，次の問いに答えなさい。

10点×4（40点）

(1) 産業革命が始まった頃，ボイラーで水を熱し，発生した水蒸気を利用して，ピストンなどを動かして動力を得る機関が発達した。この機関のことを何というか。

(2) (1)の機関は何というエネルギー資源を利用して動力を得ているか。

(3) 次のア～オのうち，石油化学工業の発達により，製造が可能となった製品はどれか。すべて選びなさい。

ア　木綿（もめん）　イ　天然ゴム　ウ　プラスチック　エ　合成繊維　オ　絹（きぬ）

(4) インターネットの普及により，一般家庭でもインターネットを利用できるようになった。次のア～エのうち，インターネットへの接続ができない機械を選びなさい。

ア　コンピュータ　イ　スマートフォン　ウ　タブレット端末（たんまつ）　エ　電卓（でんたく）

(1)		(2)		(3)		(4)	

教科書ワーク 理科 特別ふろく

無料アプリ どこでもワーク

理3

こちらにアクセスして，ご利用ください。
https://portal.bunri.jp/app.html

重要事項を
３択問題で確認！

3問目/15問中
A3.
・オホーツク海気団は，冷たく湿った気団である。
・小笠原気団とともに，初夏に日本付近にできる停滞前線の原因となる。

ふせん　次の問題

× シベリア気団
× 小笠原気団
○ オホーツク海気団

ポイント
解説つき

間違えた問題だけを何度も確認できる！

無料ダウンロード ホームページテスト

無料でダウンロードできます。
表紙カバーに掲載のアクセスコードを入力してご利用ください。
https://www.bunri.co.jp/infosrv/top.html

問題▶

第1回　花のつくりとはたらき

テスト対策や
復習に使おう！

▼解答

同じ紙面に解答があって，
採点しやすい！

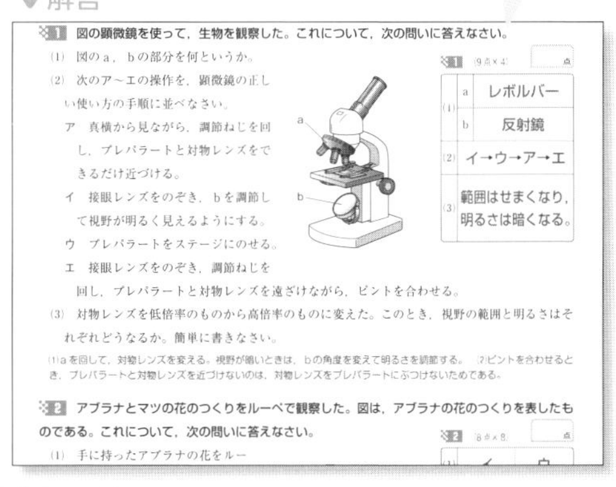

1 図の顕微鏡を使って，生物を観察した。これについて，次の問いに答えなさい。

(1) 図のa，bの部分を何というか。

(2) 次のア～エの操作を，顕微鏡の正しい使い方の手順に並べなさい。

ア　真横から見ながら，調節ねじを回し，プレパラートと対物レンズをできるだけ近づける。

イ　接眼レンズをのぞき，bを調節して視野が明るく見えるようにする。

ウ　プレパラートをステージにのせる。

エ　接眼レンズをのぞき，調節ねじを回し，プレパラートと対物レンズを遠ざけながら，ピントを合わせる。

(3) 対物レンズを低倍率のものから高倍率のものに変えた。このとき，視野の範囲と明るさはそれぞれどうなるか。簡単に書きなさい。

(1)	a	レボルバー
	b	反射鏡
(2)		イ→ウ→ア→エ
(3)		範囲はせまくなり，明るさは暗くなる。

2 アブラナとマツの花のつくりをルーペで観察した。図は，アブラナの花のつくりを表したものである。これについて，次の問いに答えなさい。

(1) 手に持ったアブラナの花をルー

注意　●サービスやアプリの利用は無料ですが，別途各通信会社からの通信料がかかります。
●アプリの利用には iPhone の方は Apple ID，Android の方は Google アカウントが必要です。対応 OS や対応機種については，各ストアでご確認ください。
●お客様のネット環境および携帯端末により，ご利用いただけない場合，当社は責任を負いかねます。ご理解，ご了承いただきますよう，お願いいたします。

中学教科書ワーク

解答と解説

教育出版版

理科3年

この「解答と解説」は，取りはずして使えます。

単元1 化学変化とイオン

1章 水溶液とイオン

p.2〜3 ステージ1

●教科書の要点

❶ ①電解質 ②非電解質

❷ ①電気分解 ②銅 ③塩素

❸ ①電子 ②陽子 ③同位体 ④イオン ⑤陽イオン ⑥陰イオン ⑦1価 ⑧2価 ⑨電離

●教科書の図

1 ①銅 ②塩素 ③水素 ④塩素

2 ①陽子 ②中性子 ③原子核 ④電子 ⑤水素 ⑥塩化物

3 ①Cu^{2+} ②Cl^- ③Na^+ ④Cl^-

p.4〜5 ステージ2

❶ (1)電解質 (2)ア，イ，ウ (3)非電解質 (4)ア，イ，ウ

❷ (1)赤茶色 (2)銅 (3)ある。 (4)消える。(脱色される。) (5)塩素 (6)$CuCl_2 \longrightarrow Cu + Cl_2$ (7)陰極

❸ (1)陰極…水素 陽極…塩素 (2)変化しない。 (3)$2HCl \longrightarrow H_2 + Cl_2$ (4)鉄が付着する。

❹ (1)陽子があるため。(＋の電気をもつ陽子と電気をもたない中性子からできているため。)
(2)水素原子が電子を1個失って，水素イオンになる。
(3)＋ (4)陽イオン (5)陰イオン
(6)①H^+ ②Na^+ ③NH_4^+ ④Cu^{2+} ⑤Zn^{2+} ⑥Cl^- ⑦OH^- ⑧CO_3^{2-} ⑨SO_4^{2-} ⑩O^{2-}
(7)㋐ (8)$CuCl_2 \longrightarrow Cu^{2+} + 2Cl^-$

解説

❶ 水にとけたとき，その水溶液に電流が流れる物質を電解質という。電解質の水溶液に電流を流すと，電極付近では気体が発生するなどの変化が起こる。水にとけてもその水溶液に電流が流れない物質を非電解質という。

❷ (1)(2) 注意 電源装置の＋極につないだ電極を陽極，－極につないだ電極を陰極ということを思い出そう。
陰極には，赤茶色の銅が付着する。
(3)〜(5)陽極付近には，特有の刺激臭のある塩素が発生する。塩素には脱色作用があるので，塩素の水溶液に加えた赤インクの色が消える。
(7)電気分解で生じる物質は，決まった電極に現れるので，電極を逆につなぎ替えても，陰極に銅が付着し，陽極付近から塩素が発生する。

❸ 注意 電気分解では，塩素はいつも陽極付近から発生することを覚えておこう。
(1)(2)塩酸(塩化水素の水溶液)を電気分解すると，陰極には水素が，陽極には塩素が発生する。
(4)塩化鉄水溶液を電気分解すると，陰極に鉄が付着し，陽極には塩素が発生する。

❹ (1)原子のもっている電子と陽子の数は等しく，原子全体では電気を帯びていない。
(2)原子が電子を失うと，電子の数が陽子よりも少なくなるので，原子は＋の電気を帯びて陽イオンになる。
(5)原子が電子を受け取ると，－の電気を帯びた陰イオンになる。
(7)塩化銅は，水にとけて銅イオンと塩化物イオンに分かれる。このように水にとけて陽イオンと陰イオンに分かれることを，電離という。塩化銅の電離では，銅イオンの数と塩化物イオンの数の比が1：2になる。

(8) 注意 電離の様子をイオンの化学式を使って表すときは，左辺と右辺で原子の数が等しくなるようにしよう。また，右辺で陽イオンの＋の数と陰イオンの－の数が等しくなるようにしよう。

p.6～7 ステージ3

1 (1)陰極…Cu　陽極…Cl_2
(2)$CuCl_2 \longrightarrow Cu + Cl_2$　(3)陽極
(4)赤インクの色が消える。
(赤インクが脱色される。)

2 (1)青色　(2)＋の電気　(3)銅イオン
(4)Cl^-　(5)陽極

3 (1)㋐電子　㋑陽子　㋒原子核
(2)㋐－の電気　㋑＋の電気　(3)ウ　(4)ウ
(5)原子がもつ陽子の数と電子の数が等しいため。

4 (1)㋐Na^+　㋑OH^-　(2)電離　(3)イ
(4)電解質
(5)塩素原子が電子を１個受け取って塩化物イオンになる。

解説

1 (1)塩化銅水溶液に電流を流すと，陰極には銅が付着し，陽極付近で塩素が発生する。
(3)電解質の水溶液を電気分解したときに生じる物質は，その物質によっていつも決まった電極に現れる。塩素はいつも陽極付近で発生する。
(4)このことから塩素には脱色作用があることがわかる。

2 (2)青色のしみが陰極側に移動したことから青色のしみは＋の電気を帯びていて，陰極に引き寄せられたと考えられる。
(3)～(5)塩化銅は水溶液中で電離して，銅イオンと塩化物イオンになる。銅イオンは＋の電気を帯びているので陰極に引き寄せられる。塩化物イオンは－の電気を帯びているので陽極に引き寄せられる。

3 (1)～(3)原子は，＋の電気をもつ原子核と－の電気をもつ電子からできている。原子核は，＋の電気をもつ陽子と電気をもたない中性子からなる。
(4)(5)陽子１個のもつ＋の電気の量と電子１個のもつ－の電気の量は等しい。また，原子中の陽子と電子の数は等しい。そのため，＋の電気と－の電気が互いに打ち消し合い，原子全体としては電気を帯びていない。

4 (1)～(4)電解質は，水にとけると陽イオンと陰イオンに電離し，水中に散らばって存在する。
(5)原子がいくつの電子を受け取ったり失ったりするのかは，原子の種類によって異なる。塩素原子は電子を１個受け取り，陰イオンになる。

2章　酸・アルカリとイオン

p.8～9 ステージ1

●教科書の要点

1 ①黄色　②電解質　③水素　④青色　⑤赤色
⑥水素イオン　⑦水酸化物イオン　⑧指示薬

2 ①水　②中和　③塩　④塩化ナトリウム
⑤硫酸バリウム　⑥沈殿

●教科書の図

1 ①酸　②アルカリ　③BTB　④水素
⑤フェノールフタレイン

2 ①酸　②酸　③中　④アルカリ

p.10～11 ステージ2

1 (1)ア，イ，ウ　(2)流れる。
(3)ア，イ，ウ　(4)上方置換法　(5)イ
(6)水素　(7)アルカリ性　(8)酸性
(9)指示薬

2 (1)赤色　(2)陰極側　(3)陽イオン
(4)①H^+　②Cl^-　(①，②順不同)
(5)名称…水素イオン　化学式…H^+
(6)酸

3 (1)青色　(2)陽極側　(3)陰イオン
(4)①Na^+　②OH^-　(①，②順不同)
(5)名称…水酸化物イオン
化学式…OH^-
(6)アルカリ

解説

1 (1)青色リトマス紙を赤色に変化させるのは酸性の水溶液である。ア，イ，ウは酸性の水溶液，オ，カ，キはアルカリ性の水溶液，エ，クは中性の水溶液である。
(2)～(6)酸性の水溶液は電解質の水溶液なので，電流が流れる。また，マグネシウムリボンを入れると水素が発生する。水素は空気よりも密度が小さいので，図のような上方置換法で集めることがで

きる。(水にとけにくいので，水上置換法でも集められる。)

(5)アは酸素，イは水素，ウ，エは塩素，オは二酸化炭素の性質である。

(7)フェノールフタレイン液は，酸性，中性では無色だが，アルカリ性では赤色を示す。

(8)BTB液は，酸性で黄色，中性で緑色，アルカリ性で青色を示す。

❷ 塩酸は酸性の水溶液である。酸性の性質を示すのは，水溶液中の水素イオン(H^+)である。水素イオンは＋の電気を帯びている陽イオンのため，陰極側に引き寄せられる。その結果，青色リトマス紙の陰極側が赤色に変化する。

(6)塩化水素のように，水にとけて電離し，水素イオンを生じる物質を酸という。酸の水溶液は酸性を示す。

❸ 水酸化ナトリウム水溶液はアルカリ性の水溶液である。アルカリ性の性質を示すのは，水溶液中の水酸化物イオン(OH^-)である。水酸化物イオンは－の電気を帯びている陰イオンのため，陽極側に引き寄せられる。その結果，赤色リトマス紙の陽極側が青色に変化する。

(6)水酸化ナトリウムのように，水にとけて電離し，水酸化物イオンを生じる物質をアルカリという。アルカリの水溶液はアルカリ性を示す。

p.12～13 ステージ2

❶ (1)7　(2)アルカリ性　(3)強くなる。
(4)pH試験紙　(5)指示薬

❷ (1)酸性　(2)うすくなる。　(3)中性
(4)塩化ナトリウム

❸ (1)酸　(2)中和
(3)$H^+ + OH^- \longrightarrow H_2O$
(4)①起こる。　②起こる。　③起こらない。
(5)㋔

❹ (1)陽イオン…H^+　陰イオン…Cl^-
(2)陽イオン…Na^+　陰イオン…OH^-
(3)H_2O　(4)NaCl
(5)塩　(6)硫酸バリウム　(7)とけにくい。

解説

❶ pHは，水溶液の酸性やアルカリ性の強さを表すときに使われる値である。pHの値が7のときが中性で，値が7よりも大きくなればなるほどアルカリ性が強くなる。反対に，値が7よりも小さくなればなるほど酸性が強くなる。

❷ (2)水素イオンによって示される酸性が，水酸化物イオンによって打ち消されるため，酸性の性質が弱まり，BTB液の黄色がうすくなる。

(3)(4)うすい塩酸とうすい水酸化ナトリウム水溶液の中和によって，塩化ナトリウム水溶液ができている。

❸ (2)酸の水溶液とアルカリの水溶液を混ぜ合わせることで水素イオン(H^+)と水酸化物イオン(OH^-)が結びつき，水(H_2O)ができる化学変化を中和という。このとき，酸とアルカリの互いの性質を打ち消し合う。

(4)(5) **注意** 水溶液中に水素イオンがあると酸性，水酸化物イオンがあるとアルカリ性を示すことから考えよう。

㋐，㋒の水溶液中にはH^+があるので，酸性を示す。㋑，㋓，㋕，㋖の水溶液中にはOH^-があるので，アルカリ性を示す。㋔の水溶液中にはH^+もOH^-もないので，中性を示す。

①②酸性の水溶液にアルカリ性の水溶液を加えているので，水素イオンと水酸化物イオンが結びついて水ができる。

③中性の水溶液にアルカリ性の水溶液を加えているので，水酸化物イオンと結びつく水素イオンがなく，中和は起こらない。

❹ (3)(4)酸の陽イオン(H^+)とアルカリの陰イオン(OH^-)が結びつくと，水ができる。このとき，残された酸の陰イオンとアルカリの陽イオンが結びついて，塩ができる。塩酸中の陰イオン(Cl^-)と水酸化ナトリウム水溶液中の陽イオン(Na^+)が結びつくと，塩化ナトリウム(NaCl)という塩ができる。

(6)(7)塩化ナトリウムは水にとけやすい塩(水中で電離している塩)である。一方，硫酸と水酸化バリウム水溶液を混ぜたときにできる，硫酸バリウムという塩は，水にとけにくい塩である。そのため，白い沈殿ができる。

p.14~15 ステージ3

❶ (1)うすい塩酸
(2)(気体が)音をたてて燃焼する。
(3)水酸化カルシウム水溶液
(4)非電解質の水溶液だから。

❷ (1)陰極側が赤色に変化する。
(2)$HCl \longrightarrow H^+ + Cl^-$　(3)水素イオン
(4)水にとけて電離し，水酸化物イオンを生じる物質。

❸ (1)中和　(2)$H^+ + OH^- \longrightarrow H_2O$
(3)発熱反応　(4)塩化ナトリウム
(5)青色

❹ (1)同じ数になっている。
(2)酸の陰イオンとアルカリの陽イオン
(3)塩化カルシウム　(4)とけやすい。

解説

❶ (1)マグネシウムリボンと反応して水素が発生するのは，酸性の水溶液である。
(3)フェノールフタレイン液が赤色に変化するのは，アルカリ性の水溶液である。
(4)非電解質は，水にとけても電離しないので，水溶液に電流が流れない。

❷ (1)~(3)塩化水素は水溶液中で電離して，水素イオンと塩化物イオンを生じる。このように，電離して水素イオンを生じる物質を酸という。酸性の水溶液の性質を示すのは，水素イオンである。
(4)アルカリは水溶液中で電離して，水酸化物イオンを生じる物質のことである。アルカリ性の水溶液の性質を示すのは，水酸化物イオンである。

❸ (1)BTB液が緑色になるのは，水溶液が中性のときである。酸性の塩酸にアルカリ性の水酸化ナトリウム水溶液を加えたことで中和が起こり，ちょうど中性になったと考えられる。
(3)温度が上昇することから，中和は発熱反応であることがわかる。
(4)塩酸中の陰イオンであるCl^-と水酸化ナトリウム水溶液中の陽イオンであるNa^+が結びつくことにより，塩化ナトリウム(NaCl)という塩が生じる。塩化ナトリウムは水にとけやすい塩で，水溶液中では電離しているが，水を蒸発させると結晶として取り出すことができる。
(5)中性になった水溶液にアルカリ性の水溶液を加えると，アルカリ性の水溶液ができる。このとき，中和は起こっていない。

❹ (1)中性になったとき，うすい塩酸中にあった水素イオンの数と加えた水酸化ナトリウム中にあった水酸化物イオンの数が同じである。塩酸中の水素イオンの数と塩化物イオンの数は等しく，水酸化ナトリウム水溶液中の水酸化物イオンとナトリウムイオンの数も等しいことから，中性になったときに残された塩化物イオンとナトリウムイオンの数は等しくなっている。
(2)中和のとき，酸の陽イオンとアルカリの陰イオンが結びついて水ができる。このとき，残された酸の陰イオンとアルカリの陽イオンが結びついて塩ができる。塩には水にとけやすいものととけにくいものがあり，塩化ナトリウムは，水にとけやすい(水溶液中で電離している)塩である。
(3)(4)塩酸中の塩化物イオンと水酸化カルシウム水溶液中のカルシウムイオンが結びついて，塩化カルシウムという水にとけやすい塩ができる。

3章　電池とイオン

p.16~17 ステージ1

●教科書の要点

❶ ①イオン　②ちがう

❷ ①電気　②電子　③銅イオン　④Zn^{2+}
⑤Cu　⑥化学　⑦化学電池

❸ ①一次　②二次　③燃料電池　④水

●教科書の図

1 ①電子　②−　③+　④失う　⑤とけ出す
⑥水素　⑦受け取る

2 ①電子　②−　③+　④失う　⑤とけ出す
⑥受け取る　⑦銅原子

3 ①一次　②二次　③燃料　④鳴る

p.18~19 ステージ2

❶ (1)㋑　(2)銅
(3)亜鉛

❷ (1)ウ　(2)イ
(3)①Zn^{2+}　②⊖⊖　③H^+　④⊖⊖
(4)A　(5)+極…銅板　−極…亜鉛板

❸ (1)オ　(2)化学電池
(3)銅板…エ　亜鉛板…ア
(4)銅板…Cu^{2+} + ⊖⊖ $\longrightarrow$ Cu

亜鉛板…$Zn \longrightarrow Zn^{2+}$＋⊖⊖

(5)亜鉛板

❹ (1)一次電池　(2)イ　(3)燃料電池　(4)水

解説

❶ 亜鉛は銅よりもイオンになりやすいので，亜鉛板を銅イオンが含まれる水溶液に入れると亜鉛が亜鉛イオンになる。そして，銅イオンが電子を受け取って銅原子になって付着する。

❷ (1)～(3)亜鉛板では，亜鉛が電子を2個失って亜鉛イオンになる($Zn \longrightarrow Zn^{2+}$＋⊖⊖)。水溶液中の水素イオンは，銅板に流れてきた電子を受け取り，水素原子になる(H^{+}＋⊖$\longrightarrow H$)。水素原子は2個結びついて水素分子となる。

(5)導線へ電子を放出する電極が－極となり，導線から電子を受け取る電極が＋極となる。電子は－極から＋極へと移動する。

❸ (3)亜鉛が電子を亜鉛板に残して亜鉛イオン(Zn^{2+})となり，硫酸亜鉛水溶液にとけ出す。亜鉛板に残された電子は導線を通って銅板に移動する。銅板では銅イオンが電子を受け取り銅原子となって付着する。

(5)電子は，亜鉛板(－極)から導線を通って銅板(＋極)に流れる。

❹ 電気エネルギーを化学エネルギーに変換することを充電という。二次電池は充電することで，繰り返し使うことができる。

p.20～21 ステージ3

❶ (1)変化は見られない。

(2)銅が生じる。(赤茶色の物質が生じる。)

(3)銀が生じる。(銀白色の物質が生じる。)

(4)オ

❷ (1)亜鉛原子が電子を2個放出して亜鉛イオンになっている。

(2)(塩酸中の)水素イオンが電子を1個受け取って水素原子になっている。

(3)銅板　(4)㋐　(5)㋑

❸ (1)A…Zn^{2+}　B…Cu^{2+}

(2)亜鉛板…$Zn \longrightarrow Zn^{2+}$＋⊖⊖

銅板…Cu^{2+}＋⊖⊖$\longrightarrow Cu$

(3)銅

(4)亜鉛板から銅板

(5)銅板

❹ (1)マンガン乾電池

(2)C，D

(3)$2H_2+O_2 \longrightarrow 2H_2O$＋電気エネルギー

(4)化学変化によって水だけが生じ，有害な排出ガスが出ないから。

(5)D

解説

❶ (1)(2)金属の種類によって，陽イオンへのなりやすさはちがう。銅と亜鉛を比べると，亜鉛のほうがイオンになりやすい。銅イオンを含む硫酸銅水溶液に亜鉛板を入れると，亜鉛が電子を放出し，亜鉛イオンとなって硫酸銅水溶液中にとけ出す。亜鉛が放出した電子は，水溶液中の銅イオンが受け取り銅原子となって亜鉛板に付着する。

(3)銅と銀では，銅のほうが銀よりもイオンになりやすいことがわかる。

❷ (1)亜鉛原子は電子を2個放出して亜鉛イオンになり，水溶液中にとけ出す。

(3)水素イオンは銅板の表面で電子を受け取って水素原子になったあと，2個結びついて水素分子となり，気体の水素になる。

(4)亜鉛原子が放出した電子が導線を通って銅板に移動する。

(5)電流の向きは，電子が移動する向きとは逆になる。

❸ (1)(2)亜鉛板では，亜鉛原子が電子を2個失って亜鉛イオンになっている。また，銅板では，水溶液中の銅イオンが電子を2個受け取って銅原子になっている。

(4)(5)電子は亜鉛板で放出され，導線を通って銅板に移動し，銅イオンに受け取られる。このとき，電子を導線に放出する電極が－極，導線から電子を受け取る電極が＋極である。

❹ (2)充電できない，使いきりタイプの電池を一次電池という。充電ができ，繰り返し使えるタイプの電池を二次電池という。

(3)(4)燃料電池は水の電気分解と逆の化学変化を利用することで，電気エネルギーを取り出す装置である。

(5)Aはマンガン乾電池，Bは燃料電池，Cは鉛蓄電池，Dはリチウムイオン電池の説明である。

p.22～23 単元末総合問題

1》 (1)電極を蒸留水でよく洗うこと。
(2)イ，ウ，エ　(3)電解質
(4)H^+　(5)$HCl \longrightarrow H^+ + Cl^-$

2》 (1)金属光沢が現れる。　(2)ア，ウ
(3)$2HCl \longrightarrow H_2 + Cl_2$

3》 (1)$2HCl + Ca(OH)_2 \longrightarrow CaCl_2 + 2H_2O$
(2)上昇している。　(3)イ，エ
(4)水溶液中の水酸化物イオンがなくなり，水素イオンが残るようになったため。

4》 (1)化学電池　(2)ウ　(3)a
(4)$Zn \longrightarrow Zn^{2+} + ⊖⊖$　(5)燃料電池

解説

1》 (1)直前に調べた水溶液が混ざらないようにするため，蒸留水でよく洗ってから次の水溶液を調べるようにする。
(4)BTB液を加えた水溶液が緑色から黄色に変化したのは，その水溶液が酸性になったからである。酸性を示すのは，水溶液中の水素イオンである。
(5)塩化水素は，水にとけると陽イオンであるH^+と陰イオンであるCl^-に電離する。

2》 (1)(2)陰極に付着した固体は赤茶色の銅である。銅には，金属に共通の性質がある。陽極付近からは脱色作用のある塩素が発生する。塩素には特有の刺激臭と脱色作用がある。
(3)塩酸を電気分解すると陰極には水素が発生し，陽極には塩素が発生する。このように塩酸の電気分解でも，塩化銅の電気分解でも陽極には塩素が発生することから，電気分解により生じる物質は決まった電極に現れるとわかる。

3》 (1)塩酸中の陰イオンである塩化物イオン(Cl^-)と水酸化カルシウム水溶液中の陽イオンであるカルシウムイオン(Ca^{2+})が結びつくことで，塩化カルシウム($CaCl_2$)という塩ができる。
(2)中和は発熱反応である。
(3)アは硫酸バリウム，イとエは塩化カルシウム，ウは塩化ナトリウムの特徴である。
(4)水溶液が酸性を示すとき，水溶液中には水素イオンがあり，水酸化物イオンはない。水溶液がアルカリ性を示すとき，水溶液中には水素イオンはないが，水酸化物イオンがある。水溶液が中性を示すとき，水溶液中には水素イオンも水酸化物イオンもない。

4》 (2)(3)亜鉛板で放出された電子が導線を通って銅板に向かって移動するので，亜鉛板が－極，銅板が＋極である。このとき，電流の向きは，電子の移動の向きと逆になる。
(4)亜鉛原子(Zn)が電子を2個失うことで亜鉛イオン(Zn^{2+})になり，水溶液中にとけ出している。

単元2 生命の連続性

1章 生物の成長

p.24〜25 ステージ1

●教科書の要点

❶ ①先端 ②大きく ③細胞分裂
④体細胞分裂 ⑤大きく
⑥染色体 ⑦決まって ⑧塩酸
⑨酢酸オルセイン液

❷ ①2 ②同じ

●教科書の図

1 ①細胞分裂 ②大きく

2 ①成長 ②分裂 ③大きい ④小さい

3 ①核 ②染色体 ③2 ④両端

p.26〜27 ステージ2

❶ (1)ウ
(2)成長しているため。 (3)細胞分裂
(4)体細胞分裂 (5)大きくなっていく。

❷ (1)ア (2)ウ (3)染色体 (4)染色液

❸ (1)ア (2)イ (3)大きくなっている。
(4)細胞分裂によって細胞の数が増え，増えた細胞が大きくなること。
(5)染色体 (6)染まる。

❹ (1)染色体
(2)①C ②F ③A ④E ⑤B ⑥D
(3)ウ

解説

❶ (1)細胞分裂が盛んに起こり，細胞が成長しているのは，根の先端に近い部分である。
(5)細胞分裂したあとの細胞は，成長して大きくなる。

❷ (1)細胞分裂の様子を観察するため，細胞分裂が盛んに行われている根の先端に近い部分の細胞を観察する。
(2)うすい塩酸に入れておくことで，根をおしつぶしたときに一つ一つの細胞が離れやすくなり，観察しやすくなる。

❸ (1)根の先端に近い部分が盛んに分裂している。この部分を，成長点という。
(3)イの部分では，細胞分裂したあとの細胞が大きくなっていく段階にある。下のほうほど細胞分裂してからの時間が短いので，細胞の大きさも小さい。上のほう(根のもとに近いほう)は細胞分裂してから時間がたっているので，細胞が大きく成長している。
(4)細胞は分裂したあと，それぞれが大きくなる。これを繰り返すことで，生物の体が成長する。

❹ (2)細胞分裂を始める前の細胞では，染色体は見えない。分裂が始まると，しだいに核の形が消え，染色体が見えるようになる。そして，染色体が細胞の中央に並んだ後，半分に分かれて細胞の両端に移動する。やがて細胞質を二つに分ける仕切りができて細胞が二つに分かれる。
(3)細胞分裂を始める前に複製されて2本ずつになっていた染色体が，細胞分裂によって二つに分かれてそれぞれの細胞に入るため，細胞分裂の前後でそれぞれの細胞の染色体の数は，常に同じになっている。

p.28〜29 ステージ3

❶ (1)ウ (2)A…ウ B…ア C…イ
(3)染色体
(4)酢酸オルセイン液(酢酸カーミン液)

❷ (1)イ→オ→カ→ク→ア→ウ→キ→エ
(2)根のもとに近い部分

❸ (1)柔らかくなる。
(2)細胞を一つ一つ離して観察しやすくするため。
(3)イ (4)ウ

❹ (1)核 (2)染色体
(3)細胞分裂している細胞
(4)ア→オ→イ→キ→ウ→カ→エ
(5)複製されて2本ずつになっている。
(6)等しくなっている。

解説

❶ (2)根の先端に近い部分の細胞は分裂したばかりで一つ一つが小さいが，根のもとに近い部分の細胞は成長して一つ一つが大きくなっている。
(4)酢酸オルセイン液などの染色液を使うと，核や染色体を染色することができる。酢酸オルセイン液では赤紫色に，酢酸カーミン液では赤色に染色される。

❷ (2)先端に近い部分で細胞分裂が盛んに行われているので，先端に近い部分の細胞のほうが小さい。

❸ (1)(2)うすい塩酸には，細胞壁どうしを結びつけているものをとかすはたらきがあるので，細胞を塩酸で処理することによって一つ一つの細胞が離れやすくなる。そして，カバーガラスをかけておしつぶしたときに一つ一つの細胞が離れ，観察しやすくなる。

(3)(4)初めは低倍率(100～150倍)で観察し，核がたくさん見られる場所を探す。そして，高倍率(400～600倍)に拡大し，細胞の様子を観察する。

❹ (1)～(3)一つの細胞に一つある，丸いAを核といい，細胞分裂が始まると見えるようになるひも状のBを染色体という。

(4)細胞分裂の進み方は以下の通りである。

1．細胞分裂を始める前(㋐)
2．核の形が見えなくなり，染色体が見えるようになる。(㋔)
3．染色体が細胞の中央に並ぶ。(㋑)
4．染色体が半分に分かれ，細胞の両端に移動する。(㋖)
5．細胞の両端に核ができ始め，細胞質を二つに分ける仕切りができてくる。(㋒)
6．細胞が完全に二つに分かれる。(㋕)
7．それぞれの細胞が成長する。(㋓)

(5)(6)細胞分裂を始める前に，それぞれの染色体は複製され，2倍になり，2本ずつくっついた状態になる。細胞分裂では，2本ずつくっついた染色体が1本ずつに分かれて，二つの細胞ができる。その結果，細胞1個のもつ染色体の数は，細胞分裂を行う前後で常に同じになっている。このような細胞分裂を体細胞分裂という。

2章　生物の殖え方

p.30～31　ステージ1

●教科書の要点

❶ ①生殖　②無性生殖　③有性生殖

❷ ①分裂　②栄養生殖

❸ ①生殖細胞　②受精　③受精卵　④胚　⑤発生　⑥花粉管

❹ ①形質　②遺伝　③遺伝子　④減数分裂

●教科書の図

1 ①卵　②精子　③受精卵　④細胞　⑤胚

2 ①子房　②胚珠　③卵細胞　④花粉管　⑤精細胞　⑥胚

3 ①減数　②受精

p.32～33　ステージ2

❶ (1)芽　(2)栄養生殖　(3)出芽　(4)無性生殖

❷ (1)精子　(2)受精　(3)受精卵　(4)増えていく。　(5)㋔　(6)胚　(7)発生　(8)有性生殖

❸ (1)砂糖　(2)ア　(3)花粉管　(4)精細胞　(5)卵細胞

❹ (1)胚珠　(2)卵細胞　(3)受精　(4)核　(5)胚

❺ (1)減数分裂　(2)半数になる。　(3)形質　(4)遺伝　(5)遺伝子

解説

❶ (2)(4)植物には，体の一部が独立して新しい個体になるものがある。この生殖を栄養生殖という。栄養生殖は受精によらない生殖なので，無性生殖である。

(3)ヒドラのように出芽で新しい個体をつくる生物には，イソギンチャクやホヤなどがいる。

❷ (2)卵の核と精子の核が合体して1個の核になることを，受精という。

(4)細胞分裂が行われているので，細胞の数は増えていく。

(5)胚の状態からおたまじゃくしの段階を経てカエルになる。

(8)雌と雄のそれぞれの生殖細胞が受精することによる生殖を，有性生殖という。

❸ (1)(3)めしべの柱頭と同じように，栄養分がある状態にしたところに花粉を落とすと，やがて花粉から花粉管が伸びる。

(4)(5)被子植物の花粉管は，子房の中の胚珠に向かって伸びていく。精細胞は，花粉管の中を通って胚珠にある卵細胞に達する。そして，卵細胞の核と精細胞の核が合体すると，受精卵ができる。

❹ (1)～(4)子房の中には胚珠(㋐)があり，胚珠の中には卵細胞(㋑)がある。花粉管の中を通ってきた精細胞は，卵細胞と合体する。

注意 おしべのやくから出た花粉がめしべの柱頭につくことを「受粉」という。そして，精細胞と卵細胞の核が合体する過程を「受精」という。ちがい

に気をつけよう。

⑸受精卵が細胞分裂をすることで，胚となる。受精卵が胚になり，種子が発芽して親と同じつくりをした個体に成長する過程を，発生という。

5 ⑴⑵生殖細胞がつくられるときの特別な細胞分裂を減数分裂という。減数分裂によって，生殖細胞の染色体数は体細胞の半分になる。受精によって卵の核と精子の核が合体すると，子の細胞はそれぞれの生殖細胞がもっていた染色体の両方をもつことになる。このように，減数分裂と受精が行われることによって，親と子の細胞の染色体数が同じになる。

⑶～⑸親の形質が子孫に現れることを遺伝という。細胞の核の中には染色体があり，染色体には遺伝子が含まれている。遺伝子は形質のもとになるもので，遺伝子が親から子へと伝わることで形質も伝わる。

p.34～35 ステージ3

1 ⑴受精　⑵有性生殖
⑶㋐→㋓→㋒→㋔→㋑
⑷胚　⑸発生

2 ⑴花粉管　⑵精細胞　⑶㋓　⑷イ
⑸精細胞の核と卵細胞の核が合体する過程。

3 ⑴図1…有性生殖　図2…無性生殖
⑵減数分裂　⑶A…㋔　B…㋓
⑷13本　⑸遺伝子
⑹親と同じ形質が現れるとは限らない。
(さまざまな形質の組み合わせによって決まるため，親と子で異なる。)
⑺親の形質がそのまま現れる。
⑻ア，イ，エ
⑼挿し木

解説

1 ⑴⑵受精による生殖を有性生殖という。

⑶⑷受精卵(㋐)が体細胞分裂を行って胚になる。胚は体細胞分裂を繰り返して(㋓→㋒→㋔→㋑)，やがておたまじゃくしになる。

2 ⑴～⑶花粉管は胚珠に向かって伸びる。精細胞が花粉管の中を移動し，胚珠にある卵細胞と合体する。

⑷砂糖水は，めしべの柱頭と同じような条件にするために用いる。めしべの柱頭についた花粉からは，花粉管が伸びる。

⑸被子植物の生殖細胞は，精細胞と卵細胞である。精細胞の核と卵細胞の核が合体する過程を受精といい，できた細胞を受精卵という。

3 ⑴⑵図1は減数分裂によってできた生殖細胞の受精によって子ができているので，有性生殖である。図2は分裂によって親の染色体がそのまま子に伝わっているので，無性生殖である。

⑷減数分裂では染色体の数が半数になる。

⑹⑺有性生殖は両親の遺伝子が半数ずつ子に伝えられる。子には，両方の親と同じ形質が現れることもあれば，一方の親と同じ形質が現れることもある。さらに，両方の親と異なる形質が現れることもある。このように，子の形質の現れ方は複雑になる。一方，無性生殖では一つの個体が体細胞分裂をして新しい個体ができるので，親と新しい個体の形質は同じになる。

⑻無性生殖を行う生物の中には，有性生殖でも殖えることができる生物がいる。

3章　遺伝の規則性
4章　生物の種類の多様性と進化

p.36～37 ステージ1

●**教科書の要点**

1 ①メンデル　②対立形質
③純系　④顕性形質
⑤潜性形質

2 ①分離の法則　②DNA

3 ①変温動物　②恒温動物　③ひれ
④相同器官　⑤進化

●**教科書の図**

1 ①顕性　②潜性

2 ①分離　②Aa　③丸

3 ①分離　②aa　③丸　④しわ　⑤3：1

p.38～39 ステージ2

1 ⑴対立形質
⑵子葉の色(の黄色，緑色)
花のつき方(の葉のつけ根，茎の先端)
丈の高さ(の高い，低い)などから1つ。
⑶メンデル

❷ (1)純系　(2)下の図　(3)分離の法則

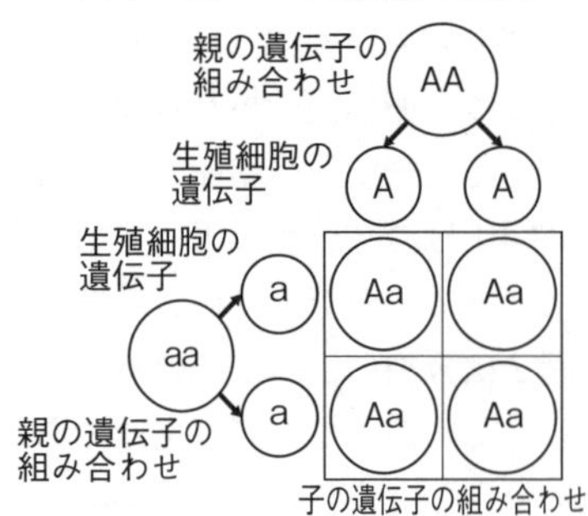

(4)ア

❸ (1)下の図　(2)３種類　(3)エ

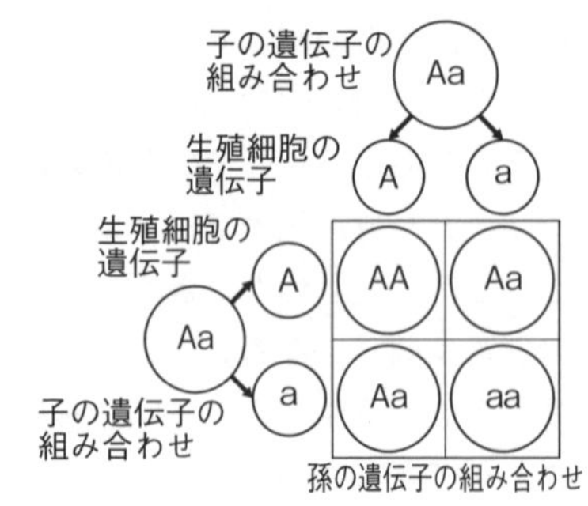

❹ (1)全て丈が高い
(2)丈が高い：丈が低い＝３：１
(3)DNA

解説

❶ (2)他にも，種皮の色，さやの形，さやの色などがある。
(3)メンデルは，19世紀の中頃，エンドウを栽培して形質の伝わり方を調べることで，遺伝には規則性があることを発見した。

❷ (1)～(3)減数分裂によって生殖細胞がつくられるとき，AAのように対になっていた遺伝子は，AとAに分かれて別々の生殖細胞に入る。これを，分離の法則という。遺伝子の組み合わせがaaのものはaとaに，AaのものはAとaに分かれて生殖細胞に入る。生殖細胞が受精することで，子の遺伝子は再び対になる。
(4) 注意 顕性形質の遺伝子をA，潜性形質の遺伝子をaとするとき，遺伝子の組み合わせがAAとAaのときは顕性形質，aaのときは潜性形質を現すことから考えよう。
図からわかるように，子のもつ遺伝子の組み合わせは全てAaとなるため，全て「丸の種子」個体になる。

❸ (2)(3)図より，孫の遺伝子の組み合わせは，AA：Aa：aa＝1：2：1の数の比で現れることがわかる。AAとAaは「丸の種子」，aaは「しわの種子」の個体になるので，個体数の比は，
「丸の種子」：「しわの種子」＝3：1となる。

❹ (3)DNAはdeoxyribonucleic acid（デオキシリボ核酸）の略称である。

p.40～41 ステージ2

❶ (1)背骨（脊椎）
(2)㋐魚類　㋑両生類　㋒は虫類　㋓鳥類
㋔哺乳類
(3)①㋒，㋓，㋔　②㋑
(4)①㋐，㋑　②㋒，㋓，㋔
(5)㋔　(6)変温動物
(7)㋐，㋑，㋒
(8)恒温動物　(9)イ

❷ (1)進化
(2)①B　②D，E　③C
④E
(3)始祖鳥
(4)C…は虫類　D…鳥類
(5)①爪　②歯　③翼　④羽毛

❸ (1)哺乳類
(2)空を飛ぶ。
(3)水中を泳ぐ。
(4)相同器官

解説

❶ (1)(2)背骨をもつ動物を脊椎動物という。脊椎動物は，魚類，両生類，は虫類，鳥類，哺乳類の五つのなかまに分けることができる。㋐のフナは魚類，㋑のカエルは両生類，㋒のトカゲはは虫類，㋓のハトは鳥類，㋔のサルは哺乳類である。
(2)①は虫類，鳥類，哺乳類は一生肺で呼吸をする。②両生類の特徴である。
(6)～(8)魚類，両生類，は虫類は変温動物，鳥類，哺乳類は恒温動物である。
(9)脊椎動物は，魚類，両生類，は虫類，哺乳類，鳥類の順に，古い時代の地層から化石が見つかっており，この順に出現したと考えられている。

❷ (2)Aは魚類，Bは両生類，Cはは虫類，Dは鳥類，Eは哺乳類である。
(3)(4)始祖鳥の化石は，ドイツで約１億5000万年前の地層から発見された。鳥類とは虫類の両方の

特徴をあわせもつことから，進化が起きたということを示す例とされている。

❸ (1)〜(3)コウモリの翼，クジラのひれ，ヒトの腕は，飛ぶ，泳ぐ，物をつかむことができるなど，それぞれの生活する環境に都合のよいはたらきや特徴をもっている。

(4)ヒトの腕は３つの骨で構成されていて，コウモリの翼とクジラのひれも基本的なつくりは同じである。この３つの例のように，形やはたらきが異なっていても，もとは同じ器官であったと考えられるものを相同器官という。

p.42〜43 ステージ3

❶ (1)対立形質
(2)赤い花
(3)顕性の法則
(4)分離の法則
(5)ウ
(6)右の図
(㋑〜㋓は順不同)

図２

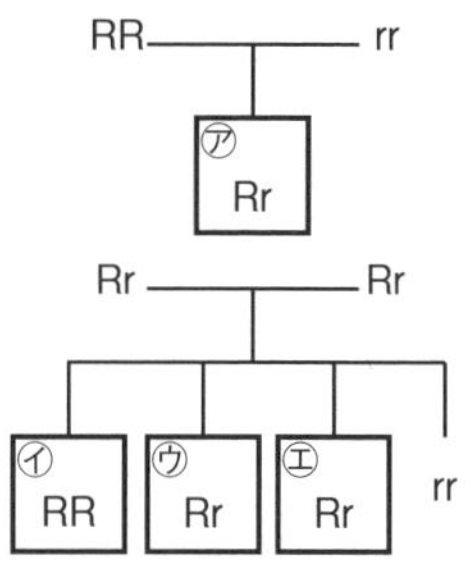

(7)①RR
②右の図
③１：１

	R	r
r	Rr	rr
r	Rr	rr

(8)DNA
(デオキシリボ核酸)

❷ (1)①E　②D　③B　④B　⑤D
(2)背骨があること。
(3)メダカ
(4)進化

❸ (1)は虫類が変化して鳥類が生じたこと。
(鳥類がは虫類から進化したこと。)
(2)ア，イ　(3)①D　②B，C
(4)相同器官

解説

❶ (2)実験１で，全て赤い花であったことから，赤い花が顕性形質であることがわかる。

(5)実験１で得られた赤い花の遺伝子の組み合わせはRrである。これを自家受粉させると，次の代ではRR：Rr：rr＝１：２：１の数の比で現れる。RRとRrは赤い花で，rrは白い花なので，
赤：白＝３：１となる。

(7)①白い花の遺伝子はrrであり，赤い花の遺伝子はRRとRrである。このうち，全て赤い花の遺伝子になるのは，RRだけである。

②③遺伝子の組み合わせがRr(赤い花)とrr(白い花)の親をかけあわせたときにできる子の遺伝子の組み合わせは，次の表の通りである。

	R	r
r	Rr	rr
r	Rr	rr

表より，子の遺伝子の組み合わせは，
Rr：rr＝２：２＝１：１
の数の比で現れる。Rrは「赤」，rrは「白」の形質を現すので，「赤」:「白」＝１：１の数の比で現れる。

❷ (3)脊椎動物の化石が発見される地質年代は古い順に，魚類→両生類→は虫類→哺乳類→鳥類である。

❸ (1)始祖鳥はは虫類と鳥類の特徴をもっており，は虫類から鳥類が進化した証拠であると考えられている。

p.44~45 単元末総合問題

1 (1)(根を柔らかくし,)一つ一つの細胞を離れやすくするため。
(2)ウ (3)㋒ (4)f

2 (1)ア (2)生殖細胞 (3)発生
(4)有性生殖

3 (1)顕性形質 (2)㋑,㋒ (3)ウ
(4)分離の法則

4 (1)背骨があること。 (2)a,c
(3)d,f (4)相同器官 (5)ひれ

解説

1 (1)塩酸で処理することで,根が柔らかくなり,おしつぶしたときに細胞が一つ一つ離れるため,細胞の観察がしやすくなる。
(2)酢酸オルセイン液により,細胞の核や染色体が赤紫色に染められる。ベネジクト液はデンプンが消化されているかを調べるときに使う薬品で,ヨウ素液はデンプンがあるかどうかを調べるときに使う薬品である。フェノールフタレイン液は水溶液がアルカリ性かどうかを調べるときに使う薬品である。
(3)根の先端に近い部分で細胞分裂が盛んである。
(4)a→c→f→d→b→eの順に進む。

2 (1)精子が卵のもとへ近づき,二つの核が合体することで受精卵となる。
(3)受精卵は胚を経て成体となる。受精卵から成体になるまでの過程を発生という。
(4)動物の多くは受精によって子をつくる。

3 (2)㋐AA,㋑Aa,㋒Aa,㋓aaである。
(3)㋐,㋑,㋒が丸,㋓がしわとなることから,丸としわの数の比は3:1となる。

4 (2)水中に殻のない卵を産む脊椎動物は,魚類と両生類である。は虫類と鳥類は陸上に殻のある卵を産み,哺乳類は胎生である。
(3)鳥類と哺乳類以外は,周囲の温度の変化に伴って体温が変化する変温動物であるが,その中で,一生肺で呼吸するのはは虫類だけである。
(5)相同器官である。

単元3 地球と宇宙

1章 天体の1日の動き

p.46~47 ステージ1

●教科書の要点

1 ①恒星 ②天球 ③南中 ④南中高度
⑤北極星 ⑥日周運動

2 ①地軸 ②自転

●教科書の図

1 ①南中 ②天球 ③南中高度 ④北極星
⑤北 ⑥東 ⑦西

2 ①地軸 ②自転 ③東 ④西

p.48~49 ステージ2

1 (1)恒星 (2)天球 (3)①O ②A ③C
(4)南 (5)南中高度

2 (1)東…㋓ 西…㋐ 南…㋑ 北…㋒
(2)㋐b ㋑a ㋒a ㋓a (3)日周運動

3 (1)地球 (2)地軸 (3)北極星 (4)自転
(5)西から東 (6)東から西
(7)地球の自転

4 (1)B (2)㋒ (3)㋑ (4)㋓
(5)南
(6)地球の自転により,太陽が東から昇り,西へ沈むことを繰り返すことで起こる。

解説

1 (3)太陽は,東から昇って西へ沈むように動いて見える。
(4)(5)太陽が真南にきたとき,高度が最も高くなる。このときを南中したといい,その高度を南中高度という。

2 (1)(2)星は,太陽と同じように,東から昇り,南の高いところを通って,西に沈む。㋓は東の空なので,星は右上へと動き,㋑の南の空を通り,㋐の西の空では,右下へ動く。㋒の北の空では,北極星を中心にして,反時計回りに回転して見える。

3 (5)(6)地球が西から東へ自転するとき,天体は逆に東から西へ移動するように見える。
(7)天体が地球のまわりを1日で1回りしているように見えるのは,地球が1日に1回自転をしているためである。

4 (2)地球はBの向き(反時計回り)に自転している

ので，太陽の光が当たり始める㋒が日の出の位置である。日の入りの位置は㋐である。
(3)太陽は真南にきたときに高度が最も高くなる。
(5)日の入りに東の空に見えていた星は，地球の自転により，真夜中(図の㋓のとき)では真南に見える。

p.50~51 ステージ3

❶ (1)G　(2)∠COG(∠GOC)　(3)E
(4)

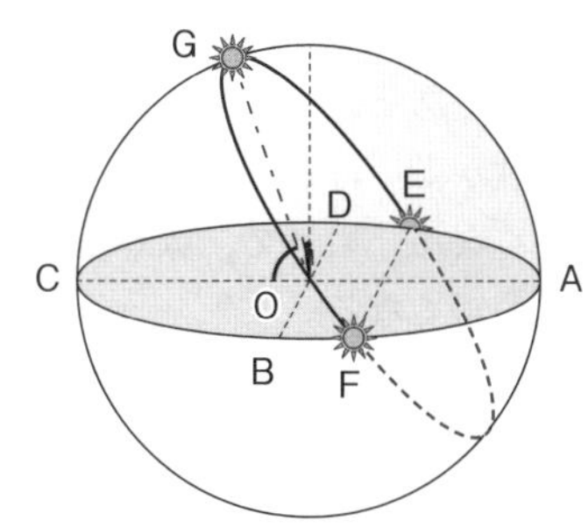

❷ (1)A…北　B…東　C…南　D…西
(2)フェルトペンの先の影がO点にくる位置で記録する。
(3)F→G→E　(4)日周運動
(5)等しくなっている。　(6)5時30分

❸ (1)恒星　(2)光年　(3)①南　②西
(4)北極星　(5)地球が自転しているため。
(6)地軸　(7)㋐　(8)ウ　(9)24時間
(10)15°
(11)天体が東から西へ，1日に1回転して見える運動。

解説

❶ (2)南中高度は，南の方位と観測者，南中している太陽を結んだ角度で表される。
(4)透明半球上の太陽の動きを延長し，日の入りから日の出の位置まで，天球を1周させるように結ぶ。

❷ (1)日本では，太陽が南にあるときに最も高度が高くなるので，Cが南である。南を向いて左が東，右が西である。
(2)フェルトペンの先の影がOにくるようにすると，太陽，フェルトペンの先，Oが一直線上に並ぶ。このようにすることで，観測者(O)から見た，天球上の太陽の位置を記録することができる。
(5)地球の自転の速さは一定なので，一定時間における太陽の移動距離も一定である。
(6)×印は1時間ごとに記入されていて，Gが12時の記録であることから，Zは9時の記録であることがわかる。GからZまでの長さが6cmであったことから，3時間の太陽の動きは，この透明半球上では6cmで表されることがわかる。
ZからFまでの長さが7cmであることから，ZからFまでは，6cm：7cm＝3時間:3.5時間より，3.5時間の太陽の動きを表していることがわかる。太陽はZ(9時)の3.5時間前にFにあったことから，日の出の時刻は5時30分であったことがわかる。

❸ (6)地球は北極と南極を結ぶ地軸を中心として西から東へ1日に1回自転している。
(7)北の空の星は，北極星付近を中心に，反時計回りに回転しているように動いて見える。
(8)回転の中心である軸上にある星は移動しない。
(9)地球は24時間で1回転している。
(10)360〔°〕÷24〔時間〕=15〔°〕

2章　天体の1年の動き

p.52~53 ステージ1

●教科書の要点

❶ ①西　②1年　③年周運動　④1°
⑤黄道　⑥黄道12星座　⑦公転

❷ ①冬至　②夏至　③傾いて　④夏　⑤高く
⑥季節

●教科書の図

1 ①黄道　②黄道12星座
2 ①冬至　②秋分　③夏至
3 ①夏　②春　③冬　④地軸

p.54~55 ステージ2

❶ (1)さそり座　(2)しし座
(3)公転　(4)3か月

❷ (1)(天体の)年周運動　(2)黄道
(3)黄道12星座

❸ (1)㋑　(2)昼の長さ　(3)aとc
(4)A…春分の日　B…夏至の日　(5)D

❹ (1)㋐自転　(2)春　(3)a　(4)ウ
(5)地球が地軸を公転面に垂直な方向から傾けて公転しているため。
(6)B

解説

1 (1)太陽と反対の方向にある星座が，夜に見える星座である。

(3)Aさんは太陽を表し，Bさんは太陽のまわりを公転する地球を表している。

(4)地球は太陽のまわりを1年で1周するので，四季の代表的な星座は3か月ごとに移り変わる。

2 天球上の太陽の通り道を黄道という。太陽は見かけ上，1年かけて黄道上を1周する。黄道上にある星座を黄道12星座という。

3 (1)(2)グラフの時刻を見ると，㋐が日の入りの時刻，㋑が日の出の時刻を表していることがわかる。このことから，a～dの矢印は昼の長さを表していることがわかる。

(4)Aは春分，Bは夏至，Cは秋分，Dは冬至の日を表している。

(5)昼の長さが最も短いDの日は，A～Cの日に比べて気温が低い。

4 (2)(3)日本は北半球にあるので，地球がBの位置にあるときに太陽の南中高度が最も高く，昼の長さが最も長くなる。反対に，Dの位置にあるときに太陽の南中高度が最も低く，昼の長さが最も短くなる。このことから，Bが夏であり，Dが冬であることがわかる。地球はA→Bの方向に公転しているので，Aは春である。

(5)地軸を公転面に垂直な方向から約23.4°傾けたまま公転するため，太陽の南中高度や昼の長さが変わり，季節が生じる。

(6)同じ面積で受ける太陽からのエネルギーの量は，太陽の高度が高いほど多くなる。

p.56~57 ステージ3

1 (1)公転　(2)しし座　(3)30°　(4)夏　(5)㋓　(6)西　(7)黄道12星座

2 (1)C　(2)㋐　(3)冬至　(4)㋑　(5)d　(6)㋒

3 (1)エ　(2)B　(3)㋐　(4)D　(5)㋒　(6)㋔

(7)地軸が地球の公転面に垂直な方向に対して傾いているから。(地球が地軸を公転面に垂直な方向に対して傾けて公転しているから。)

(8)南中高度が高く，昼の長さが長くなり，地表が太陽から受けるエネルギーの量が多くなるから。

(9)エ

解説

1 (3)1年で360°回転するので，1か月では，360°÷12か月=30°回転する。

(4)(5)さそり座は夏に見ることができる代表的な星座である。

2 (1)日本では，太陽が南にきたときに高度が最も高くなる。図ではA点が南であると考えられるので，北はC点である。

(2)太陽の高度が低いほど，太陽が天球上を移動する距離が短くなる。よって，天球上に太陽が昇っている時間が短くなる。

(5)南中高度は太陽が南中しているときの，太陽の位置(㋒)，観測者の位置(図2のO)，太陽のある方位(A)を結んでできる角度である。

(6)南中高度が高いほど，光の差し込む角度が大きくなり，受けるエネルギーの量も多くなる。

3 (1)地球の自転と公転の向きは同じで，どちらも北極側から見て反時計回りである。

(2)図1で，日本の季節はAが春，Bが夏，Cが秋，Dが冬であり，夏至の日に最も南中高度が高くなる。

(3)日の出の位置は，春分と秋分が真東で，夏至の日が最も北寄りとなり，冬至の日が最も南寄りとなる。

(4)昼夜の長さは，春分と秋分の日ではほぼ等しい。夏至では昼が最も長くなり，冬至では昼が最も短くなる。

(5)右の図で，斜線の部分が夜である。㋑，㋒，㋓の昼夜の長さを比較すると，昼夜の長さが等しくなっているのは㋒であることがわかる。

地軸
㋐
㋑
㋒
㋓
㋔
太陽の光

(6)上の図より，㋔では一日中太陽の光を受けていることがわかる。

(9)南半球では，北半球とは異なり，太陽が東の空から昇り，北の空を通って西に沈む。北半球の日本が夏至のとき，日本では太陽の南中高度が高く，昼の長さが長くなる。一方，南半球では太陽の高度が低く，昼の長さが短くなり，季節は冬になっている。

3章　月や惑星の動きと見え方

p.58〜59　ステージ1

●教科書の要点

❶ ①公転　②満ち欠け

❷ ①日食　②皆既日食　③月食　④部分月食

❸ ①惑星　②小さ　③大き　④内側　⑤東　⑥西　⑦外側　⑧太陽系

●教科書の図

1 ①上弦の月　②満月　③新月　④下弦の月

2 ①日食　②太陽　③月　④地球　⑤月食　⑥太陽　⑦地球　⑧月

3 ①西　②東

p.60〜61　ステージ2

❶ (1)東から西　(2)三日月
(3)しだいに丸くなっていく。
(4)エ
(5)①反射　②公転　③位置関係

❷ (1)日食　(2)皆既日食　(3)部分日食
(4)新月　(5)月食　(6)満月

❸ (1)惑星　(2)ウ　(3)宵の明星　(4)西
(5)ア　(6)明けの明星　(7)東
(8)㋐①　㋕⑥
(9)金星は地球の公転軌道上のどこから見ても，常に太陽側にあるため。
(金星の公転軌道が地球の公転軌道よりも内側にあるため。)
(10)太陽系

解説

❶ (2)(3)夕方の西の空には三日月が見られる。同じ時刻に観測を続けると，月の位置は日を追って西から東へ動く。また，月の形は三日月，上弦の月，満月と，しだいに丸くなっていくように見える。
(4)月は太陽の光を反射して輝いている。㋐の位置に月があるときは，輝いている面が地球の方向に向いていないので，何も見えない。
(5)月の公転によって，太陽，地球，月の位置関係が変わると，月の光を反射している部分の見え方が変わるため，月が満ち欠けする。

❷ (1)(4)月が太陽と同じ方向にあり，ちょうど重なるときに，太陽が月に隠される日食が起こる。このときの月は新月である。ただし，新月の日に必ず日食が起こるわけではない。
(5)(6)月が太陽とは反対の方向にあり，月が地球の影に入ることを月食という。このときの月は満月である。ただし，満月の日に必ず月食が起こるとは限らない。

❸ (2)〜(4)地球から見て右側が輝いている金星は，夕方の西の空に見える。このため，宵の明星とよばれている。宵とは，夕方のことである。
(5)〜(7)地球から見て左側が輝いている金星は，明け方の東の空に見える。このため，明けの明星とよばれている。
(8)図２で，①〜⑤は宵の明星で，右側が輝いて見える。⑥は明けの明星で，左側が輝いて見える。また，金星の大きさは，地球に近いほど大きくなる。図１の㋐は，大きさが最も小さく，右側が輝いているので①であり，㋕は左側が輝いているので⑥である。
(9)金星は，地球よりも太陽に近いところを公転しているため，太陽と反対の方向に位置することはない。そのため，真夜中に見られることはない。また，太陽から大きく離れることがないので，いつも太陽の近くに見られる。そのため，明け方の東の空か，夕方の西の空に見られる。金星が太陽の方向にきたときは，見ることができない。

p.62〜63　ステージ3

❶ (1)㋑　(2)㋐
(3)㋐h　㋑a　㋒b　㋓c　㋔d　㋕e　㋖f
(4)月の公転によって，太陽，地球，月の位置関係が変わるため。

❷ (1)図１…日食　図２…月食
(2)名称…皆既月食　色…赤色
(3)境界がはっきりしていない。

❸ (1)西　(2)b　(3)㋓　(4)位置関係(距離)
(5)不規則に移動する。
(6)金星は地球の公転軌道上のどこから見ても，常に太陽側にあるため。
(7)イ

❹ (1)ウ　(2)イ　(3)ア，ウ　(4)太陽系

解説

❶ (1)㋑は上弦の月，㋓は満月，㋕は下弦の月である。

(3) 注意 月が太陽の方向にあるときが新月，太陽と反対の方向にあるときが満月である。新月から満月になるときは，月の輝いて見える部分が右側から大きくなっていく。満月から新月になるときは，月の輝いて見える部分が，右側から欠けていくことを理解しよう。

(4)月は自らは輝いておらず，太陽の光を反射することによって輝く。また，月は地球のまわりを公転する天体であり，太陽，地球，月の位置関係が変わると，月の光を反射している部分の見え方が変わる。そのため，月は満ち欠けする。

❷ (2)皆既月食のとき，地球の影に隠れた月はぼんやりと赤く見える。これは，地球の大気によって屈折した太陽の光の一部が月面に当たるためである。

(3)部分月食では，地球の影がぼんやりとかかっているため，境界がはっきりしている月の満ち欠けとは見え方がちがう。

❸ (1)金星は，明け方の東の空か，夕方の西の空に見られる。図1の金星は夕方に見えているので，西の空である。

(2)右側の半分が輝いて見えているので，図2のa，bのどちらかであるとわかる。aの金星は，ほぼ円形に輝いて見え，bは半円に見える。

(3)金星がしだいに地球に近づいてくるので，見え方は大きく細くなっていく。

(5)太陽は黄道上の星座の間を規則正しく移動するが，金星は形や大きさを変えて，さまようように不規則に移動しているように見える。

(6)金星は地球の公転軌道の内側を公転しているため，真夜中には見ることができない。

(7)地球の公転軌道より内側にある惑星は，地球から見たときに太陽と反対側にくることがないので，真夜中に見ることができない。

❹ (1)金星も火星も地球からの距離が変化するので，大きさが変化して見える。

(3)地球より内側を公転している水星，金星は明け方や夕方にしか観測できない。地球の外側を公転している火星などは真夜中に観測できる。

4章　太陽系と恒星

p.64～65 ステージ1

●教科書の要点

❶ ①黒点　②低い　③自転　④細長く　⑤球

❷ ①地球型惑星　②木星型惑星　③小惑星　④衛星

❸ ①銀河系　②銀河

●教科書の図

1 ①コロナ　②プロミネンス(紅炎)　③黒点

2 ①水星　②金星　③地球　④火星　⑤木星　⑥土星　⑦天王星　⑧海王星　⑨小惑星

3 ①火星　②土星　③天王星　④すい星　⑤銀河系

p.66～67 ステージ2

❶ (1)蓋をしておく。　(2)太陽の像
(3)北極星
(4)ファインダーや接眼レンズを直接のぞくこと。

❷ (1)恒星　(2)イ　(3)黒点
(4)周囲よりも温度が低いため。
(5)①細長く　②球形　③自転
(6)コロナ　(7)プロミネンス(紅炎)

❸ ①イ　②エ　③ウ　④カ　⑤ア　⑥キ　⑦オ

❹ (1)㋐金星　㋑地球　㋒火星　㋓土星
(2)地球型惑星　(3)木星型惑星
(4)太陽系外縁天体　(5)月　(6)すい星
(7)銀河系　(8)銀河

解説

❶ (1)(4)天体望遠鏡で太陽を観測する場合は，太陽投影板を取りつけ，ファインダーには蓋をしておく。太陽の光は非常に強いので，絶対にファインダーや接眼レンズを直接のぞいてはいけない。

(2)(3)太陽の像と太陽投影板の記録用紙にかいた円の大きさが合うように調節し，太陽の像がはっきり映るようにピントを合わせる。また，極軸は北極星の方向に向ける。

❷ (1)(2)太陽は，表面温度が約6000℃，中心部の温度が約1600万℃の，自ら光を出して輝く恒星である。

(3)(4)表面に見られる黒いしみのような点を黒点という。約4000℃とまわりより温度が低いために

黒く見える。
(5)黒点の位置が動いていくことから，太陽は自転していることがわかる。また，縁に行くにつれて，黒点の形が細長く見えるようになることから，太陽が球形であることがわかる。

3 主に岩石でできていて，小型で密度が大きい惑星を地球型惑星(水星，金星，地球，火星)といい，主にガスや氷でできていて，大型で密度が小さい惑星を木星型惑星(木星，土星，天王星，海王星)という。それぞれの惑星の特徴は覚えておこう。

4 (1)太陽から近い順に，水星，金星，地球，火星，木星，土星，天王星，海王星の８個の惑星が太陽のまわりを回っている。
(2)太陽に近い，水星，金星，地球，火星の4つの惑星を地球型惑星という。地球型惑星は，赤道半径や質量は小さいが，密度の大きい惑星である。
(3)太陽から遠い，木星，土星，天王星，海王星の４つの惑星を木星型惑星という。木星型惑星は，赤道半径や質量は大きいが，密度の小さい惑星である。

p.68～69 ステージ3

1 (1)エ　(2)イ　(3)ウ
(4)まわりに比べて温度が低いため。
(5)ウ　(6)太陽は球形である。

2 (1)出していない。
(2)水星，金星，地球，火星
(3)赤道半径が小さく，密度が大きい。
(4)木星，土星，天王星，海王星
(5)赤道半径が大きく，密度が小さい。
(6)惑星のまわりを回る天体。
(7)海王星よりも遠方にある天体。
(8)主に火星と木星の公転軌道の間にある天体。

3 (1)すい星　(2)衛星　(3)銀河系

解説

1 (1)太陽の像がずれ動く方向は西である。
(2)太陽の像がずれるのは地球の自転によるものである。アとエは地球の公転によるもの，ウは像がずれ動くこととは関係ない。
(3)太陽は約25.4日を周期として自転しているので，太陽の表面の黒点を毎日観測すると，黒点が移動しているのがわかる。
(4)黒点はまわり(約6000℃)より温度が低い(約4000℃)ので，黒く見える。
(5)2.6mmは0.26cmである。
黒点の大きさ(幅)をx万kmとすると，
太陽の直径：黒点の大きさ＝
140：x＝14：0.26より，x＝2.6〔万km〕なので，地球の直径の２倍である。
(6)黒点が縁へ移動するほど縦に細長くなった形に見えてくるのは，太陽が球形だからである。

2 (2)(3)地球型惑星は，水星，金星，地球，火星のことであり，大きさは小さいが密度は大きい。
(4)(5)木星型惑星は，木星，土星，天王星，海王星のことであり，大きさは大きいが密度は小さい。
(7)太陽系外縁天体には冥王星などがある。

3 (2)Bは月で，月は地球の衛星である。

p.70~71 単元末総合問題

1 (1)北 (2)O (3)日周運動 (4)自転
(5)a (6)㋑ (7)反時計回り
(8)ウ，エ
(9)地球が地軸を公転面に垂直な方向から傾けて，1年に1回公転しているから。
(10)イ

2 (1)しし座 (2)さそり座 (3)㋓
(4)ペガスス座 (5)しし座

3 (1)惑星 (2)①D ②E
(3)ウ，オ

解説

1 (1)(2)Aは西，Bは南，Cは東，Dは北，Oは観測者の位置である。観測者の位置から見た太陽の位置を調べるので，フェルトペンの先の影が点Oにくるようにして，太陽の位置を記録する。
(3)(4)地球が西から東に自転しているため，天体は東から西に1日1回転して見える。この動きを，日周運動という。
(5)aは夏至，bは春分と秋分，cは冬至の日の太陽の動きを表している。
(6)㋐は春分，㋑は夏至，㋒は秋分，㋓は冬至の日の地球の位置を表している。
(8)太陽の経路が変わることで，太陽の南中高度や昼の長さが変化し，季節の変化が生じる。

2 (1)(3)太陽と反対の方向にある星座が，真夜中に見られる星座である。
(4)地球は1年で太陽のまわりを1周する。つまり，㋓の日の3か月後には，地球は㋒の位置に移動している。
(5)太陽の方向にある星座は，見ることができない。

3 (2)地球に近づくほど，細く，大きく見える。遠くにあるほど丸く，小さく見える。
(3)金星は地球から見て太陽と反対側にくることがないので，真夜中に観測できない。火星のように，地球の外側を公転する惑星は輝いている面の大部分を地球に向けているのでほとんど満ち欠けしないが，金星は大きく満ち欠けする。

単元4 運動とエネルギー

1章　力の規則性

p.72~73 ステージ1

●**教科書の要点**

1 ①水圧 ②あらゆる ③浮力 ④空気中
⑤差 ⑥体積

2 ①力の合成 ②合力 ③和 ④差 ⑤対角線

3 ①力の分解 ②分力 ③2辺

●**教科書の図**

1 ①あらゆる ②大きい ③深い ④大きい

2 ①和 ②差 ③平行四辺形

3 ①平行四辺形 ②分力 ③垂直

p.74~75 ステージ2

1 (1)イ (2)水にはたらく重力
(3)あらゆる向き

2 (1)浮力
(2)物体の上下の面にはたらく力の大きさの差。
(3)2N

3 (1)下の図

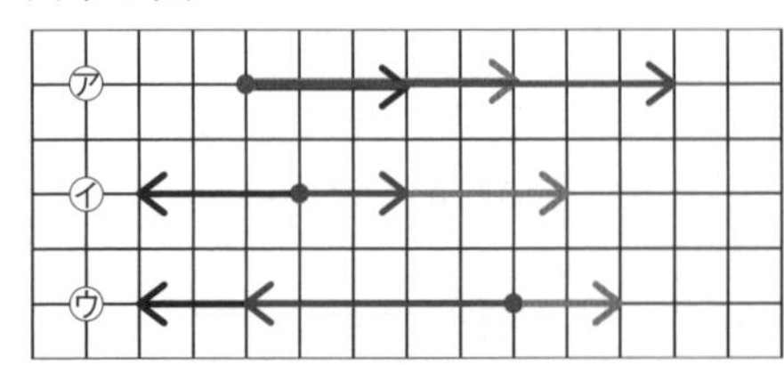

(2)㋐8N ㋑2N ㋒5N

4 (1)小さい。
(2)①平行四辺形 ②対角線
③平行四辺形の法則
(3)右の図 (4)7N

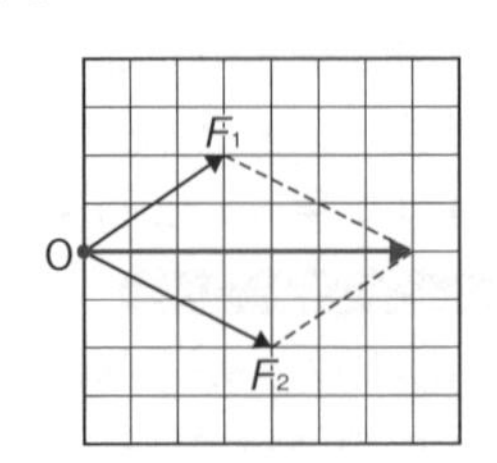

5 (1)重力 (2)左下の図

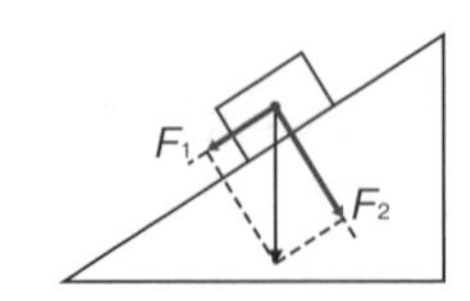

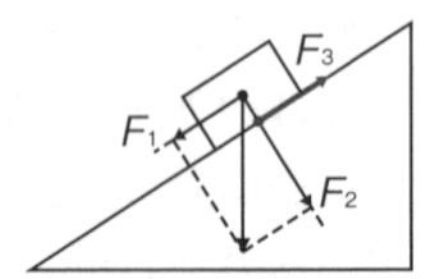

(3)F…ウ F_1…ア F_2…イ (4)右上の図

解説

1 水圧は水にはたらく重力によって生じる圧力で，あらゆる向きからはたらいている。また，水面から深いところほど，その上にある水の体積が大きくなるので，水にはたらく重力も大きくなり，水圧も大きくなる。

2 (2)物体の側面にはたらく水圧は，大きさが同じで向きが逆なので，打ち消し合う。一方，上面と下面にはたらく水圧では，より深い位置にある下面から上向きにはたらく力のほうが大きくなる。上面から下向きにはたらく力と下面から上向きにはたらく力の差が浮力(上向きの力)となる。

(3) 注意 浮力の大きさは，空気中での測定値－水中に入れたときの測定値で求めよう。

5－3＝2〔N〕

3 (1)(2)㋐右向きに3Nと5Nの力の合力なので，右向きに3＋5＝8Nである。

㋑左向きに3Nと右向きに5Nの合力なので，右向きに5－3＝2Nである。

㋒左向きに7Nと右向きに2Nの合力なので，左向きに7－2＝5Nである。

4 (3)F_1とF_2を隣り合う2辺とする平行四辺形を作図し，その対角線を合力とする。

(4)図より，目盛り七つ分の力なので，7Nである。

5 (1)地球上の物体には，重力がはたらいている。重力は，物体の中心から下向きの矢印で表す。

(2)力Fを対角線とする平行四辺形の隣り合う2辺になるように，F_1，F_2を作図する。

(3)斜面の傾きが大きくなると，斜面に平行な分力が大きくなり，斜面に垂直な分力が小さくなる。重力の大きさは傾きによって変化しない。

(4)摩擦力は，物体と斜面が触れる面に，物体が動こうとする向きと反対向きにはたらく。物体が静止しているので，重力の斜面に平行な分力と摩擦力がつりあっていると考えられる。

p.76〜77 ステージ3

1 (1)C　(2)水にはたらく重力　(3)㋑

2 (1)イ　(2)E

(3)大きくなる。

(4)水圧　(5)あらゆる向き

3 (1)小さくなっていく。　(2)0.6N

(3)変化しない。

4 (1)

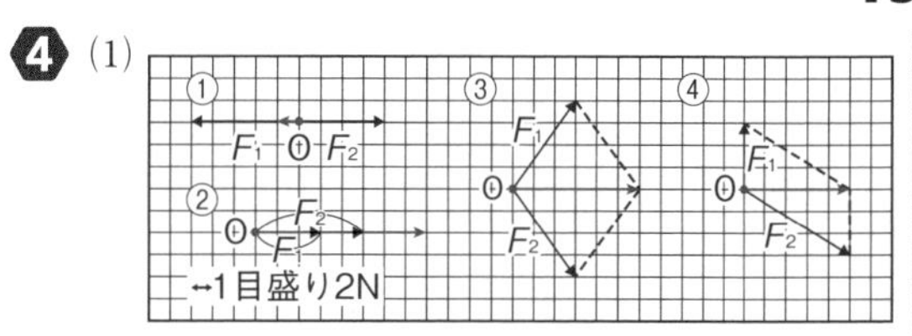

(2)① 2N　② 16N

(3)大きさ…二つの力の差になる。

向き…大きいほうの力と同じ向きになる。

5 (1)

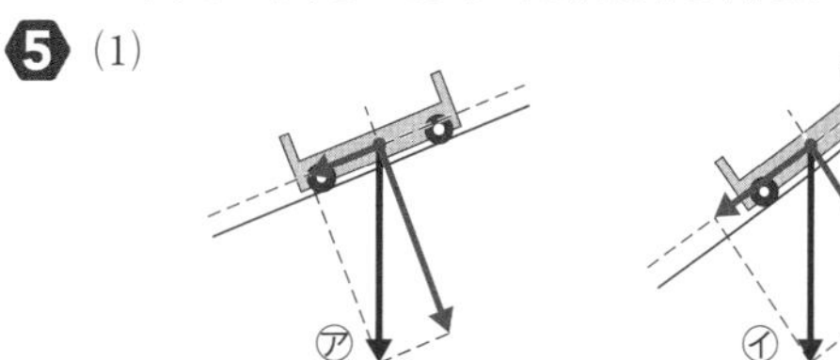

(2)(傾きが大きくなるほど，斜面に平行な分力は)大きくなる。

(3)

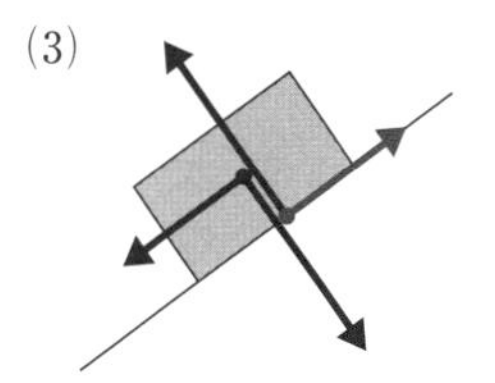

解説

1 (1)水面からの深さが深いところほど水圧が大きいので，下の穴ほど勢いよく水が噴き出す。

(3)下のほうにはたらく力ほど，長い矢印で表されているものを選ぶ。

2 (1)水の深さが同じであれば，ゴム膜のへこみ方も等しい。よって，BとC，DとEでへこみ方が同じになる。

(2)深いところにあるゴム膜ほど大きくへこむ。

3 (2)浮力の大きさは，(空気中でのばねばかりの値)－(水に沈めたときのばねばかりの値)で求められるので，2.2－1.6＝0.6〔N〕

(3)浮力は，物体の水中にある部分の体積が大きいほど大きくなる。物体を沈める深さには関係がない。したがって，物体が全て水中に入っている状態からさらに物体を深く沈めても，浮力の大きさは変わらない。

4 (1)①反対向きにはたらく二つの力の合力は，大きいほうの力と同じ向きになり，その大きさは二つの力の大きさの差になる。

②同じ向きにはたらく二つの力の合力は，二つの力と同じ向きになり，その大きさは二つの力の和になる。

③④異なる方向にはたらく二つの力の合力は，二つの力を表す矢印を隣り合う2辺とする平行四辺形の対角線で表される。その大きさは，二つの力の和より小さくなる。

❺ (2)斜面の傾きが大きくなると，重力の斜面に平行な分力が大きくなり，斜面に垂直な分力が小さくなる。

(3)摩擦力は，物体と斜面が触れる面で，面に平行にはたらく。摩擦力の作用点は，物体と斜面が触れる面の中心とする。ただし，矢印が重なってしまうときは，少しずらしてかいてもよい。

2章　力と運動

p.78〜79　ステージ1

●教科書の要点

❶ ①移動距離　②時間　③平均の速さ　④瞬間の速さ

❷ ①大きく　②増して　③増し方　④落下運動　⑤減って　⑥等速直線運動　⑦比例　⑧慣性の法則　⑨逆　⑩等しく　⑪作用反作用の法則

●教科書の図

1 ①同じ　②大きく　③速さ　④増し方

2 ①等速直線　②反作用

p.80〜81　ステージ2

❶ (1)2cm/s　(2)A，C
(3)A…イ　B…ウ　C…ア

❷ (1) 0.1秒($\frac{1}{10}$秒)
(2)A…0.02秒間($\frac{1}{50}$秒間)
B…0.1秒間($\frac{1}{10}$秒間)
(3)㋑→㋒→㋐　(4)速さが大きい。

❸ (1)ウ　(2)増している。
(3)大きくなる。　(4)大きくなる。
(5)落下運動　(6)増していく。

❹ (1)イ　(2)減る。

解説

❶ (1) $\frac{10〔cm〕}{5〔s〕}=2〔cm/s〕$

(2)(3)時間の経過とともに，自動車の間隔が広くなっているものは速さが増しており，自動車の間隔が狭くなっているものは速さが減っている。自動車の間隔が変化していないものは，速さが変わっていない。

❷ (1)0.02〔秒〕×5〔打点〕=0.1〔秒〕

(2)Aは1打点，Bは5打点つける間の移動距離である。

(3)打点の間隔が広いものほど速さが大きい。

(4)5打点ごとのテープの長さは，0.1秒間の台車の移動距離を表す。よって，テープの長さが長いほど，速さが大きいことを表す。

❸ (1)台車には重力と垂直抗力がはたらいている。重力は，斜面に平行な分力と斜面に垂直な分力に分解することができる。斜面に垂直な分力は垂直抗力とつりあっている。斜面に平行な分力とつりあう力はない。よって，台車には斜面に沿って下向きの力(重力の斜面に平行な分力)がはたらいている。ただし，同じ角度の斜面上ではその力は，位置によって変わらない。

(2)テープの長さがだんだん長くなっているので，物体の速さはだんだん増している。このように，運動の向きに力がはたらき続けるとき，物体の速さはしだいに増していく。

(3)(4)斜面の角度を大きくすると，斜面に平行な力は大きくなり，速さの増し方が大きくなる。

(5)物体が真下に向かって落ちる運動を，落下運動という。

❹ ジェットコースターにはたらく重力の斜面に平行な分力は，坂を上るジェットコースターの運動の向きとは反対向きにはたらいている。このように，運動の向きとは反対の向きに力がはたらき続けるとき，物体の速さはしだいに減っていく。

p.82〜83　ステージ2

❶ (1)6.0cm
(2)60cm/s

(3)

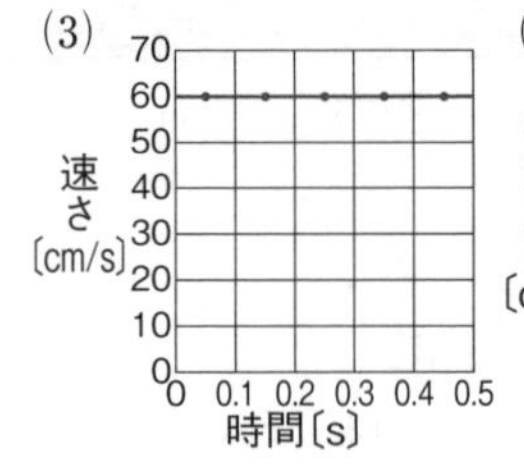

(4)

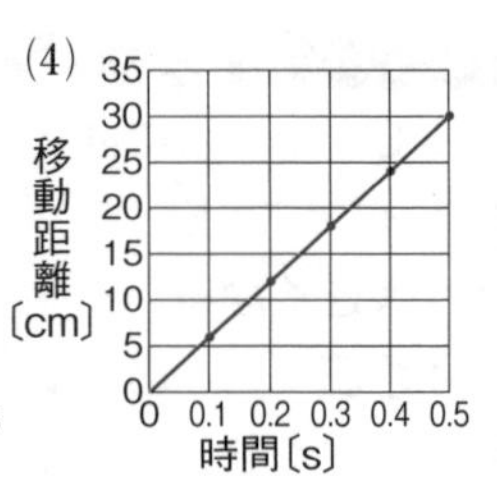

(5)比例　(6)等速直線運動

❷ (1)0 N　(2)しだいに減っていく。　(3)㋑

❸ (1)㋑
(2)もとの速さで動き続けようとするため。
(3)㋐　(4)静止し続けようとするため。
(5)①慣性　②(等速直線)運動　③静止
④慣性の法則

❹ (1)Aさん…ア　Bさん…イ
(2)作用反作用の法則　(3)ア，ウ，オ，カ
(4)イ，ウ，オ，カ

解説

❶ 注意 図3のグラフでは，求めた速さは平均の速さなので，各区間の中間の時間に点を記入しよう。
図2より，どの区間でも0.1秒間に6cm移動しているので，速さは，

$$\frac{6〔cm〕}{0.1〔s〕}=60〔cm/s〕$$

テープの長さが一定なので，台車は等速直線運動をしていることがわかる。等速直線運動では，速さが一定で，移動距離は時間に比例する。

❷ (1)一定の速さで一直線上を運動していることから，この自動車は等速直線運動をしている。等速直線運動をする物体にはたらく力の合力は，0 Nである。
(2)自動車の運動の向きとは反対向きに合力がはたらくことになるので，速さはしだいに減っていく。
(3)自動車の運動の向きに合力がはたらくとき，自動車の速さはしだいに増していく。

❸ (1)(2)電車は動いている状態から静止しようとするが，乗客は動いている状態を続けようとする。そのため，体が進行方向に傾く。
(3)(4)電車は静止状態から動き出そうとするが，乗客は静止の状態を続けようとする。そのため，体が進行方向とは反対の向きに傾く。
(5)物体に力がはたらいていないときや，物体にはたらく力の合力が0 Nのとき，物体のもつ慣性によって，物体は等速直線運動を続けたり，静止の状態を続けたりする。これを慣性の法則という。

❹ (1)AさんがBさんをおす(作用)のと同時に，大きさが同じで逆向きの力(反作用)がBさんからAさんにはたらく。そのため，Aさんは右に，Bさんは左に動く。
(3)(4) 注意 つりあっている二つの力は一つの物体にはたらき，作用と反作用の二つの力は，二つの物体にはたらきあう力であることを整理しておこう。

p.84～85 ステージ3

❶ (1)0.5秒間
(2)a…13cm/s　c…30cm/s
(3)25.2cm/s　(4)等速直線運動
(5)①㋐　②㋑

❷ (1)小さくなる。
(2)台車にはたらく重力の斜面に平行な分力が大きくなるため。

❸ (1)①㋒　②㋐　③㋑　(2)①ア　②ウ　③イ
(3)しだいに減っていく。

❹ (1)①㋐　②㋑
(2)㋐作用　㋑反作用
(3)㋑
(4)右の図
(5)一直線上にあり，向きが逆で，大きさが等しい。
(6)重力，(垂直)抗力

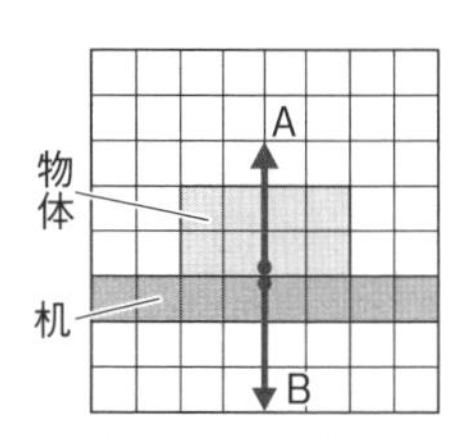

解説

❶ (2) $a…\frac{1.3〔cm〕}{0.1〔s〕}=13〔cm/s〕$

$c…\frac{3.0〔cm〕}{0.1〔s〕}=30〔cm/s〕$

(3) a ～ e の区間のテープの長さは12.6cmである。また，a ～ e の区間を移動するのにかかった時間は0.5秒である。よって，平均の速さは，

$$\frac{12.6〔cm〕}{0.5〔s〕}=25.2〔cm/s〕$$

(5)物体が等速直線運動をしているとき，物体の速さは時間に関係なく一定であり，台車の移動距離は時間に比例する。比例のグラフは，原点を通る直線になる。

❷ (1)斜面の角度を小さくすると，台車にはたらく重力の斜面に平行な分力が小さくなる。そのため，台車の運動の向きにはたらく力は小さくなる。
(2)斜面の角度を大きくすると，台車にはたらく重力の斜面に平行な分力が大きくなる。そのため，台車の運動の向きにはたらく力は大きくなる。運

動の向きにはたらく力が大きくなると，速さの増し方が大きくなる。

❸ (1)(2)ＡＢ間では，台車の運動と同じ向きに力がはたらき続けるので，速さがしだいに増していく。ＢＣ間では，台車にはたらく力の合力が０Ｎなので，速さが変化しない。ＣＤ間では，台車の運動の向きと反対向きに力がはたらき続けるので，速さがしだいに減っていく。

(3)粗い水平面上では，台車の運動の向きとは反対の向きに摩擦力がはたらき続けるので，速さがしだいに減っていく。

❹ (1)～(3)足で氷を後ろ向きにけると，氷が足を前向きにおし返す。この氷からの力を受けて，スケート選手は前に進むことができる。足が氷をける力を作用とするとき，氷が足を前におす力は反作用という。作用と反作用は同時にはたらき，向きは逆で，一直線上にあり，大きさが等しい。

(4)(5)物体が机をおす力は，物体と机が触れている点(面)にはたらく。重力(地球が物体を引く力)とは異なる力なので注意する。力Ａと力Ｂは，二つの物体の間ではたらきあう，作用と反作用の関係にある力である。

(6)つりあっている力は，一つの物体に対してはたらいている。ここでは，物体にはたらく二つの力(重力と机からの抗力)がつりあっている。

3章　仕事とエネルギー
4章　エネルギーの移り変わり

p.86～87　ステージ1

●教科書の要点

❶ ①仕事　②仕事の原理　③仕事率

❷ ①位置エネルギー　②運動エネルギー
③力学的エネルギー
④力学的エネルギー保存の法則
⑤エネルギー保存の法則
⑥伝導　⑦対流　⑧放射

●教科書の図

1 ①2　②2　③2　④4　⑤4　⑥1　⑦4
⑧4

2 ①0　②最大　③運動　④位置　⑤力学的

p.88～89　ステージ2

❶ (1)5Ｎ　(2)5Ｎ　(3)7.5Ｊ　(4)0Ｊ

❷ (1)0.9Ｊ　(2)1.5Ｎ　(3)60cm　(4)0.9Ｊ
(5)図１　(6)仕事の原理

❸ (1)１秒間当たりにする仕事の大きさ。
(2)200Ｊ　(3)40Ｗ

❹ (1)

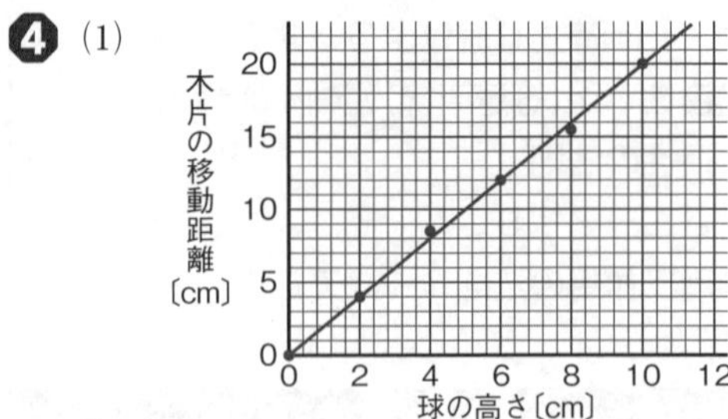

(2)

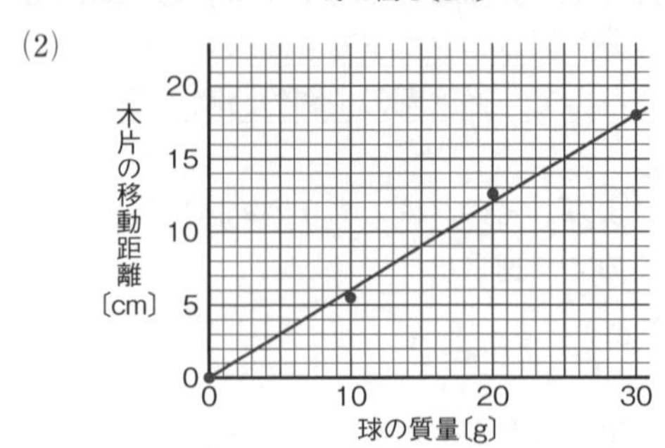

(3)物体の位置を高くし，物体の質量を大きくすること。

(4)力学的エネルギー

解説

❶ (1)100gの物体にはたらく重力が１Ｎなので，500gの物体にはたらく重力は５Ｎである。

(2)重力と同じ大きさで反対の向きの力を加え続けると，物体を持ち上げることができる。

(3)５〔N〕×1.5〔m〕=7.5〔J〕

(4)力を加えた向きに垂直な方向に移動しているので，仕事をしたことにはならない。

❷ (1) **注意** 仕事を計算するときは，力の単位がN，距離の単位がmになっていることを確認してから計算しよう。

３〔N〕×0.3〔m〕=0.9〔J〕

(2)動滑車は２本の糸で物体を引き上げるため，引く力は物体にはたらく重力の半分になる。よって，

３〔N〕÷２=1.5〔N〕

(3)動滑車を使うと，糸を引く長さは２倍になる。

30〔cm〕×２=60〔cm〕

(4)1.5〔N〕×0.6〔m〕=0.9〔J〕

(5)(6)動滑車を使うと，加える力を小さくすることができるが，動かす距離は長くなる。そのため，仕事の大きさは動滑車を使っても使わなくても変

わらない。このことを，仕事の原理という。

❸ (2)100〔N〕×2〔m〕=200〔J〕

(3) $\frac{200〔J〕}{5〔s〕}$=40〔W〕

❹ 球の高さが高いほど，また，球の質量が大きいほど，球のもつ位置エネルギーは大きくなる。

p.90〜91 ステージ2

❶ ①40J ②0J ③0J ④1.5J ⑤45J ⑥0J

❷ (1)D，H (2)K (3)K (4)E，G，I (5)$E_D > E_E > E_F$

❸ (1)①電気エネルギー ②光エネルギー ③音のエネルギー ④化学エネルギー (2)ア (3)ア (4)発光ダイオード

❹ (1)対流 (2)伝導 (3)放射 (4)放射

解説

❶ ①20Nの物体を2m持ち上げたので，
20〔N〕×2〔m〕=40〔J〕
②③物体が移動していないので，仕事をしたことにはならない。
④3Nの力で，物体を力の向きに0.5m移動させたので，
3〔N〕×0.5〔m〕=1.5〔J〕
⑤30Nの物体を1.5m持ち上げたので，
30〔N〕×1.5〔m〕=45〔J〕
⑥力の向きに対して垂直な向きに移動しているので，仕事をしたことにはならない。

❷ 注意 台車の高さが同じ位置にあるとき，台車のもつ位置エネルギーが等しいことから考えよう。
(1)落下することによって減少した位置エネルギーの分だけ運動エネルギーは増加する。したがって，位置エネルギーが最小になるとき，運動エネルギーは最大になる。
(2)(3)点Aと同じ高さの点Kにくると，運動エネルギーが0になり，一瞬停止した後，反対向きに落下し始める。
(4)位置エネルギーが等しいとき運動エネルギーも等しくなり，速さも等しくなる。
(5)位置エネルギーが小さいほど運動エネルギーは大きくなる。

❸ (2)(3)エネルギーが移り変わるとき，一部が目的以外のエネルギーに移り変わってしまう。しかし，目的のエネルギーと，目的以外に移り変わったエネルギーも全て含めると，エネルギーの総和は一定である。
(4)発光ダイオードや豆電球は，電気エネルギーを光エネルギーに変換するときに，電気エネルギーの一部が熱エネルギーに変換される。発光ダイオードは豆電球に比べて熱エネルギーに変換される割合が少ない。

❹ (1)水は温められると密度が小さくなり(軽くなり)，上にある冷たい水と入れかわるようになりながら温まっていく。これを対流という。
(2)鉄板は，温められたところから同心円状に温められる。
(3)(4)空間を隔てて太陽の光やストーブにより温まる。これを放射という。

p.92〜93 ステージ3

❶ (1)道具を使っても使わなくても，仕事の大きさは変わらないこと。
(2)15J (3)15J (4)12N (5)7.5W

❷ (1)図1…位置エネルギー
図2…運動エネルギー
(2)①㋓ ②㋓ ③㋑ ④㋓

❸ (1)D (2)A (3)A，D (4)B (5)B (6)A，D (7)イ，エ

❹ (1)1.5J (2)1.5J
(3)①ア ②イ ③ウ
(4)力学的エネルギー保存の法則
(5)EF…イ FG…ウ

解説

❶ (1)仕事の大きさは，斜面や滑車を使っても変わらない。これを仕事の原理という。
(2)台車と荷物にはたらく重力の大きさは，
14+6=20〔N〕なので，
20〔N〕×0.75〔m〕=15〔J〕
(3)(4)仕事の原理より，図2の手がした仕事の大きさは15Jである。よって，台車と荷物を引き上げる力をxNとすると，
x〔N〕×1.25〔m〕=15〔J〕 x=12〔N〕
(5)15〔J〕÷2〔s〕=7.5〔W〕

❷ (2)①②物体のもつ位置エネルギーは，物体の高さが高くなるほど，また，物体の質量が大きくなるほど大きくなる。このとき，木片の移動距離を

表すグラフは，右上がりの直線になる。

③物体のもつ運動エネルギーは，物体の速さが大きくなるほど，大きくなる。このとき，木片の移動距離を表すグラフは，二次関数のグラフのように急激に大きくなる。

④物体のもつ運動エネルギーは，物体の質量が大きくなるほど，大きくなる。このとき，木片の移動距離を表すグラフは，右上がりの直線になる。

3 (1)(2)摩擦力や空気の抵抗がないとき，位置エネルギーと運動エネルギーの和(力学的エネルギー)は保存される。そのため，初めにもっていた位置エネルギー以上の位置エネルギーを物体が得ることはなく，初めの高さと同じである点Dまでしか上がらない。その後，再び転がって，同じ高さの点Aまで上がる。

(3)運動エネルギーが位置エネルギーに変わるので位置エネルギーが最大になる点(A，D)で運動エネルギーが最小になる(速さが0m/sになる)。

(4)(5)位置エネルギーが運動エネルギーに変わるので，位置エネルギーが最小になる点(B)で運動エネルギーが最大になる(速さが最大になる)。

(7)力学的エネルギー保存の法則より，位置エネルギーと運動エネルギーの和は一定である。よって，位置エネルギーが大きくなる点Bから点Dまで，点Bから点Aまでの区間が答えとなる。

4 (1)最初の状態で台車がもっている位置エネルギーが1.5J，運動エネルギーが0Jなので，力学的エネルギーは1.5Jである。

(2)力学的エネルギー保存の法則より，DE間では位置エネルギーが0Jで，運動エネルギーが1.5Jとなる。

(3)点Cでは，台車の位置が点Aのときよりも低いので，位置エネルギーは小さい。力学的エネルギーは一定なので，位置エネルギーが小さくなった分，運動エネルギーが大きくなっている。

(5)EF間では，運動エネルギーの一部が位置エネルギーに移り変わるので，運動エネルギーは小さくなる。

p.94〜95 単元末総合問題

1 (1)イ (2)115cm/s (3)慣性
(4)B→C…イ G→H…ウ (5)エ

2 (1)次の図 (2)①2N ②2N

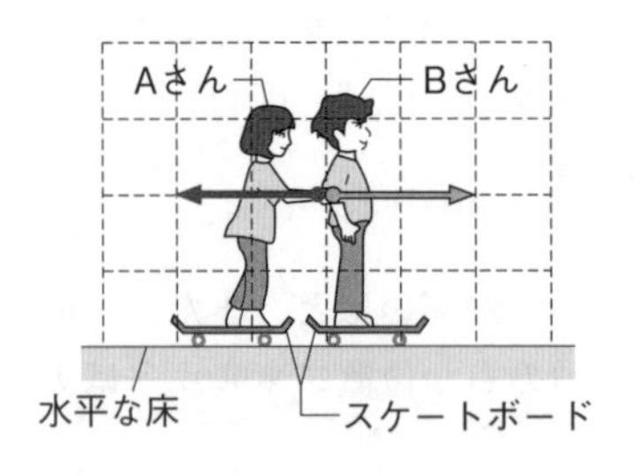

3 (1)①40g ②0.48J
(2)①0.48J ②48cm

解説

1 (1)重力の斜面に平行な分力がはたらき続ける。

(2)0.02秒ごとに1打点をつけるので，5打点分の時間は0.1秒間である。0.1秒間に11.5cm移動しているので，その速さは，

$$\frac{11.5〔cm〕}{0.1〔s〕}=115〔cm/s〕$$

(4)物体の高さが低くなっていくBC間では，位置エネルギーが減少し，運動エネルギーが増加する。また，物体の高さが変わらないGH間では，等速直線運動を続ける。

(5)点Bと点Eでは，高さが等しいので，位置エネルギーが等しい。そのため，運動エネルギーも等しく，速さも等しい。点Eと点Fでは，高さの低いFのほうが運動エネルギーが大きくなっているため，速さが大きい。

2 AさんがBさんをおした力と同じ大きさで反対向きの力が，BさんからAさんにはたらく。

3 (1)①動滑車を使うと，引き上げる力は半分で済む。ばねばかりが1.2Nを示したことから，動滑車と物体には2.4Nの重力がはたらいていることがわかり，質量の合計が240gであることがわかる。物体は200gなので，動滑車は40gである。

②240gの物体を20cm引き上げるので，

2.4〔N〕×0.2〔m〕=0.48〔J〕

(2)①仕事の原理より，図1のときと同じ仕事である。

②斜面に沿って1Nの力でxm引き上げたとすると，仕事は0.48Jなので，

1〔N〕×x〔m〕=0.48〔J〕

x=0.48〔m〕

単元5 自然環境や科学技術と私たちの未来

1章 生物と環境との関わり
2章 自然環境と私たち
3章 自然災害と私たち

p.96〜97 ステージ1

●教科書の要点

❶ ①環境 ②生態系 ③食物連鎖 ④生産者
⑤消費者 ⑥分解者 ⑦菌類

❷ ①温室効果 ②地球温暖化 ③気候変動
④酸性雨 ⑤プランクトン ⑥台風

●教科書の図

1 ①三次消費者 ②二次消費者 ③生産者

2 ①B ②C

3 ①生産 ②消費 ③分解 ④酸素
⑤二酸化炭素 ⑥二酸化炭素 ⑦酸素

p.98〜99 ステージ2

❶ (1)ヨウ素液 (2)a
(3)デンプンを分解するはたらき。
(4)分解者 (5)無機物(二酸化炭素や水など)

❷ (1)A…光合成 B…呼吸 (2)有機物

❸ (1)図1…サワガニ 図2…アメリカザリガニ
(2)図1…ア 図2…エ (3)いえる。

❹ (1)紫外線 (2)オゾン層
(3)減少する。
(4)赤潮 (5)アオコ (6)酸性雨

解説

❶ (1)aはそのままの土なので，微生物が存在するが，bは加熱殺菌したので，微生物が存在しない。cの水道水にも微生物は存在しない。aでは，微生物によってビーカーの中のデンプンが分解されるため，ヨウ素液を加えても反応が見られない。一方，b，cでは，ビーカーにデンプンがそのまま残っているので，ヨウ素液を加えると，反応が見られる(青紫色になる)。

❷ (1)生産者は，光合成によって無機物から有機物をつくり出している。また，全ての生物は呼吸によって酸素を取り入れ，二酸化炭素を出している。

❸ (1)(2)サワガニはきれいな水に生息し，アメリカザリガニはたいへん汚れた水に生息する。このように，生息する生物を調査することにより，水質を判定することができる。
(3)一般に，川の上流では住宅や工場などが少なく，水質がきれいであることが多い。一方，下流では住宅や工場などが多く，上流と比べると汚れている場合が多い。

❹ (1)紫外線は皮膚がんなどの原因になることがある。オゾン層は紫外線を吸収する。
(3)HCFCやCFCなどの物質は，一般にフロン類とよばれており，現在では，国際的に生産が規制されている。

p.100〜101 ステージ3

❶ (1)食物連鎖
(2)①生物D ②生物C ③生物B ④生物A
(3)生物D (4)生産者 (5)消費者
(6)A…ア C…イ

❷ (1)①二酸化炭素 ②酸素 (2)光合成
(3)光エネルギー (4)ウ
(5)A…生産者 B…消費者 C…消費者
D…分解者

❸ (1)A…カ B…ア C…ウ D…オ E…イ
F…キ G…エ H…ク
(2)化石燃料 (3)温室効果 (4)下がる。
(5)アオコ (6)HCFC，CFCなどから1つ
(7)人間の健康に悪い影響をおよぼす。
(8)ある。

解説

❶ (3)(4)生物Dは光合成を行って有機物をつくり出しているので，生産者とよばれている。
(5)生産者がつくった有機物を取り入れている生物を消費者という。生物A，B，Cはいずれも消費者である。
(6)生物Bの数量が増加すると，生物Bを食べている生物Aの数量が増加する。また，生物Bに食べられている生物Cの数量は減少する。

❷ (1)①は全ての生物が放出する気体なので，二酸化炭素である。②は全ての生物が取り入れている気体なので，酸素である。
(2)(3)㋐は酸素を放出するはたらきなので，光合成である。光合成には，二酸化炭素と水と光エネルギーが必要である。
(4)㋑の矢印は，有機物が植物の死骸として生物Dに移動していることを表している。また，㋒の矢印は生物D(分解者)が有機物を分解するときに行う呼吸によってできる二酸化炭素の流れである。

(5)分解者は消費者に含まれる。消費者のうち，生物の死骸や排出物に含まれる有機物を取り入れている生物を分解者という。分解者は，これらの有機物を二酸化炭素や水などの無機物に分解している。

❸ A…大気中の二酸化炭素やメタンなどの増加による温室効果で，地球温暖化が進んでいる。
B…プランクトンの大量発生で，水面が赤色になるものを赤潮，緑色になるものをアオコという。
C…地表に届く紫外線の量が増加し，皮膚がんがふえるなど，人間の健康に悪い影響をおよぼしている。現在では，この原因となっているフロン類の生産が禁止されている。
E…外来種には，海外から日本に来て定着したものも，日本から海外に運ばれて定着したものもある。

4章　エネルギー資源の利用と私たち
5章　科学技術の発展と私たち
終章　科学技術の利用と自然環境の保全

p.102~103 ステージ1

●教科書の要点

❶ ①化石燃料　②透過性　③再生可能エネルギー
④コージェネレーションシステム

❷ ①3R　②循環型社会

●教科書の図

1 ①化学　②熱　③運動　④電気　⑤化石
⑥電気

2 ①炭素繊維　②導電性高分子

3 ①リデュース　②リユース　③リサイクル

p.104 ステージ2

❶ (1)エ→イ→ア→ウ

❷ (1)バイオマス発電　(2)風力発電
(3)イ，ウ

❸ (1)石油　(2)ア，イ，エ
(3)①イ　②ア　③ウ

解説

❶ ボイラーで化石燃料を燃やして，化石燃料がもっていた化学エネルギーを熱エネルギーに変換する。この熱エネルギーで水を加熱して沸騰させ，水蒸気による運動エネルギーをつくってタービンを回し，それにつながった発電機を回して電気エネルギーを得ている。

❸ (1)プラスチックは加工がしやすく，さびたり腐食したりしにくい。

p.105 ステージ3

❶ (1)石油化学工業　(2)炭素繊維
(3)インターネット
(4)コンピュータのプログラム

❷ (1)3R　(2)ウ　(3)リユース

解説

❶ (1)石油を利用するようになり，石油化学工業が大きく発展した。さまざまな合成繊維やプラスチック(合成樹脂)がつくられるようになった。
(2)炭素繊維は，軽くて強いという特性をもつ。また，耐熱性にも優れているので，さまざまな用途に利用されている。

❷ ごみの発生の抑制をリデュース(Reduce)，再使用をリユース(Reuse)，ごみの再生利用をリサイクル(Recycle)という。この三つをまとめて3Rという。

p.106~107 単元末総合問題

1》 (1)ア，オ　(2)生産者

2》 (1)B…エ　D…ウ　(2)a…CO_2　b…O_2
(3)光合成　(4)呼吸　(5)イ

3》 (1)蒸気機関　(2)イ　(3)プラスチック
(4)持続可能な社会

4》 (1)ア　(2)ウ　(3)カ
(4)オ　(5)キ　(6)イ

解説

1》 生態系では生物どうしが食物連鎖の関係でつながっている。生物どうしの数量的な関係を見ると，図のようなピラミッド形で表される。バッタの数量が増加する原因としては，バッタを食べる小鳥が減ったことやバッタが食べる植物が増えたことが考えられる。小鳥が減る原因としては，小鳥を食べるワシやタカが増えたことが考えられる。

2》 (2)(3)aは二酸化炭素，bは酸素である。二酸化炭素を取り入れて酸素を発生させる光合成を行うのは，植物のみでみられる特徴である。

3》 (1)蒸気機関が発達し，産業革命が始まった。

4》 科学・技術の発展によって，情報・通信技術も発展してきた。

プラスワーク

p.108～109 計算力UP

1 4時30分

2 (1)午後11時頃　(2)1か月後
(3)10か月後

3 (1)225km/h　(2)6250cm/s
(3)337.5km

4 (1)70cm/s　(2)40cm/s　(3)75cm/s
(4)54cm/s

5 (1)40N　(2)8J　(3)8J
(4)1.6W　(5)1倍

解説

1 太陽は，透明半球上を1時間で3.6cm移動したことから，16.2cm移動するには4.5時間かかることがわかる。よって，日の出の時刻は，9時より4.5時間早い，4時30分である。

2 (1)北の空の星は北極星を中心にして反時計回りに，1日に1回転する。
360〔°〕÷24〔時間〕＝15〔°〕
30〔°〕÷15〔°〕＝2〔時間〕
星AはPの位置にくる2時間前である。
(2)地球は1年で360°公転するので，同じ時刻の星の位置は，1か月で約30°動いて見える。
(3)星AからQの位置までの角度は300°である。
1か月で約30°動くので，
300〔°〕÷30〔°〕＝10〔か月〕

3 (1)速さを計算すると，

$$\frac{675[\mathrm{km}]}{3[\mathrm{h}]}=225[\mathrm{km/h}]$$

(2)675km＝67500000cm,
3時間＝10800秒より，

$$\frac{67500000[\mathrm{cm}]}{10800[\mathrm{s}]}=6250[\mathrm{cm/s}]$$

(3)1時間30分は1.5hなので，
225〔km/h〕×1.5〔h〕＝337.5〔km〕

4 (1)PQ間の長さは7cmで，0.1秒かかっている。

$$\frac{7[\mathrm{cm}]}{0.1[\mathrm{s}]}=70[\mathrm{cm/s}]$$

(2)0.3秒後までの記録テープの長さは，12cm。

$$\frac{12[\mathrm{cm}]}{0.3[\mathrm{s}]}=40[\mathrm{cm/s}]$$

(3)0.3秒後から0.5秒後までの記録テープの長さは，
7＋8＝15〔cm〕

$$\frac{15[\mathrm{cm}]}{0.2[\mathrm{s}]}=75[\mathrm{cm/s}]$$

(4)台車が動き始めてから0.5秒後までの記録テープの長さは，2＋4＋6＋7＋8＝27〔cm〕

$$\frac{27[\mathrm{cm}]}{0.5[\mathrm{s}]}=54[\mathrm{cm/s}]$$

5 (1)物体にはたらく重力と同じ大きさの力でロープを引いている。
(2)20cm＝0.2mなので，
40〔N〕×0.2〔m〕＝8〔J〕
(3)動滑車を使うと，力の大きさは半分で済むが，ロープを引く長さが2倍になる。
20〔N〕×0.4〔m〕＝8〔J〕
(4) $\frac{8[\mathrm{J}]}{5[\mathrm{s}]}=1.6[\mathrm{W}]$
(5)仕事の原理が成り立つので，同じ物体を同じ高さまで引き上げる仕事の大きさは同じである。

p.110～111 作図力UP

6 (1)

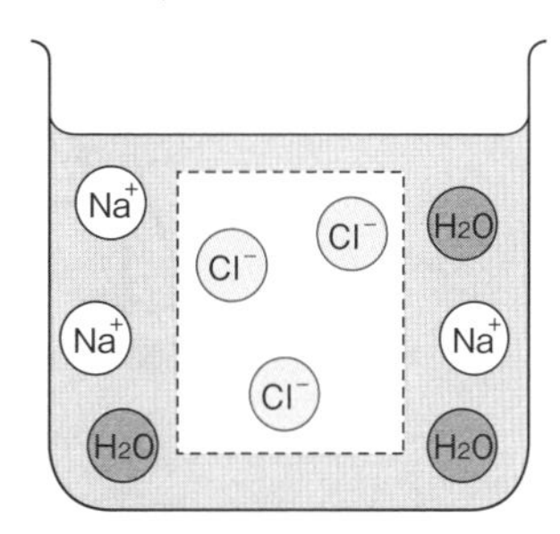

(2)

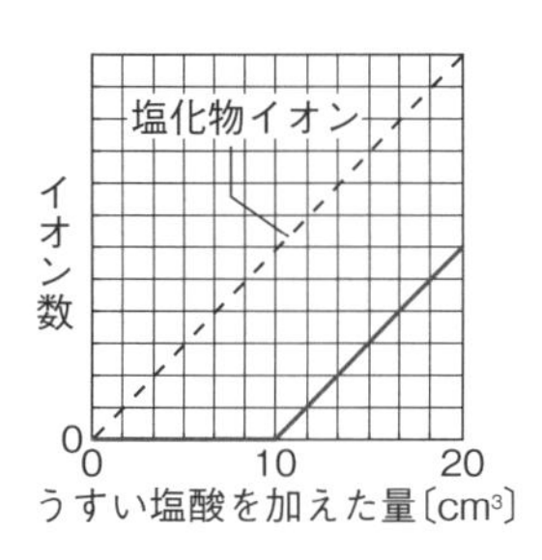

(3)

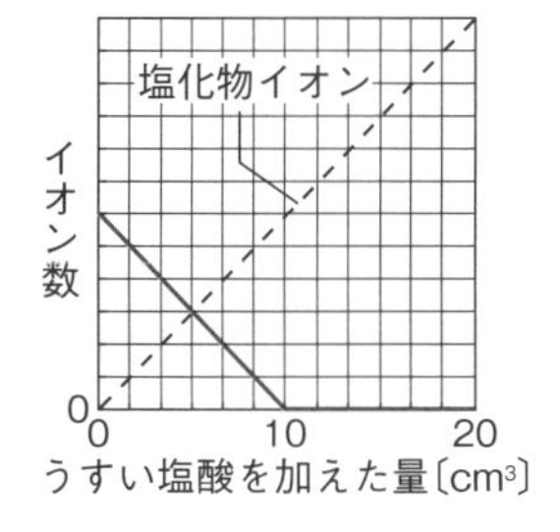

7

8 (1)

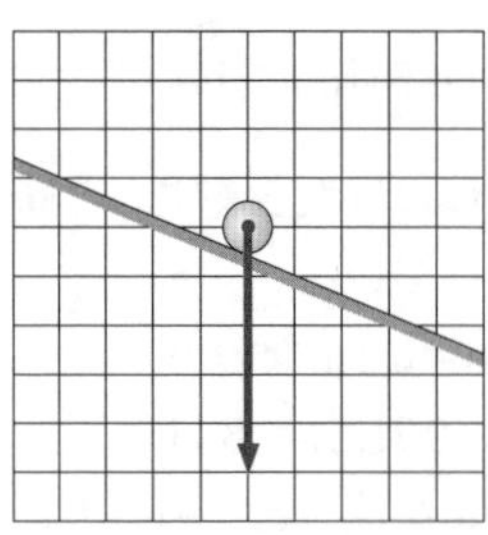

(2)

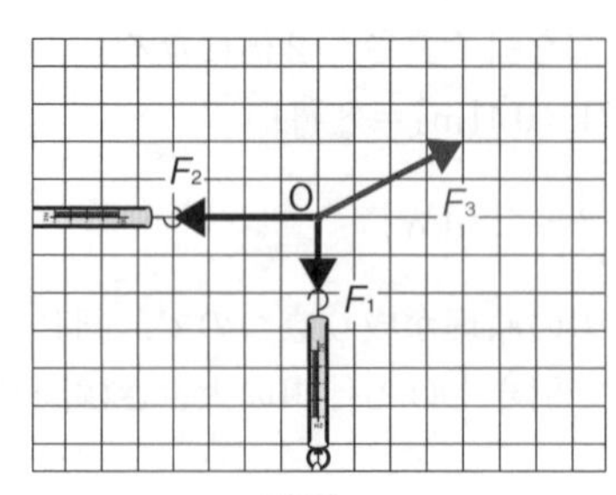

(3)

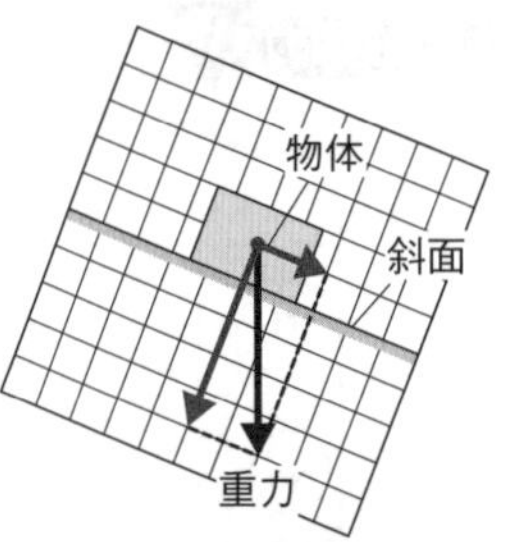

(4)

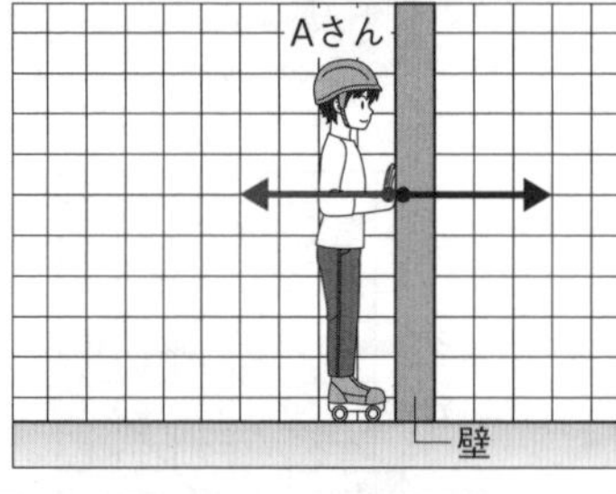

解説

6 (1)水酸化ナトリウムの電離は，
$NaOH \longrightarrow Na^+ + OH^-$と表せる。水溶液中で$Na^+$と$OH^-$は同数(図1で塩酸を加える前は3個ずつ)存在している。塩化水素の電離は，$HCl \longrightarrow H^+ + Cl^-$と表せる。図1では中和によって水分子が3個できているので，H^+とCl^-を3個ずつ加えたことがわかる。その結果，OH^- 3個とH^+ 3個が結びついて水分子3個になり，Na^+ 3個とCl^- 3個が残る。

(2)水溶液の色が緑色に変化した10cm³までは，塩酸中のH^+はOH^-と結びついてH_2O(水)となる。加える量が10cm³をこえると，結びつくOH^-がなくなり，加えた分だけH^+の数が増える。

(3)水溶液中のOH^-は，塩酸を10cm³加えたとき，塩酸中のH^+と結びついて，全てH_2Oとなる。

8 (1)重力は物体の中心から下向きの矢印で表す。

(2)三つの力がつりあっているので，F_1とF_2の合力がF_3とつりあう。最初にF_1とF_2を隣り合う2辺とする平行四辺形を作図し，その対角線とつりあう力F_3を作図する。

(3)重力の矢印を対角線とする平行四辺形を作図する。

p.111〜112 記述力UP

9 根が柔らかくなりおしつぶしたときに一つ一つの細胞が離れやすくなるから。

10 有性生殖…受精によって，両親から遺伝子を半分ずつ受け継ぐので，親と子に同じ形質が現れるとは限らない。
無性生殖…親と同じ遺伝子を受け継ぐので，親と同じ形質が現れる。

11 Aaの遺伝子をもつ個体がつくるaの遺伝子をもつ生殖細胞どうしが受精して，aaの遺伝子の組み合わせをもつ種子ができたから。

12 (1)地球が地軸を軸として，西から東に向かって自転しているから。
(2)さそり座が，地球から見て太陽と同じ方向にあるから。
(3)地球が，地軸を公転面に垂直な方向に対して傾けたまま公転しているから。
(4)金星の公転軌道が地球の公転軌道よりも内側にあるから。

解説

10 有性生殖は両親から半分ずつ遺伝子を受け継ぐのに対し，無性生殖では，親と全く同じ遺伝子を受け継ぐ。

11 Aaの遺伝子の組み合わせをもつ親を自家受粉させると，しわの形質を現すaaの遺伝子の組み合わせをもつ種子が生じる。

12 (2)さそり座は夏の夜に観測できる星座である。
(4)金星は地球の公転軌道上のどこから見ても，常に太陽側にあり，太陽と大きく離れることがない。

定期テスト対策 得点アップ! 予想問題

p.114～115 第1回

1 (1)電解質　(2)Cl_2　(3)イ　(4)銅
(5)$CuCl_2 \longrightarrow Cu + Cl_2$

2 (1)㋐電子　㋑陽子　㋒中性子　㋓原子核
(2)イオン　(3)電離
(4)Na^+…ナトリウムイオン
Cl^-…塩化物イオン

3 (1)ア，イ　(2)水素が発生する。
(3)流れる。　(4)ウ，エ

4 (1)㋐水素イオン　㋑塩化物イオン
(2)陰極側　(3)水素イオン
(4)㋒ナトリウムイオン　㋓水酸化物イオン
(5)陽極側　(6)水酸化物イオン
(7)$HCl \longrightarrow H^+ + Cl^-$

解説

1 (1)水にとけたときにその水溶液に電流が流れる物質を電解質といい，水にとけても水溶液に電流が流れない物質を非電解質という。
(2)塩化銅水溶液を電気分解すると，陰極には赤茶色の銅が付着し，陽極付近では塩素が発生する。
(3)塩素は水にとけやすく，特有の刺激臭がある。また，脱色作用があるので，試験管に取った陽極付近の水溶液に赤インクを加えると，インクの色が消える。エは，硫化水素の特徴である。

2 (1)原子の中心には，＋の電気をもつ原子核があり，原子核は＋の電気をもつ陽子と電気をもたない中性子からなる。原子核のまわりには，－の電気をもつ電子がある。
(2)(3)原子が電子を失うと陽イオンになり，原子が電子を受け取ると陰イオンになる。電解質が水にとけて陽イオンと陰イオンに分かれることを電離という。

3 (1)青色リトマス紙が赤色に変化するのは，酸性の水溶液である。
(2)酸性の水溶液にマグネシウムリボンを入れると，水素が発生する。
(3)電解質の水溶液であれば，電流が流れる。
(4)pHの値が7よりも大きい水溶液は，アルカリ性である。

4 (1)塩酸は陰イオンの塩化物イオンと陽イオンの水素イオンに分かれる。
(2)(3)酸性の性質を示す水素イオンは陰極に引き寄せられるので，陰極側が赤色に変化する。
(4)水酸化ナトリウムは陰イオンの水酸化物イオンと陽イオンのナトリウムイオンに分かれる。
(5)(6)アルカリ性の性質を示す水酸化物イオンは陽極に引き寄せられるので，陽極側が青色に変化する。

p.116～117 第2回

1 (1)指示薬　(2)㋑，㋒，㋓，㋔
(3)㋖黄色　㋗青色
(4)㋘無色　㋙赤色
(5)小さくなる。

2 (1)塩化ナトリウム　(2)塩
(3)H_2O　(4)中和　(5)起こらない。

3 (1)化学電池　(2)イ
(3)ウ　(4)$Cu^{2+} + ⊖⊖ \longrightarrow Cu$

4 (1)燃料電池　(2)$2H_2 + O_2 \longrightarrow 2H_2O$
(3)エ

解説

1 (2)酸性の水溶液は青色リトマス紙を赤色に変え，アルカリ性の水溶液は赤色リトマス紙を青色に変える。中性の水溶液の場合はリトマス紙が変化しない。
(4)フェノールフタレイン液はアルカリ性のときだけ赤色に変化する。

2 (1)～(4)塩酸の水素イオンと水酸化ナトリウム水溶液の水酸化物イオンが結びつき，水ができる。この化学変化を中和という。このとき，塩化ナトリウムという塩もできる。

3 亜鉛板では，亜鉛が電子を失って亜鉛イオンになり，水溶液にとけ出している。亜鉛板に残された電子はモーターを通って銅板に移動し，銅板の表面では水溶液中の銅イオンが電子を受け取る。銅イオンは銅原子になり，銅板に付着する。

4 水の電気分解とは逆の化学変化を利用して電気エネルギーを取り出す装置を，燃料電池という。

p.118～119 第3回

1 (1)㋓ (2)染色体 (3)ウ (4)細胞分裂
(5)大きくなるから。

2 (1)核 (2)体細胞分裂
(3)変化しない。
(4)A→C→D→F→B→E
(5)DNA(デオキシリボ核酸)

3 (1)有性生殖 (2)無性生殖 (3)受精
(4)受精卵 (5)生殖細胞 (6)減数分裂
(7)㋑ (8)発生

4 (1)分離の法則 (2)高い (3)㋑
(4)3：1

解説

1 (1)先端より少し上の部分で細胞分裂が盛んに起こり，成長している。
(3)酢酸オルセイン液などの染色液を使うと，核や染色体を染めることができる。染色液には，酢酸オルセイン液の他に，酢酸カーミン液がある。
(5)細胞分裂によって細胞の数が増え，増えた細胞の一つ一つが大きくなることで，全体が成長していく。

2 細胞壁があることから，植物の細胞であることがわかる。植物の細胞では，細胞の中央に仕切りができて細胞質が二つに分かれる。一方，動物の細胞では，細胞質がくびれることで二つに分かれる。
(2)(3)細胞分裂の前後で，一つの細胞の染色体の数が変わらないのが体細胞分裂，半数になるのが減数分裂である。

3 (1)(2)受精による生殖を有性生殖，受精によらない生殖を無性生殖という。
(5)動物の卵や精子，被子植物の卵細胞や精細胞は，生殖のための特別な細胞で，生殖細胞という。
(7)㋐→㋒→㋔→㋑→㋓の順に成長する。
(8)受精卵が細胞分裂をして胚になり，成体になるまでの過程を発生という。

4 (3)aの遺伝子をもつ生殖細胞とAの遺伝子をもつ生殖細胞が結びつくと，Aaの遺伝子の組み合わせをもつ受精卵ができる。
(4)AA：Aa：aa＝1：2：1の割合でできる。AAとAaは丈が高くなり，aaは丈が低くなる。

p.120～121 第4回

1 (1)イ (2)天球 (3)南中高度
(4)日の出…A 日の入り…B (5)a
(6)日周運動 (7)自転 (8)イ

2 (1)B (2)北極星 (3)3時間 (4)a→b
(5)日周運動 (6)イ

3 (1)黄道 (2)黄道12星座 (3)イ (4)ア

4 (1)夏 (2)㋐ (3)A (4)C
(5)23.4° (6)公転
(7)春分…㋑ 夏至…㋒ 秋分…㋑ 冬至…㋐
(8)地球が，地軸を公転面に垂直な方向から傾けて公転しているため。

解説

1 (6)(7)地球が西から東に自転していることによって，星や太陽は東から西へ動いているように見える。これを日周運動という。
(8)地球の自転の速さは一定なので，太陽の動く速さも一定である。

2 (1)(2)星は太陽と同じように，東から昇り，南の高いところを通って，西に沈むように動いて見える。また，北の空では北極星を中心として，反時計回りに回転するように見える。
(3)北の空の星は，1日で360°回転して見えるので，1時間では15°回転して見える。図では星が45°回転して見えているので，
45[°]÷15[°]＝3[時間]となる。
(4)Dは南の空の星の動きなので，左側が東で，右側が西である。

3 (3)地球から見た太陽は，星座の間を西から東へ動いている。
(4)地球の公転によって，太陽の方向にある星座が変化する。

4 (1)地軸は，地球の公転面に垂直な方向から傾いている。北半球に位置する日本が，太陽の光を最も長く受けるのはAの位置にあるときで，このときの日本の季節は夏である。公転の向きは北極側から見て反時計回りなので，Bが秋，Cが冬，Dが春であるとわかる。
(2)自転の向きと公転の向きは同じである。
(3)(4)太陽の南中高度が最も高くなるのは，夏で，昼の長さが最も短くなるのは冬である。
(7)㋐は冬至，㋑は春分と秋分，㋒は夏至の日の太陽の動きを表している。

p.122〜123 第5回

1 (1)b (2)東 (3)明けの明星 (4)㋓
(5)㋐
(6)地球より内側にあるから。

2 (1)㋕ (2)㋑ (3)ⓘ
(4)㋐h ㋑a ㋒b ㋓c ㋔d ㋕e
㋖f
(5)日食…g 月食…c
(6)月の公転によって，太陽，地球，月の位置関係が変わるため。

3 (1)黒点 (2)自転 (3)球形
(4)プロミネンス(紅炎) (5)ウ

4 (1)8個 (2)火星
(3)大きさは大きいが，密度は小さい惑星。
(4)太陽の光を反射しているため。
(5)小惑星 (6)太陽系外縁天体
(7)すい星 (8)惑星のまわりを回る天体。
(9)銀河

解説

1 (1)㋒の金星は左側が輝いて見える。また，地球との距離が近いほど細く大きく見えるので，図2の中で左側が輝いていて，２番目に細く大きい形の金星を選ぶ。
(2)(3)㋑，㋒，㋓の金星は，明け方の東の空で見ることができ，明けの明星とよばれる。
(4)地球から最も遠い位置にある金星が，最も小さく見える。
(5)㋐の金星は，夕方の西の空で見ることができ，宵の明星とよばれる。
(6)金星の公転軌道は地球の公転軌道よりも内側にある。そのため，地球の公転軌道上のどこから見ても金星は常に太陽側に見られる。太陽と反対側に見られることがないので，真夜中には見ることができない。

2 (1)㋑は上弦の月，㋓は満月，㋕は下弦の月である。
(2)18時頃，南の空に月が見える位置は，図２のａの位置である。図２のａの位置で見える月は，図１㋑の上弦の月である。
(3)月は，地球の北半球側から見たとき，反時計回りに公転している。これは，地球の自転の向きと同じである。
(5)太陽－月－地球の順に並んだときに日食が起こる。このときの月の位置はｇである。太陽－地球－月の順に並んだときに月食が起こる。このときの月の位置はｃである。
(6)月が満ち欠けするのは，太陽，月，地球の位置関係によって，太陽の光が当たっている部分の見え方が変わるためである。

3 (1)黒点は，周囲よりも温度が低いため黒っぽく見える。
(2)(3)太陽が自転しているので，黒点は日がたつにつれて太陽の表面を動いて見える。また，太陽が球形をしているので，黒点の形は周辺部に行くにしたがって縦に細長くなる。
(5)太陽－月－地球の順に一直線に並んだときに，太陽が月に隠されることを日食という。太陽－地球－月の順に一直線上に並んだときに，月が地球の影に入ることを月食という。

4 (1)太陽に近い惑星から順に，水星，金星，地球，火星，木星，土星，天王星，海王星の８個がある。
(3)木星型惑星は，木星，土星，天王星，海王星の４つで，大きいが密度の小さい惑星である。
(4)太陽系の惑星は全て，自ら輝いてはおらず，太陽の光を反射して輝いている。

p.124〜125 第6回

1 (1)B (2)①大き ②あらゆる
(3)0.9N (4)ウ (5)エ

2 (1)右の図
(2)重力F…ウ
分力P…ア
分力Q…イ

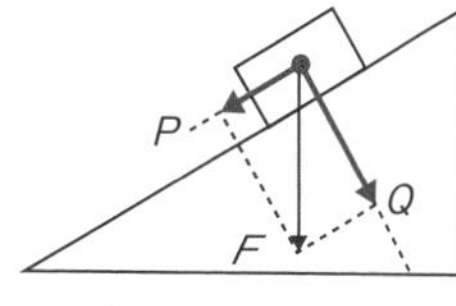

3 (1)0.02秒(50分の１秒) (2)0.1秒
(3)ア (4)ウ (5)等速直線運動
(6)イ (7)70cm/s (8)㋒ (9)エ
(10)摩擦力 (11)慣性の法則

解説

1 (3)水中にある物体の浮力の大きさは，空気中でのばねばかりの値と，水中でのばねばかりの値の差で求める。浮力の大きさは，
3.0－2.1＝0.9〔N〕
(4)全部水中に沈んでいる物体をさらに深く沈めても，浮力の大きさは変わらない。
(5)浮力は，水中にある物体にはたらく上向きの力である。浮力よりも物体にはたらく重力が大きいとき，物体は水に沈む。

2 (1)重力Fを対角線とする平行四辺形を作図する。
(2)斜面の傾きを大きくしても，物体にはたらく重力の大きさは変わらない。しかし，分力Pや分力Qの大きさは変化する。

3 (1)1秒間に50打点つけるので，1打点つけるのには0.02秒(50分の1秒)かかる。
(3)～(5)aからdまではテープの長さがしだいに長くなっているので，台車の速さがしだいに増していることがわかる。dからfまではテープの長さが同じなので，台車の速さが一定の等速直線運動をしていることがわかる。
(8)斜面を下っている間は速さが増していき，水平面になると速さが一定になる。
(9)(10)摩擦力は運動とは反対の向きにはたらく力である。摩擦力がはたらくとき，台車の速さはしだいに減っていく。

p.126～127 第7回

1 (1)力…30N　長さ…150cm(1.5m)
(2)45J　(3)36N　(4)図1

2 (1)位置エネルギー　(2)運動エネルギー
(3)位置エネルギー　(4)位置エネルギー
(5)運動エネルギー　(6)$a=b=c$

3 (1)A　(2)D
(3)①㋐20　㋑20　②変化しない。
③力学的エネルギー保存の法則

4 (1)①イ　②ウ　③イ　④ア　(2)ア

解説

1 (1)動滑車を使うと，ひもを引く力は半分で済むが，ひもを引く長さは2倍になる。
(2)30[N]×1.5[m]=45[J]
(3)仕事の原理より，仕事の量は
60[N]×0.75[m]=45[J]
xNの力で125cm引いたとすると，
x[N]×1.25[m]=45[J]
x=36[N]
(4)仕事の量も仕事率も同じなので，同じ時間で，図1は150cm，図2は125cmひもを引く。

2 (1)おもりの位置が高くなっているので，位置エネルギーが大きくなっている。
(2)(3)位置エネルギーが運動エネルギーに移り変わった。
(4)(5)運動エネルギーが位置エネルギーに移り変わった。

3 (1)位置エネルギーは，物体の位置が高いほど大きいため，小球が最も大きな位置エネルギーをもつのは最も高いAの位置にあるときである。
(2)運動の速さが大きいほど運動エネルギーは大きいため，小球が最も速いDの位置にあるときの運動エネルギーが最も大きい。
(3)位置エネルギーと運動エネルギーの和は常に一定に保たれる。これを力学的エネルギー保存の法則という。したがって，表は次のようになる。

	A	B	C	D	E
位置エネルギー	30	㋐20	10	0	10
運動エネルギー	0	10	㋑20	30	20

4 (1)①冷やされた空気が移動して，部屋全体が冷やされる。よって，対流である。
②たき火の熱が空間を隔てて離れたところまで伝わる。よって，放射である。
③温められた湯が移動して全体が温められる。よって，対流である。
④物体の中を熱が移動して，鉄棒が冷やされた。よって，伝導である。
(2)中心を加熱しているので，熱が中心から周囲に伝わった。このような，物体の中を熱が伝わる伝わり方は伝導である。

p.128 第8回

1 (1)X…酸素　Y…二酸化炭素
(2)生物D　(3)生物A
(4)イ

2 (1)蒸気機関　(2)石炭　(3)ウ，エ　(4)エ

解説

1 (1)植物は光合成によって二酸化炭素を取り入れて酸素を出している。また，全ての生物は，呼吸によって酸素を取り入れて二酸化炭素を出している。
(4)生産者が最も多い，ピラミッド形になる。

2 (3)ア，イ，オは天然素材である。ウ，エは石油化学工業の発達によって，石油からつくられた物質である。

6 5 4 3 2
D C B A